信息安全技术丛书

Wireshark网络分析的艺术

林沛满 著

人 民 邮 电 出 版 社
北 京

图书在版编目（C I P）数据

Wireshark网络分析的艺术 / 林沛满著. -- 北京 :
人民邮电出版社，2016.2（2023.9重印）
ISBN 978-7-115-41021-4

Ⅰ. ①W… Ⅱ. ①林… Ⅲ. ①计算机网络－通信协议
Ⅳ. ①TN915.04

中国版本图书馆CIP数据核字(2015)第290041号

◆ 著　　　林沛满
责任编辑　傅道坤
责任印制　张佳莹　焦志炜

◆ 人民邮电出版社出版发行　　北京市丰台区成寿寺路 11 号
邮编　100164　　电子邮件　315@ptpress.com.cn
网址　https://www.ptpress.com.cn
北京盛通印刷股份有限公司印刷

◆ 开本：800×1000　1/16
印张：13.5　　　　2016 年 2 月第 1 版
字数：251 千字　　2023 年 9 月北京第 28 次印刷

定价：59.00 元

读者服务热线：(010)81055410　印装质量热线：(010)81055316
反盗版热线：(010)81055315
广告经营许可证：京东市监广登字 20170147 号

内容提要

Wireshark 是当前最流行的网络包分析工具。它上手简单，无需培训就可入门。很多棘手的网络问题遇到 Wireshark 都能迎刃而解。

本书挑选的网络包来自真实场景，经典且接地气。讲解时采用了生活化的语言，力求通俗易懂，以使读者在轻松阅读的过程中，既可以学到实用的网络知识，又能形成解决问题的思路。

与大多网络图书的课堂式体验不同，阅读本书的感觉更像在听技术圈的朋友分享经验，除了知识，还有心情和想法。本书的覆盖范围从日常使用的手机 App，到企业级的数据中心；从对付运营商的网络劫持，到开发自己的分析工具，不一而足。无论你是系统管理员、实施工程师、技术支持、网管、培训教师，还是开发和测试人员，都适合阅读本书。

关于作者

林沛满，2005 年毕业于上海交通大学，现任 EMC 网络存储部门的主任工程师。多年来为多个产品团队提供过技术咨询，范围包括网络、操作系统、文件系统和域等，这就是本书所涵盖的协议如此五花八门的原因。每年临近加薪的日子，他也会组织一些技术培训来提醒上司，本书的部分内容就来自这些培训资料。

平时他也写一些技术博客，你或许还能在 IT168 或者 ChinaUnix 技术社区看到它们，本书也有少数内容来自这些博客。他也是《Wireshark 网络分析就这么简单》的作者。

当林先生不在工作时，大部分时间都花在了园艺花卉上，尤其是欧洲月季。

致谢

我那些没有技术背景的亲友只能读懂这一部分，所以要尽量写得好一些。

分析网络包占用了很多本应该和家人在一起的时光，因此要特别感谢他们的理解和支持。我妻子在每天忙碌的工作之余，还要弥补我的那份亲子时间，让小满享受到完美的亲情。她也是第一个审核书稿的人，包括文字和技术两方面，“贤内助”一词已经不足以形容她的贡献了。我父母分担了很多家庭劳动，否则花园里早就杂草丛生。他们可能至今还以为我坐在电脑面前就是在赶稿子。

技术圈的很多朋友帮忙检阅了本书部分章节，为我严把技术关。请给我一次招待你们吃大餐的机会。

我的老板从没有提出过 KPI 上的要求，因此我才有这么多时间研究工作之外的技术问题。

此外还要感谢很多读者长期的鼓励，请恕我无法一一列举你们的名字。要不是你们隔段时间就催一下，以我的拖延症不知道何日才能写完。

前　言

Wireshark 已经用不着我来做广告了，它早已被多家权威机构评为最佳嗅探器，从事网络工作的工程师都知道它。即便我如实地列举它的种种好处，都涉嫌违反广告法。这也许就是我的上一本书《Wireshark 网络分析就这么简单》得以多次重印的原因，是神器总会流行的。读者的评价也超乎我的想象，随手复制两条书评过来满足一下我的虚荣心：

“这本书陪了我几个深夜。没有大部头的催眠和艰涩，每一节都精炼易读，和咖啡一样令人上瘾。我是网络小新人，但是不觉得特别难，很容易顺下来。里面很多干货，厚积薄发，都是实际环境中的情况。畅快淋漓读完大呼不过瘾，搜了一下作者就这一本书。遗憾！”

——亚马逊读者

“这本书是我 2014 年读过的 10 本好书之一，如果说我对这本书有什么不满的话，就只有一个：书写薄了，意犹未尽，读着完全不过瘾呀呀呀。或许这本书浅显易懂、幽默风趣的语言风格让你在无障碍阅读的同时，会让你有一种这书太浅、适合初学者的感觉，但是这本书实际上是越读越有味道，我就读了好几次。”

——豆瓣读者

既然有这么多人喜欢，我有什么理由不再写一本呢？于是就有了这本新书。虽然我在写稿这件事情上的拖延症不亚于洗碗，不过读者们的鼓励显然起了作用，最后收笔时间只比原计划晚了 6 个月。和老读者们期望的一样，它是上一本书的延续，尤其是在写作风格上。不同之处在于这一本不再着重分析基础协议，而更专注于解决现实问题。另外，考虑到现在手机上网日趋流行，本书也增加了一些手机 App 的内容，相信读者会喜欢。

就如我常在培训课上所讲的，学会 Wireshark 这个软件只需要几个小时，掌握一个网络协议也用不了几天，而养成解决问题的思路却需要经年累月的练习和思考。本书正提供了很多练习和思考的机会，本书 30 多篇文章，几乎都用了 Wireshark 来分析网络包。我希望每一篇都能让读者产生这样的感触："啊，原来 Wireshark 还可以这样用！""读完整本书，自然而然会形成看包的习惯和思维方式。

本书组织结构

就像时尚女郎每天都在看包包一样，我也每天都在看包。看到有趣又有价值的，就会记录下来，久而久之就形成了这本书。因此它有别于包罗万象的网络教材，而更像一个技术博客的合集。

全书根据素材来源可分为四个部分。

第一部分的选材来自老读者的咨询，相信很有代表性，说不定其他读者也会遇到。

- 《Linux 为什么卡住了》分析了登录 Linux 时卡顿 10 秒钟的现象。虽然我是 Linux 领域的菜鸟，但是仍然可以用 Wireshark 发现原因并解决它。
- 《像福尔摩斯一样思考》讲述的是如何根据网络包中的蛛丝马迹，找到被人为掩盖的线索。自己从网络包推理出来的东西，往往比对方提供的文档更可靠。
- 《一篇关于 VMware 的文章》介绍了一位读者在 VMware 知识库发现的文章。我们纯粹依靠协议分析，找到了这篇文章的真正内涵，最后再用 Wireshark 看包加以确认。
- 《来点有深度的》是在上一篇的基础上，通过发散思维，向读者"灌输"了一些相关的 TCP 知识。个人觉得 TCP 协议理解到这个深度就足够应付大多数性能问题了。
- 《三次握手的小知识》是应某论坛网友的要求而写的 TCP 握手科普，分享了一些用 Wireshark 来处理握手问题的小经验，顺便演示了"SYN flood"攻击的网络包。

- 《被误解的 TCP》澄清了被读者广泛误解的两个 TCP 概念，比较了 Linux、Windows 和安卓手机的不同 Ack 频率。
- 《最经典的网络问题》是我近年遇到过的最经典的案例了。虽然很多年前就听说过 Nagle 算法遇到延迟确认会出问题，但是在现实中还是第一次遇到，赶紧记录下来。
- 《为什么丢了单子？》讲述了一位销售朋友的遭遇，说明用 Wireshark 有助于发现产品的不足，并且找到改进之处。如果能用 Wireshark 分析自家产品与竞争对手产品的网络包，一定能找到不少差别，从而改进销售策略。
- 《受损的帧》分析了因为硬件等原因导致帧损坏，从而在 Wireshark 上体现出的奇怪症状。事情往往没有表面上看到的那么简单。
- 《虚惊一场》是因为一位眼尖的读者发现了我书中的一处“错误”（或者可以说是 TCP 的一个 bug），后来研究了很久才发现是虚惊一场，不过排查过程还是很值得分享的。这位读者还从“作者简介”的照片中，看到我手上的《TCP/IP 详解 卷 1:协议》是影印版，然后特意从美国帮我寄来了一本原版书。再次表示感谢！
- 《NTLM 协议分析》是这部分唯一的基础协议介绍，据说 NTLM 在中国用得还很多，所以才特意写了一篇。
- 《Wireshark 的提示》收集了读者感兴趣的很多 Wireshark 提示信息。文中不但介绍了每一个提示信息的意义，还分析了其产生的原因，希望让读者能够知其所以然。

第二部分是我自己在工作中遇到的网络问题。这部分讲得最细、最深，问题本身也最复杂。在阅读这一部分时，可能要多花点时间。

- 《书上错了吗？》解释了为什么对于同一个 TCP 连接，在两端抓到的网络包顺序是不同的。明白了这一点才能理解后面两篇的内容。

- 《计算“在途字节数”》介绍了如何从网络包中计算“已经发送但未被确认”的数据量。不用害怕数学，简单的加减法就够用了。

- 《估算网络拥塞点》在前两篇的基础上，提供了一个估算网络拥塞点的方法。掌握了这个技能，此后再优化 TCP 性能时就胸有成竹了。

- 《顺便说说 LSO》讲的是现在越来越普遍的 Large Segment Offload。在估算拥塞点的时候很可能会被 LSO 所干扰，因此我特意为它写了一篇。

- 《熟读 RFC》分析了一个颇为棘手的性能问题，即使擅长 Wireshark 也很难解决，向大家展示了熟悉 RFC 的重要性。

- 《一个你本该能解决的问题》用 Wireshark 分析了一个 UDP 导致的性能问题，从本质上分析 UDP 和 TCP 的差别。这一篇我在微博上发过，还引发了一场不小的讨论。

- 《几个关于分片的问题》其实是上一篇的后续。很多读者看到 UDP 包被分片之后出现了性能问题，所以对分片很感兴趣，问了不少问题。

- 《MTU 导致的悲剧》分享了几个 MTU 配置出问题而导致的事故。这类问题其实很多见的，尤其是对于实施和运维人员来说。

- 《迎刃而解》是来自一个运维部门的技术问题，相当隐蔽而且诡异，最终在 Wireshark 的辅助下迎刃而解。

- 《昙花一现的协议》回忆了一个我曾经支持过的协议。今天才学习它可能没有实际意义，但是其理念和创意还是值得借鉴的。当你对一个协议了解到一定程度时，肯定也会有改造它的想法。

- 《另一种流控》介绍的是 Pause Frame（暂停帧）流控。有别于 TCP 的“端到端”流控，它是“点到点”的，在有些场合很好用。

- 《过犹不及》分享了一个多线程传输的案例，说明不是增加连接数就一定能提高性能，有时候甚至有负面效果。

- 《治疗强迫症》演示了如何用 Wireshark 研究文本编辑软件的工作方式。也许这类软件不是你的兴趣所在，但是可以举一反三，用相同的方式研究其他软件。
- 《技术与工龄》算是半篇技术文章。除了介绍 Window Scale 这个技术点，还希望每个人都能正视工龄，善待新人。
- 《一个面试建议》只是分享面试经验，完全无关技术。文章写得很不严肃，目的是让读者休息一下，乐一乐。
- 《如何科学地推卸责任》不是想把你“教坏”，而是分享了如何在技术上划分责任。如果你是乙方工程师，肯定会需要的。

第三部分的选材是日常生活中的抓包，包括手机 App。在未来一两年，可能会有越来越多的人去抓手机上的包，因为用得多了，问题也会跟着增加。

- 《假宽带真相》本是央视某一期节目的名字，说测速软件“有明显的设计缺陷”。我用 Wireshark 进行了验证，结果如何呢？读了全文就知道了。
- 《手机抓包》讲解的是如何在家里搭建适合抓手机包的 WiFi 环境。如果你经常需要抓手机上的包来研究，相信我，是该改造一下家里的网络了。
- 《微博为什么会卡》分析了微博在 WiFi 环境下经常卡顿的问题，最后找出来的原因竟然是 DNS。本文对很多 App 的优化有借鉴作用。
- 《寻找 HttpDNS》讲述了一个“失败”的探索过程，因为到最后都没有找到想要的包。不过失败本身也有价值，因为我们知道了真相不过如此。
- 《谁动了我的网络》详细地讲解了被劫持的网络包有什么特征，以及如何在 Wireshark 中找到它们。下一次你怀疑自家网络被劫持时，就可以抓一个包自己分析了。
- 《一个协议的进化》介绍的是当前 HTTP 1.1 在性能上的落后之处，以及可能改进的空间。可惜现在 HTTP 2 的包还不容易抓到，否则我们还可以增加一些内容。

- 《假装产品经理》分析了在微博发图片的网络包，我们可以从中看到它的压缩比例、上传行为、CDN 服务商等。不用派卧底去新浪，就可以侦察到不少"机密"。

- 《自学的窍门》也无关技术，只是分享了本人的学习经验，希望对新人有些参考价值。

第四部分的内容很少，却花费了我不少时间，因为写的是两个项目/产品。

- 《打造自己的分析工具》介绍了我自己打造的一个性能分析网站，让大家体验一下量身定制的工具有多好用。本文也分享了开发过程的一些经验。

- 《一个创业点子》讲的是我曾经想做的一个网络加速器。里面知识点还是挺多的，也适合用 Wireshark 来研究。

你可能会问的一些问题

1. 阅读此书需要什么基础?

只需要具备网络常识，比如在学校里上过网络课或者考过 CCNA 就够了。如果读过《Wireshark 网络分析就这么简单》是最好的，会觉得衔接顺畅。对于缺乏网络基础的 Wireshark 用户，建议先阅读 Richard Stevens 的《TCP/IP 详解 卷 1：协议》。英文好的读者可以通过 http://www.tcpipguide.com/free/index.htm 页面免费阅读《The TCP/IP Guide》一书，里面的插图画得尤其好。由于读免费书籍很难坚持下去，你可以点击页面下方的 Donate 按钮给作者捐款，由此增加进一步学习的功力。

2. 本书的选材为何如此广泛?

我写这本书是为了让读者学有所获，因此选材也从读者的兴趣点出发。比如现在流行手机上网，因此我增加了这部分的内容；又比如技术圈正在热议 HttpDNS，所以我就去做了一系列实验……不同读者的关注点肯定会有所不同，如果某一篇的话题不是你感兴趣的，直接跳过也不影响后面的阅读。

3. 为什么我觉得有些内容太简单了？

人们读书时都会有这样的反应——读到自己不懂的内容时，就会觉得高大上；读到自己擅长的领域时，又会觉得太简单。这就是为什么有些作者喜欢把书写得很玄乎，然而我的风格恰恰相反，会尽可能地把复杂的问题简单化。我的技术培训也是坚持这样的风格，会假设所有听众都是刚毕业的文科妹子（嗯，这样也会使我的心情好一些）。

4. 为什么没有随书光盘？

我也希望能把这本书里的网络包都共享出来，但由于大多是在客户的生产环境中抓到的，所以不适合公开。毕竟从包里能暴露出来的安全隐患太多了，希望读者能理解这个苦衷。为了方便阅读，我已经尽量把 Wireshark 截图做清晰。建议大家在自己的环境中抓包分析，这会比看示例包更有价值。

5. 怎样联系作者？

如果对书中的内容有疑问，或者自己抓了包却不知道怎么分析，都可以联系作者，邮箱地址为 linpeiman@hotmail.com。你也可以在微博上@林沛满，但不建议关注，因为他是个整天晒园艺图片的话痨。

目　录

目　录

答读者问

1

在过去几年中，有不少读者、同事和网友向我咨询过网络问题，其中大部分都记录在案。我一直把这些案例视为珍贵的财富，因为既真实又有广泛的代表性，比我自己在实验室中“制造”出来的好多了。本书从中选择了最经典的部分，希望读者会感兴趣。如果你在工作或生活中遇到网络问题，也欢迎抓个包来找我分析。

Linux 为什么卡住了？

到今天为止，已经有 5 位读者向我求助过这个问题了。症状请看图 1，他们通过 SSH 登录 Linux 服务器时，输完用户名就卡住了，要等待 10 秒钟才提示密码输入。这究竟是什么原因导致的呢？其实我也是 Linux 菜鸟，虽然尝试过搜索“ssh hang”等关键词，但是没找到相关信息。

Linux_Server - PuTTY
login as: root

图 1

10 秒钟的时间并不算长，吃个薯片喝口咖啡就过去了。但是作为强迫症患者，我还是容不得它的存在，因此便决定写篇文章，向大家演示一下怎样用 Wireshark 一步步解决这个问题。

首先是抓包，步骤如下。

1．在 Linux 服务器上启动抓包。

2．从笔记本 SSH 到 Linux 服务器，输入用户名并回车。

3．等待 10 秒左右，直到登录界面提示输入密码。

4．停止抓包。

这样就可以得到一个涵盖该现象的网络包了。一般在实验室中没有干扰流量，不用过滤也可以分析，不过我们最好在做实验时就养成过滤的习惯，以适应生产环境中抓到的包。因为我们是通过 SSH 协议登录的，所以可以直接用“ssh”来过滤，如图 2 所示。SSH 包都是加密了的，因此我们看不出每个包代表了什么意思，不过这并不影响分析。从图 2 中可以看到，21 号包和 25 号包之间恰好就相隔 10 秒。

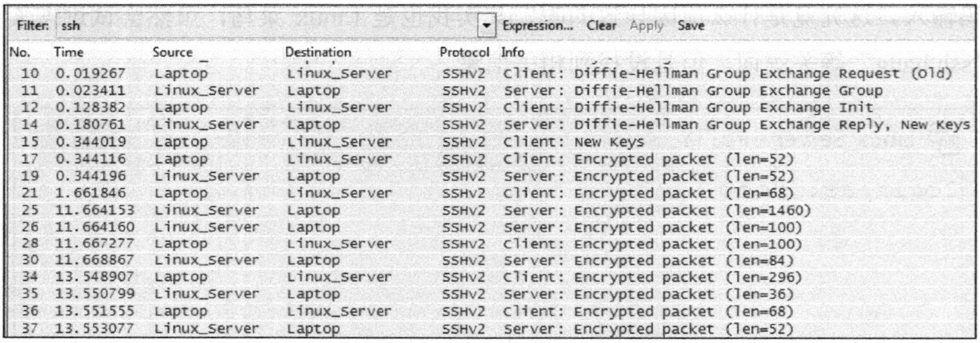

Filter: ssh　Expression... Clear Apply Save

No.	Time	Source	Destination	Protocol	Info
10	0.019267	Laptop	Linux_Server	SSHv2	Client: Diffie-Hellman Group Exchange Request (Old)
11	0.023411	Linux_Server	Laptop	SSHv2	Server: Diffie-Hellman Group Exchange Group
12	0.128382	Laptop	Linux_Server	SSHv2	Client: Diffie-Hellman Group Exchange Init
14	0.180761	Linux_Server	Laptop	SSHv2	Server: Diffie-Hellman Group Exchange Reply, New Keys
15	0.344019	Laptop	Linux_Server	SSHv2	Client: New Keys
17	0.344116	Laptop	Linux_Server	SSHv2	Client: Encrypted packet (len=52)
19	0.344196	Linux_Server	Laptop	SSHv2	Server: Encrypted packet (len=52)
21	1.661846	Laptop	Linux_Server	SSHv2	Client: Encrypted packet (len=68)
25	11.664153	Linux_Server	Laptop	SSHv2	Server: Encrypted packet (len=1460)
26	11.664160	Linux_Server	Laptop	SSHv2	Server: Encrypted packet (len=100)
28	11.667277	Laptop	Linux_Server	SSHv2	Client: Encrypted packet (len=100)
30	11.668867	Linux_Server	Laptop	SSHv2	Server: Encrypted packet (len=84)
34	13.548907	Laptop	Linux_Server	SSHv2	Client: Encrypted packet (len=296)
35	13.550799	Linux_Server	Laptop	SSHv2	Server: Encrypted packet (len=36)
36	13.551555	Laptop	Linux_Server	SSHv2	Client: Encrypted packet (len=68)
37	13.553077	Linux_Server	Laptop	SSHv2	Server: Encrypted packet (len=52)

图 2

这两个包之间所发生的事件，可能就是导致这个现象的原因。于是我再用“frame.number> 21 && frame.number< 25”过滤，结果如图 3 所示。

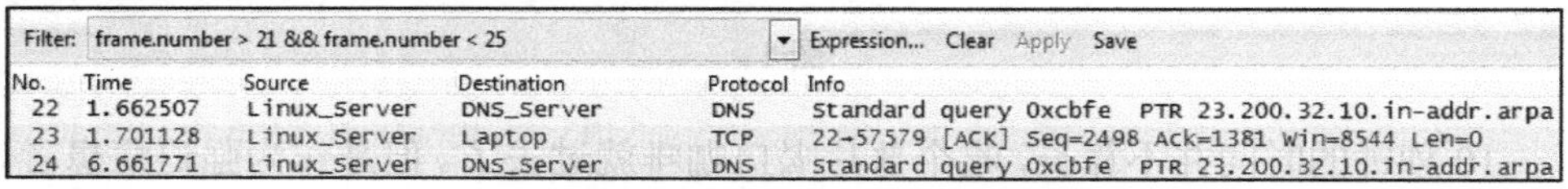

Filter: frame.number > 21 && frame.number < 25　Expression... Clear Apply Save

No.	Time	Source	Destination	Protocol	Info
22	1.662507	Linux_Server	DNS_Server	DNS	Standard query 0xcbfe PTR 23.200.32.10.in-addr.arpa
23	1.701128	Linux_Server	Laptop	TCP	22→57579 [ACK] Seq=2498 Ack=1381 Win=8544 Len=0
24	6.661771	Linux_Server	DNS_Server	DNS	Standard query 0xcbfe PTR 23.200.32.10.in-addr.arpa

图 3

从图 3 中可以看到，Linux 服务器当时正忙着向 DNS 服务器查询 10.32.200.23 的 PTR 记录（即反向解析），试图获得这个 IP 地址所对应的域名。该 IP 属于我们测试所用的笔记本，但由于 DNS 服务器上没有它的 PTR 记录，所以两次查询都等了 5 秒钟还没结果，总共浪费了 10 秒钟。

我们由此可以推出，**这台 Linux 服务器在收到 SSH 访问请求时，会先查询该客户端 IP 所对应的 PTR 记录。假如经过 5 秒钟还没有收到回复，就再发一次查询。如果第二次查询还是等了 5 秒还没回复，就彻底放弃查询。**我们甚至可以进一步猜测，如果 DNS 查询能成功，就不用白等那 10 秒钟了。

为了验证这个猜测，我在 DNS 服务器中添加了 10.32.200.23 的 PTR 记录，如图 4 所示，然后再次登录。

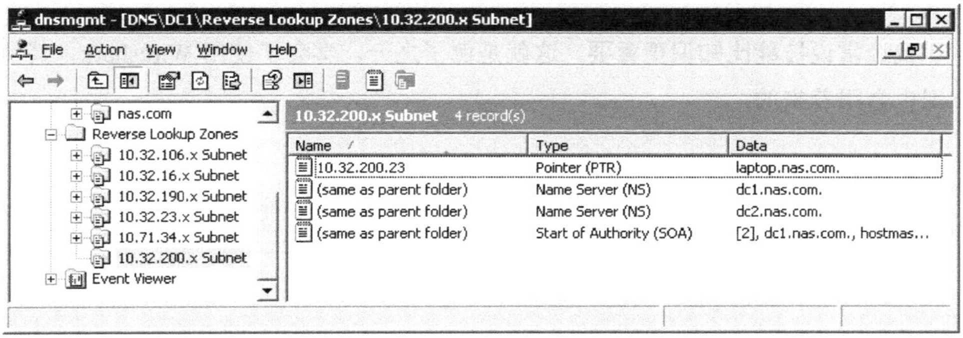
dnsmgmt - [DNS\DC1\Reverse Lookup Zones\10.32.200.x Subnet]
File Action View Window Help
nas.com
Reverse Lookup Zones
10.32.106.x Subnet
10.32.16.x Subnet
10.32.190.x Subnet
10.32.23.x Subnet
10.71.34.x Subnet
10.32.200.x Subnet
Event Viewer
10.32.200.x Subnet 4 record(s)
Name Type Data
10.32.200.23 Pointer (PTR) laptop.nas.com.
(same as parent folder) Name Server (NS) dc1.nas.com.
(same as parent folder) Name Server (NS) dc2.nas.com.
(same as parent folder) Start of Authority (SOA) [2], dc1.nas.com., hostmas...

图 4

这一次果然立即登录进去了。从图 5 的 Wireshark 截屏可见，DNS 查询是成功的，所以 21 号包和 26 号包之间几乎是没有时间停顿的。

No.	Time	Source	Destination	Protocol	Info
17	0.354656	laptop.nas.com	Linux_Server	SSHv2	Client: Encrypted packet (len=52)
18	0.354689	Linux_Server	laptop.nas.com	TCP	22→58426 [ACK] Seq=2446 Ack=1313 Win=8544 Len=0
19	0.354756	Linux_Server	laptop.nas.com	SSHv2	Server: Encrypted packet (len=52)
20	0.562055	laptop.nas.com	Linux_Server	TCP	58426→22 [ACK] Seq=1313 Ack=2498 Win=65536 Len=0
21	1.444473	laptop.nas.com	Linux_Server	SSHv2	Client: Encrypted packet (len=68)
22	1.445674	Linux_Server	DNS_Server	DNS	Standard query 0xda56 PTR 23.200.32.10.in-addr.arpa
23	1.445870	DNS_Server	Linux_Server	DNS	Standard query response 0xda56 PTR laptop.nas.com
24	1.446147	Linux_Server	DNS_Server	DNS	Standard query 0x1a68 A laptop.nas.com
25	1.446319	DNS_Server	Linux_Server	DNS	Standard query response 0x1a68 A 10.32.200.23
26	1.455106	Linux_Server	laptop.nas.com	SSHv2	Server: Encrypted packet (len=1460)
27	1.455116	Linux_Server	laptop.nas.com	SSHv2	Server: Encrypted packet (len=100)
28	1.455806	laptop.nas.com	Linux_Server	TCP	58426→22 [ACK] Seq=1381 Ack=4058 Win=65536 Len=0
29	1.458199	laptop.nas.com	Linux_Server	SSHv2	Client: Encrypted packet (len=100)
30	1.459701	Linux_Server	laptop.nas.com	SSHv2	Server: Encrypted packet (len=84)

图 5

明白了 DNS 查询就是问题的起因，接下来就知道怎么进一步研究了。只要在 Google 搜索“ssh dns”，第一页出来的链接都是关于这个问题的。随便挑几篇阅读一下，就连我这样的 Linux 初学者都能把这个问题研究透了。原来这个行为是定义在“/etc/ssh/sshd_config”文件中的，默认配置是这样的：

```
[root@Linux_Server ~]# cat /etc/ssh/sshd_config |grep -i usedns

#UseDNS yes
```

改成下面这样就可以解决了，不用去动 DNS 服务器上的配置：

```
[root@Linux_Server~]# cat /etc/ssh/sshd_config |grep -i usedns
UseDNS no
```

我经常说**技能比知识更重要**，这就是例子之一。学会了使用 Wireshark，其他知识也会跟着来的。

像福尔摩斯一样思考

有位读者在豆瓣上评论我的上一本书，说有阅读侦探小说的感觉。我对此并不觉得惊讶，因为**用 Wireshark 排查问题，和侦探破案的思路是一致的**。神探福尔摩斯的破案秘诀是“溯因推理”——先观察所有细节，比如鞋根上的泥疙瘩甚至烟灰；然后作出多种推理和假设；接着刨去各种不可能，最后剩下的“无论多么难以置信，肯定没错。”用 Wireshark 分析网络包时也类似，我们先要在网络包中寻找各种线索，然后根据网络协议作出推理，接着刨去人为（有意或无意）掩盖的证据，才能得到最后的真相。尤其是和保密机构打交道的时候，工程师进不了机房，文档也不能公开，所以一切线索只能自己在包里找，感觉就更像破案了。

我最近帮一位读者解决的问题就非常典型。他供职的机构内部网站有时候会发生诡异的现象，比如 Web 服务器的端口号会随机发生变化（具体症状就不多讲了，和本文关系不大）。后来做了排查，把客户端和 Web 服务器直连，问题就消失了，确认了 Web 服务器和客户端都没有问题。难道根本原因就出在网络路径上了？可是管理员又声称网络拓扑非常简单，不会出问题的。见图 1，**客户端和 Web 服务器在不同的子网里，中间由一个路由器转发。**

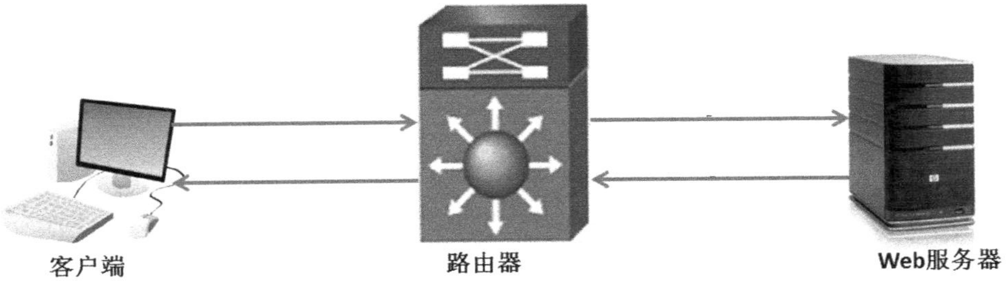
客户端
路由器
Web服务器

图 1

凭我的经验，这个网络拓扑的确简单到没有出问题的可能。可是已经到了山穷水尽的地步了，只好抓包试试。Web 服务器不允许我们登录，所以只能在客户端抓，更糟糕的是抓包时那个诡异的现象并没有发生。你一定会纳闷，正常状况抓的包有什么看头啊？人在走投无路的时候，要求都是很低的，能抓到一点算一点。图 2 就是抓到的包，看起来一切都很正常：前 3 个包是三次握手，接着客户端发了个 HTTP GET 请求，服务器也确认收到了。

```
No. Time         Source      Destination  Protocol Info
 1  0.000000000  Client      Web_Server   TCP      3106→80 [SYN] Seq=0 Win=65535 Len=0 MSS=1460 WS=2 SACK_
 2  0.004205000  Web_Server  Client       TCP      80→3106 [SYN, ACK] Seq=0 Ack=1 Win=29200 Len=0 MSS=1460
 3  0.004212000  Client      Web_Server   TCP      3106→80 [ACK] Seq=1 Ack=1 Win=65536 Len=0
 4  0.162915000  Client      Web_Server   HTTP     GET / HTTP/1.1
 5  0.163066000  Web_Server  Client       TCP      80→3106 [ACK] Seq=1 Ack=385 Win=30336 Len=0
```

图 2

既然表面上都是好的，我们再看看每个包的详细信息。1 号包的详情见图 3，客户端把包交给了一个叫 c0:62:6b:e2:bd:88 的 MAC 地址，该地址属于默认网关。将包交给默认网关是合理的，因为 Web 服务器在另一个子网中，需要路由转发。也就是说，从 1 号包中没有发现任何异常。

```
No. Time         Source      Destination  Protocol Info
 1  0.000000000  Client      Web_Server   TCP      3106→80 [SYN] Seq=0 Win=65535 Len=0 MSS=14
 2  0.004205000  Web_Server  Client       TCP      80→3106 [SYN, ACK] Seq=0 Ack=1 Win=29200 L
 3  0.004212000  Client      Web_Server   TCP      3106→80 [ACK] Seq=1 Ack=1 Win=65536 Len=0
 4  0.162915000  Client      Web_Server   HTTP     GET / HTTP/1.1
 5  0.163066000  Web_Server  Client       TCP      80→3106 [ACK] Seq=1 Ack=385 Win=30336 Len=

⊞ Frame 1: 66 bytes on wire (528 bits), 66 bytes captured (528 bits) on interface 0
⊞ Ethernet II, Src: 00:50:56:8a:25:52 (00:50:56:8a:25:52), Dst: c0:62:6b:e2:bd:88 (c0:62:6b:
⊟ Internet Protocol Version 4, Src: Client ( 192.168.111.111 ), Dst: Web_Server (192.168.222.222)
```

图 3

再看看图 4 的 2 号包详情。这个包让人眼前一亮，信息量实在太大了。在阅读下面的文字之前，建议你自己先在图中找找亮点。

```
No. Time         Source      Destination  Protocol Info
 1  0.000000000  Client      Web_Server   TCP      3106→80 [SYN] Seq=0 Win=65535 Len=0 MSS=
 2  0.004205000  Web_Server  Client       TCP      80→3106 [SYN, ACK] Seq=0 Ack=1 Win=29200
 3  0.004212000  Client      Web_Server   TCP      3106→80 [ACK] Seq=1 Ack=1 Win=65536 Len=
 4  0.162915000  Client      Web_Server   HTTP     GET / HTTP/1.1
 5  0.163066000  Web_Server  Client       TCP      80→3106 [ACK] Seq=1 Ack=385 Win=30336 Le

⊞ Frame 2: 66 bytes on wire (528 bits), 66 bytes captured (528 bits) on interface 0
⊞ Ethernet II, Src: 00:10:f3:27:61:86 (00:10:f3:27:61:86), Dst: 00:50:56:8a:25:52 (00:50:5
⊟ Internet Protocol Version 4, Src: Web_Server (192.168.222.222), Dst: Client ( 192.168.111.111
    Version: 4
    Header Length: 20 bytes
  ⊞ Differentiated Services Field: 0x00 (DSCP 0x00: Default; ECN: 0x00: Not-ECT (Not ECN-C
    Total Length: 52
    Identification: 0x0000 (0)
  ⊞ Flags: 0x02 (Don't Fragment)
    Fragment offset: 0
    Time to live: 64
```

图 4

首先这个包竟然是从 MAC 地址 00:10:f3:27:61:86 发过来的，而不是之前提到的默认网关 c0:62:6b:e2:bd:88。我不知道这个 MAC 地址属于什么设备，但这至少说明 2 号包和 1 号包走了条不一样的路径。再看其 Time to live（TTL）居然是 64，理论上经过一次路由的包，TTL 应该减去 1，变成 63 才对。根据这两条信息，可以推测管理员提供的拓扑图有误。**真正的网络包流向应该接近图 5，即客户端发出去的包是经过路由的，而 Web 服务器发过来的包没经过路由。**

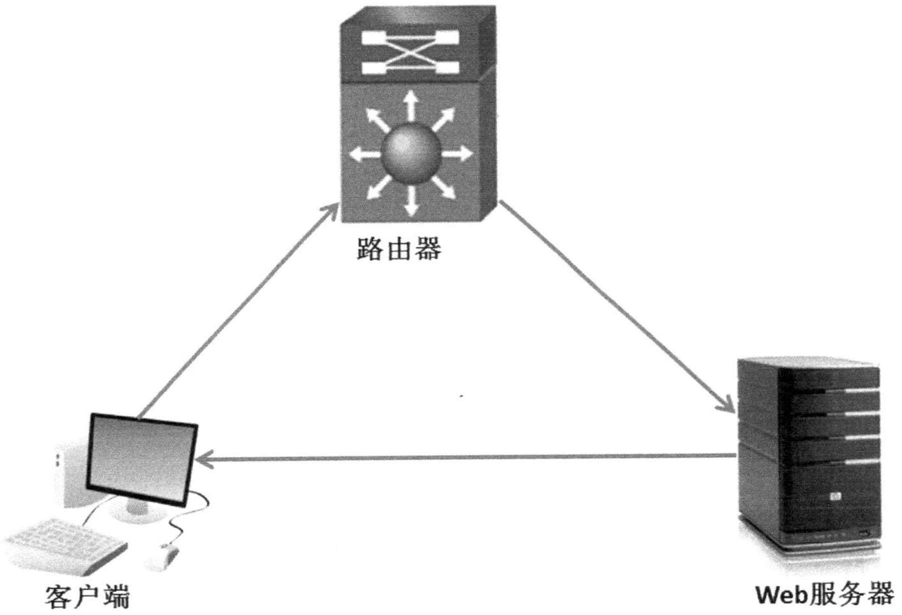
路由器
客户端
Web服务器

图 5

其实到这里就可以去找管理员说理了，不过别急，继续往下看。到了图 6 的第 5 号包，发现 Identification 竟然是 49031，而同样是来自 Web 服务器的 2 号包（见图 4）中，Identification 却是 0。一般发出 Identification 为 0 的机器永远都发 0，不会一下子跳到 49031。也就是说，其实 2 号包和 5 号包是两台不同的设备发出来的，这意味着在 Web 服务器和客户端之间，可能存在一台设备在代理三次握手，而能够代理握手的设备很可能是应对 Syn flood 攻击的防火墙。

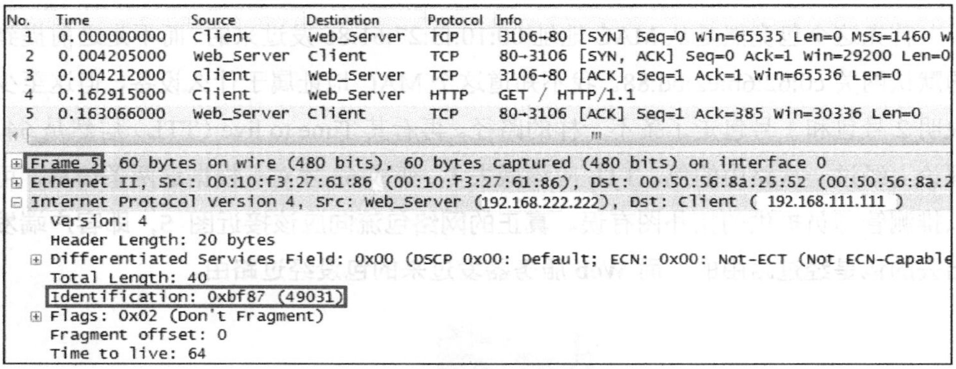
No. Time Source Destination Protocol Info
1 0.000000000 Client Web_Server TCP 3106→80 [SYN] Seq=0 Win=65535 Len=0 MSS=1460 W
2 0.004205000 Web_Server Client TCP 80→3106 [SYN, ACK] Seq=0 Ack=1 Win=29200 Len=0
3 0.004212000 Client Web_Server TCP 3106→80 [ACK] Seq=1 Ack=1 Win=65536 Len=0
4 0.162915000 Client Web_Server HTTP GET / HTTP/1.1
5 0.163066000 Web_Server Client TCP 80→3106 [ACK] Seq=1 Ack=385 Win=30336 Len=0
Frame 5: 60 bytes on wire (480 bits), 60 bytes captured (480 bits) on interface 0
Ethernet II, Src: 00:10:f3:27:61:86 (00:10:f3:27:61:86), Dst: 00:50:56:8a:25:52 (00:50:56:8a:2
Internet Protocol Version 4, Src: Web_Server (192.168.222.222), Dst: Client (192.168.111.111)
Version: 4
Header Length: 20 bytes
Differentiated Services Field: 0x00 (DSCP 0x00: Default; ECN: 0x00: Not-ECT (Not ECN-Capable
Total Length: 40
Identification: 0xbf87 (49031)
Flags: 0x02 (Don't Fragment)
Fragment offset: 0
Time to live: 64

图 6

因此图 5 的拓扑图还不够准确，应该更正成图 7 的样子。管理员忽视了这台防火墙，可能就错过了发现问题根源的机会。

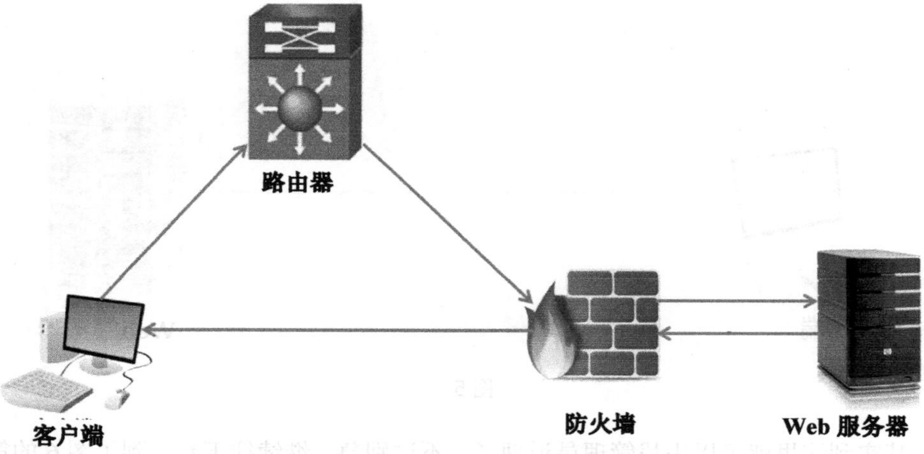
路由器
客户端
防火墙
Web 服务器

图 7

把以上分析反馈给管理员之后，他果然通过 MAC 地址 00:10:f3:27:61:86 找到了一台防火墙。也正是防火墙上的一些错误配置，导致他们遇到了那些诡异症状，改正之后症状就消失了。本文的目的是演示如何在网络包中寻找被掩盖的线索，而不是防火墙知识，所以就不展开了。

从头到尾再复习一下整个过程，是不是很有当侦探的感觉？

注意：为了保护客户隐私，本文截图里的 IP 地址和 MAC 地址都被 PS 过，这就是为什么有些截图看上去不太自然。

一篇关于 VMware 的文章

有位读者在 VMware 的知识库里找到一篇文章，觉得很像他正在遭遇的一个性能问题，便转发给我确认。作为好为人师的技术员，我当然不能让读者失望。

这篇文章大概讲了这样一件事。

问题描述

某些 iSCSI 存储阵列在出现**网络拥塞**时处理不当，会严重影响 VMware 的读写性能。这和它们的 TCP 实现方式有关。

解决方式

在 VMware 和存储阵列上关闭**延迟确认**（Delayed ACK）

VMware 和 iSCSI 存储阵列是什么？我在知识库里找到一个网络拓扑，看起来很简单，大概如图 1 所示。我们无需理解得很深，只要把 iSCSI 存储阵列当作一台服务器，再把 VMware 当作其客户端就行了，两者通过以太网传输数据。

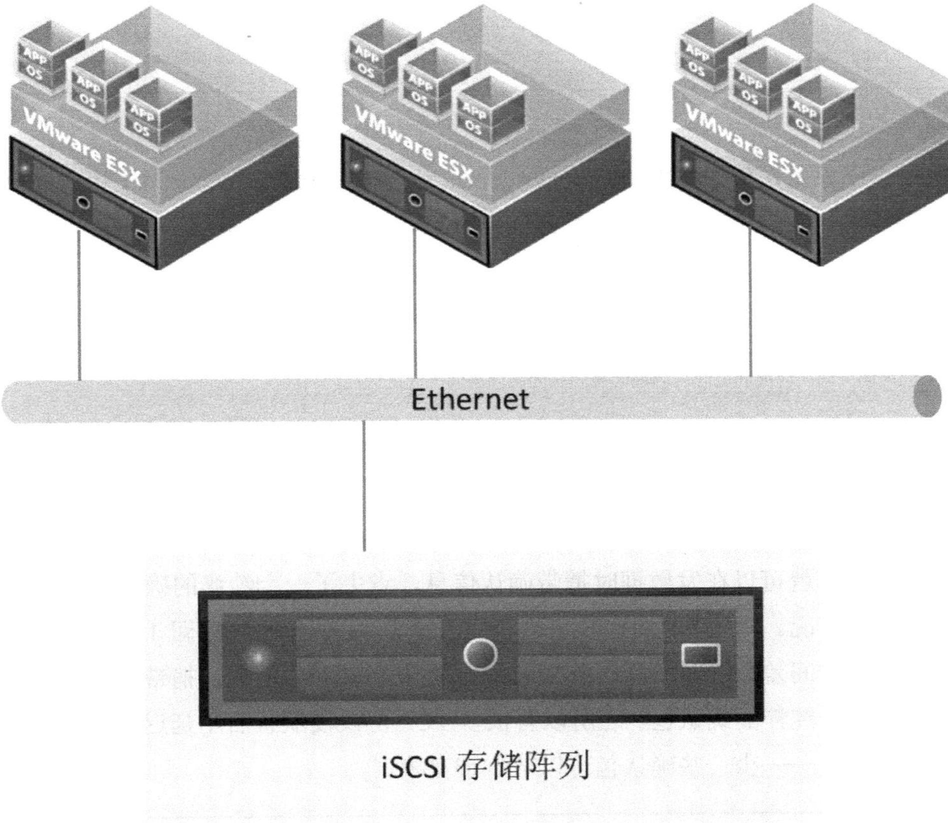
APP
OS
VMware ESX
Ethernet
iSCSI 存储阵列

图 1

乍一看，这个"问题描述"与"解决方式"简直风马牛不相及。网络拥塞怎么能靠关闭延迟确认来解决？不过出于对 VMware 的一贯信任，我决定还是好好研究一下。

我们先要明白什么叫延迟确认，它可以用一个简单的例子来说明：**在上海的笔记本上启动 Wireshark 抓包，然后用 Putty 远程登录一台位于悉尼的服务器。**由图 2 可见，在上海发出一个 SSH 请求之后，经过 149 毫秒左右（即 1 号包和 2 号包之间的时间差）收到了悉尼的回复，这是正常的往返时间。**但是笔记本收到回复之后，却没有立即确认，而是延迟了 200 毫秒以上（即 2 号包和 3 号包之间的时间差）才确认。**

No.	Time	Source	Destination	Protocol	Info
1	0.000000	Shanghai	Sydney	SSH	Client: Encrypted packet (len=52)
2	0.148774	Sydney	Shanghai	SSH	Server: Encrypted packet (len=52)
3	0.363628	Shanghai	Sydney	TCP	64839→22 [ACK] Seq=53 Ack=53 Win=254 Len=0

图 2

这个现象就是传说中的延迟确认，我在上一本书中也介绍过。为了让大家更好地理解它，我们再做个对比实验：我在笔记本上关闭了延迟确认，然后再次连接悉尼的服务器。从图 3 可见 2 号包和 3 号包之间几乎没有时间差了（只有 0.000121 秒，可以忽略）。

No.	Time	Source	Destination	Protocol	Info
1	0.000000	Shanghai	Sydney	SSH	Client: Encrypted packet (len=52)
2	0.148575	Sydney	Shanghai	SSH	Server: Encrypted packet (len=52)
3	0.148696	Shanghai	Sydney	TCP	1207→22 [ACK] Seq=53 Ack=53 Win=63928 Len=0

图 3

启用延迟确认是有好处的，假如在这等待的 200 毫秒里，上海的笔记本恰好有数据要发，就可以在发数据时捎带确认信息，省去了一个纯粹的确认包。图 4 就符合这种情况。笔记本收到 11 号包之后，等了 41 毫秒左右（即 11 号包和 12 号包之间的时间差）恰好又有一个 SSH 请求要发，就顺便把确认捎带过去了，因此省掉了一个纯粹的确认包。之所以有很多 TCP 协议栈默认启用延迟确认，正是基于这个原因——少一些确认包可以节省带宽嘛。

No.	Time	Source	Destination	Protocol	Info
10	1.498030	Shanghai	Sydney	SSH	Client: Encrypted packet (len=52)
11	1.646575	Sydney	Shanghai	SSH	Server: Encrypted packet (len=52)
12	1.687833	Shanghai	Sydney	SSH	Client: Encrypted packet (len=52)

图 4

延迟确认的坏处也很明显，就是会凭空多出一段延迟。这个机制的作用很像你中午懒得去食堂吃饭，便等到下午出门上课时顺便去吃一点。结果就是少跑了一趟食堂，但是吃饭时间却被延后了。

理解了延迟确认的原理，我们再回顾 VMware 的那篇文章。一般来说，偶尔浪费 200 毫秒的等待时间并不算严重的问题，VMware 为什么要这么在意呢？又不是等待很多个 200 毫秒。当我联想到“很多个”时，终于明白了——这世界上还真的存在一种很老的 TCP 的实现（RFC 2582），会导致拥塞时出现多个 200 毫秒的等待时间。详情且看下文分析。

图 5 从客户端的视角演示了启用延迟确认时，某些 TCP 协议栈在处理网络拥塞时的状况。

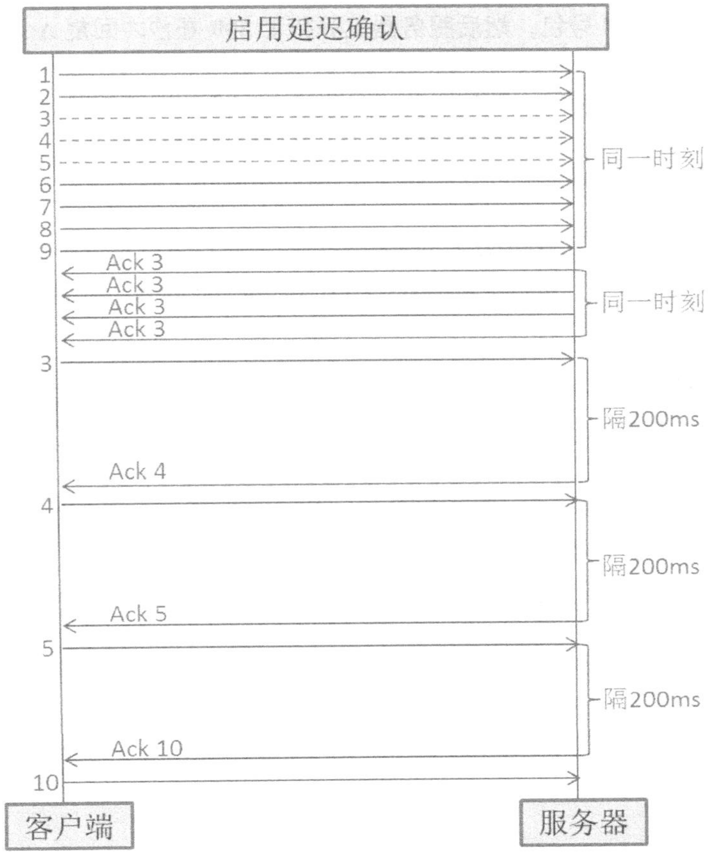
启用延迟确认
1
2
3
4
5
6
7
8
9
同一时刻
Ack 3
Ack 3
Ack 3
Ack 3
同一时刻
3
隔200ms
Ack 4
4
隔200ms
Ack 5
5
隔200ms
Ack 10
10
客户端
服务器

图 5

这个传输过程发生了以下事件。

1. 客户端在同一时刻（或者说同一窗口）发送了 9 个 TCP 包，其中 3、4、5 号因为拥塞丢失了。

2. 到达服务器的 6、7、8、9 号包触发了 4 个“Ack 3”，于是客户端快速重传 3 号包，此时它并不知道 4 号包也丢了。

3. **由于服务器上启用了延迟确认，所以它收到 3 号包之后，等待了 200 毫秒才回复 Ack 4。**

4. **客户端重传 4 号包，然后服务器又等待了 200 毫秒才回复 Ack 5。**

5. **客户端重传 5 号包，然后服务器又等待了 200 毫秒才回复 Ack 10。**

6. 客户端传输新的 10 号包，自此该网络拥塞就完全恢复了。

由于当时没有抓包，因此以上分析仅是我的推测。还有另一种可能是在某个 200 毫秒的延迟过程中，那些丢包的 RTO（Retransmission Timeout）已经被触发，所以进入了**超时重传**阶段。无论符合哪一种可能，性能都会严重下降，因此 VMware 建议关闭延迟确认是很有道理的，只不过没把原理说清楚。我甚至怀疑写这篇文章的人也没真正理解，因为里面还提到了慢启动之类不太相关的东西。

假如把延迟确认关闭掉，那该 TCP 协议栈处理拥塞的过程就变成图 6 所示。包还是那些包，不过浪费在延迟确认上的 600 毫秒就省下来了。只要往返时间不是太长，那些丢包也不会触发超时重传，所以避免了第二种可能。

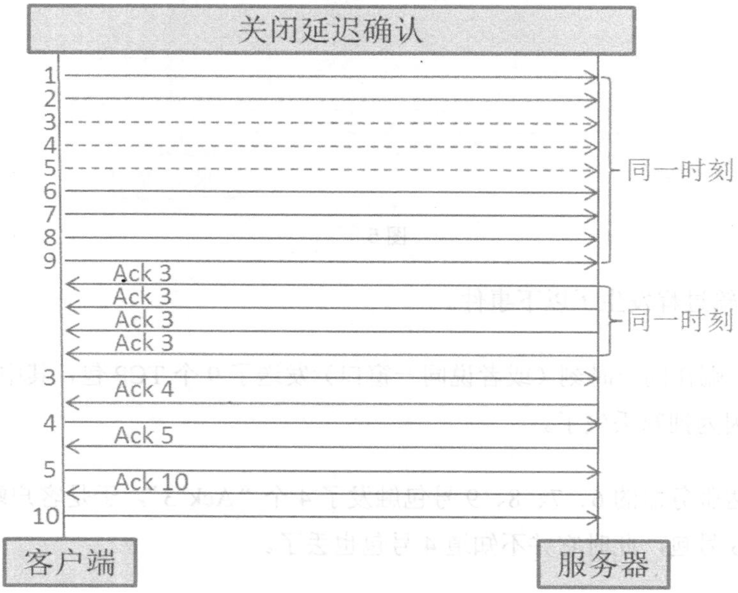
关闭延迟确认
1
2
3
4
5
6
7
8
9
同一时刻
Ack 3
Ack 3
Ack 3
Ack 3
同一时刻
3
Ack 4
4
Ack 5
5
Ack 10
10
客户端
服务器

图 6

我把分析结果告诉了那位读者，确保这个修改没什么副作用。于是他壮着胆子关闭了延迟确认，果然 VMware 的性能就飙升了。图 7 是他在关闭之后抓的网络包，和上文分析的一模一样，果然连续丢了很多包，而且每个重传都需要确认一次。

No.	Time	Source	Destination	Protocol	Info
147037	7.619754000	Server	Client	TCP	3260→50481 [ACK] Seq=153777 Ack=99943465 Win=1024 Len=0
147038	7.622595000	Client	Server	TCP	[Continuation to #146418] [TCP Retransmission] 50481→3260 [ACK] Seq=99943465
147039	7.622614000	Server	Client	TCP	3260→50481 [ACK] Seq=153777 Ack=99944925 Win=1024 Len=0
147040	7.625318000	Client	Server	TCP	[Continuation to #146418] [TCP Retransmission] 50481→3260 [ACK] Seq=99944925
147041	7.625325000	Server	Client	TCP	3260→50481 [ACK] Seq=153777 Ack=99946385 Win=1024 Len=0
147042	7.628001000	Client	Server	TCP	[Continuation to #146418] [TCP Retransmission] 50481→3260 [ACK] Seq=99946385
147043	7.628019000	Server	Client	TCP	3260→50481 [ACK] Seq=153777 Ack=99947845 Win=1024 Len=0
147044	7.630617000	Client	Server	TCP	[Continuation to #146418] [TCP Retransmission] 50481→3260 [ACK] Seq=99947845
147045	7.630623000	Server	Client	TCP	3260→50481 [ACK] Seq=153777 Ack=99949305 Win=1024 Len=0
147046	7.633305000	Client	Server	TCP	[Continuation to #146418] [TCP Retransmission] 50481→3260 [ACK] Seq=99949305
147047	7.633322000	Server	Client	TCP	3260→50481 [ACK] Seq=153777 Ack=99950765 Win=1024 Len=0
147048	7.635999000	Client	Server	TCP	[Continuation to #146418] [TCP Retransmission] 50481→3260 [ACK] Seq=99950765
147049	7.636006000	Server	Client	TCP	3260→50481 [ACK] Seq=153777 Ack=99952225 Win=1024 Len=0
147050	7.638615000	Client	Server	TCP	[Continuation to #146418] [TCP Retransmission] 50481→3260 [ACK] Seq=99952225
147051	7.638621000	Server	Client	TCP	3260→50481 [ACK] Seq=153777 Ack=99953685 Win=1024 Len=0
147052	7.641324000	Client	Server	TCP	[Continuation to #146418] [TCP Retransmission] 50481→3260 [ACK] Seq=99953685

图 7

我以前分享的案例都是先在 Wireshark 中找到症状，然后再结合协议分析找到原因的。而这次纯粹是依靠协议分析，预测能从包里看到什么，然后再用 Wireshark 验证的。听起来似乎是完全靠灵感，**但灵感不是天生的，它来自长期的训练**。只有在 Wireshark 中看过了延迟确认和大量重传的样子，才可能意识到它们放在一起会出大问题。

注意：如果对那篇 VMware 的文章感兴趣，可以在其知识库 http://kb.vmware.com 中搜索 1002598 来找到它。

来点有深度的

前一篇文章发布后，被一些公众号转发了。于是就有资深技术人员找到我，说读完觉得不过瘾，希望来点有深度的。好吧，那篇的确只从**表面上**介绍了延迟确认在网络发生拥塞时的影响，要往深处分析的话还是有不少料的。

先发散一下思维：除了 VMware 所建议的关闭延迟确认，还有其他的方法可以解决这个问题吗？

答案是肯定的。既然 VMware 的文章说"**某些**提供 iSCSI 访问的存储阵列在出现网络拥塞时处理不当"，就说明还有些存储阵列是处理得当的，即使打开延迟确认也不怕。那它们又是如何处理的呢？我做了很多研究之后，发现它们其实就是启用了 TCP SACK（Selective Acknowledgement）功能，因此在大量丢包的时候不需要每个重传包都确认一次，也就不怕延迟确认的影响了。图 1 从客户端的角度演示了同样丢包的情况下，启用 SACK 的 TCP 协议栈是怎样处理重传的。

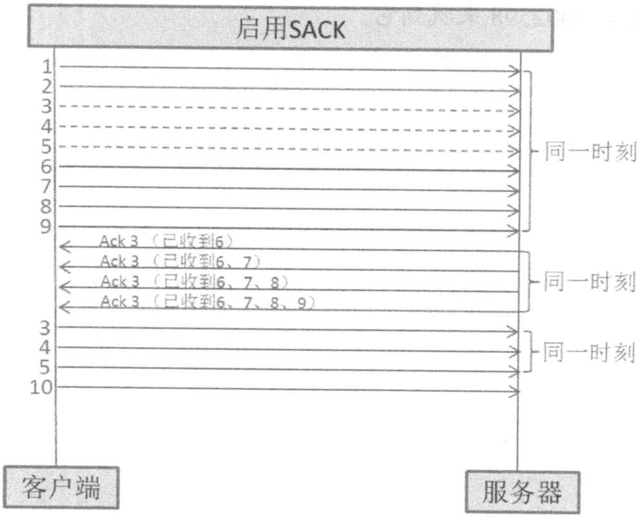
启用SACK
1
2
3
4
5
6
7
8
9
同一时刻
Ack 3（已收到6）
Ack 3（已收到6、7）
Ack 3（已收到6、7、8）
Ack 3（已收到6、7、8、9）
同一时刻
3
4
5
10
同一时刻
客户端
服务器

图 1

这个传输过程发生了以下事件。

1. 客户端在同一时刻（或者说同一窗口）发送了 9 个 TCP 包，其中 3、4、5 号因为拥塞丢失了。
2. 到达服务器的 6、7、8、9 号包触发了 4 个“Ack 3”。
3. **由于启用了 SACK，所以服务器可以在 4 个“Ack 3”中告知客户端哪些包已经收到了。**
4. **因为客户端已经知道哪些包丢了，哪些包已经收到，所以它可以一口气完成重传。**

SACK 信息在 Wireshark 中很容易看到。如图 2 所示，只要把“Ack=656925”和“SACK: 661857-663035”这两个因素结合起来，客户端就知道排在后面的数据段 661857-663035 已经送达，但排在前面的 656925-661856（共 4932 字节）反而丢失了，因此它需要重传这段数据。从图 3 可以看到每个重传包的 Len 值，四个包加起来恰好就等于 4932 字节。

No.	Time	Source	Destination	Protocol	Info
824	4.472656	server	client	TCP	[TCP Dup ACK 821#1] 8888→60479 [ACK] Seq=829 Ack=656925

```
⊟ SACK: 661857-663035
    Kind: SACK (5)
    Length: 10
    left edge = 661857 (relative)
    right edge = 663035 (relative)
```

图 2

No.	Time	Source	Destination	Protocol	Info
825	4.472656	client	server	TCP	[TCP Retransmission] 60479→8888 [ACK] Seq=656925 Ack=829 Win=48363 Len=1388
874	4.531250	client	server	TCP	[TCP Retransmission] 60479→8888 [ACK] Seq=658313 Ack=829 Win=48363 Len=1388
876	4.535156	client	server	TCP	[TCP Retransmission] 60479→8888 [ACK] Seq=659701 Ack=829 Win=48363 Len=1388
878	4.535156	client	server	TCP	[TCP Retransmission] 60479→8888 [ACK] Seq=661089 Ack=829 Win=48363 Len=768

图 3

由此可见启用 SACK 其实比关闭延迟确认更高效，因为它可以一次性重传多个丢包，而不用每重传一个就等待一次 Ack，白费多个往返时间。这在局域网环境中的优势还不太明显，如果是在远程镜像中，一个正常的往返时间都要花上百毫秒，那就更应该启用 SACK 了。我真的很好奇 VMware 为什么不提供这个建议。

说完 SACK，再讲一个更加有深度的知识点：除了大量重传之外，延迟确认还会在什么场景下严重影响性能？

从本质上看，延迟确认之所以会在大量重传时影响性能，是因为它在该场景下会多次出现（甚至因为延迟太久而导致超时重传）。那么还有什么场景会导致延迟确认多次出现呢？凭空想象是很难得到答案的，不过当你看过的网络包足够多时，肯定会遇到一些。我个人遇到最多的是 TCP 窗口极小的情况，此时启用延迟确认简直就是雪上加霜。图 4 演示了服务器接收窗口只有 2920 字节（相当于两个 MSS），且**关闭**了延迟确认时的场景。因为客户端每发两个包就会耗光窗口，所以不得不停下来等待服务器的确认。假如这时候在服务器上**启用**了延迟确认，那 29 号和 30 号之间、32 号与 33 号之间……以及 38 号和 39 号之间都需要多等待 200 毫秒，意味着传输效率会下降数百倍。这个场景下的延迟确认杀伤力巨大，又非常隐蔽，所以第一次遇上的工程师根本不知所措。

No.	Time	Source	Destination	Protocol	Info
28	1.256466	Client	Server	TCP	[Continuation to #26] 445→2199 [ACK] Seq=2545 Ack=885 Win=65535 Len=1448
29	1.256474	Client	Server	TCP	[Continuation to #26] 445→2199 [ACK] Seq=3993 Ack=885 Win=65535 Len=1448
30	1.256483	Server	Client	TCP	2199→445 [ACK] Seq=885 Ack=5441 Win=2920 Len=0 TSval=27476 TSecr=378779
31	1.256714	Client	Server	TCP	[Continuation to #26] 445→2199 [ACK] Seq=5441 Ack=885 Win=65535 Len=1448
32	1.256720	Client	Server	TCP	[Continuation to #26] 445→2199 [ACK] Seq=6889 Ack=885 Win=65535 Len=1448
33	1.256729	Server	Client	TCP	2199→445 [ACK] Seq=885 Ack=8337 Win=2920 Len=0 TSval=27476 TSecr=378779
34	1.256948	Client	Server	TCP	[Continuation to #26] 445→2199 [ACK] Seq=8337 Ack=885 Win=65535 Len=1448
35	1.256953	Client	Server	TCP	[Continuation to #26] 445→2199 [ACK] Seq=9785 Ack=885 Win=65535 Len=1448
36	1.256961	Server	Client	TCP	2199→445 [ACK] Seq=885 Ack=11233 Win=2920 Len=0 TSval=27476 TSecr=378779
37	1.257191	Client	Server	TCP	[Continuation to #26] 445→2199 [ACK] Seq=11233 Ack=885 Win=65535 Len=1448
38	1.257201	Client	Server	TCP	[Continuation to #26] 445→2199 [ACK] Seq=12681 Ack=885 Win=65535 Len=1448
39	1.257208	Server	Client	TCP	2199→445 [ACK] Seq=885 Ack=14129 Win=2920 Len=0 TSval=27476 TSecr=378779

图 4

其他的场景我也遇到过一些，不过次数很少，就不一一列举了。更值得关注的，是如何在 Wireshark 中发现延迟确认，并计算它所带来的影响。

由于延迟确认是一个正常的 TCP 机制，有其积极的一面，所以 Wireshark 是不会把它当作问题标志出来的，而且点击 Analyze→Expert Info 菜单也是不会统计延迟确认的。难道我们只能靠人工去计算每个确认包的等待时间吗？我几年前就因此吃过一次亏——有位同事找我分析一个性能相关的网络包，我用 Wireshark 看了半天都没有发现问题，所以就斩钉截铁地说跟网络无关。后来客户自己尝试关闭了延迟确认，性能居然就飙升了，导致我和同事都非常尴尬。最后写分析报告的时候才想到办法：只要用“tcp.analysis.ack_rtt > 0.2 and tcp.len==0”过滤一下，就可以把所有超过 200 毫秒的确认都筛出来了（当然筛出来的不一定全都是延迟确认，追求精确的话就逐个检查）。图 5 正是我当年遇到的那个网络包，只要把过滤出来的包数乘以 0.2 秒，就知道大概浪费了多少时间。

Filter: tcp.analysis.ack_rtt >0.2 and tcp.len==0 Expression... Clear Apply Save

No.	Time	Source	Destination	Protocol	Info
6079	121.946662	Server	Client	TCP	3260→34356 [ACK] Seq=71983377 Ack=191109997 Win=24576 Len=0
6085	122.346677	Server	Client	TCP	3260→34356 [ACK] Seq=71983425 Ack=191202769 Win=24576 Len=0
6099	122.746720	Server	Client	TCP	3260→34356 [ACK] Seq=71983425 Ack=191264617 Win=24576 Len=0
6221	124.946945	Server	Client	TCP	3260→34356 [ACK] Seq=102185617 Ack=197965957 Win=24576 Len=0
6226	125.347023	Server	Client	TCP	3260→34356 [ACK] Seq=102185617 Ack=197994989 Win=24576 Len=0
6257	125.747026	Server	Client	TCP	3260→34356 [ACK] Seq=102186049 Ack=198074809 Win=24576 Len=0
6273	126.547094	Server	Client	TCP	3260→34356 [ACK] Seq=102186049 Ack=198144457 Win=24576 Len=0

图 5

这两篇文章所列举的案例，其实在现实环境中广泛存在。不过由于症状只是性能差，所以很多用户以为是带宽不足导致的，就一直忍着。用 Wireshark 抓个包看看吧，很可能无需升级硬件，也可以帮你的系统大幅度提升性能的。

三次握手的小知识

我原本以为TCP三次握手不值得写，没想到在某技术社区上被提问好几次了。看来感兴趣的人还真不少，还是写一篇吧。

我们知道TCP需要通过三次握手来建立连接，过程如图1所示。

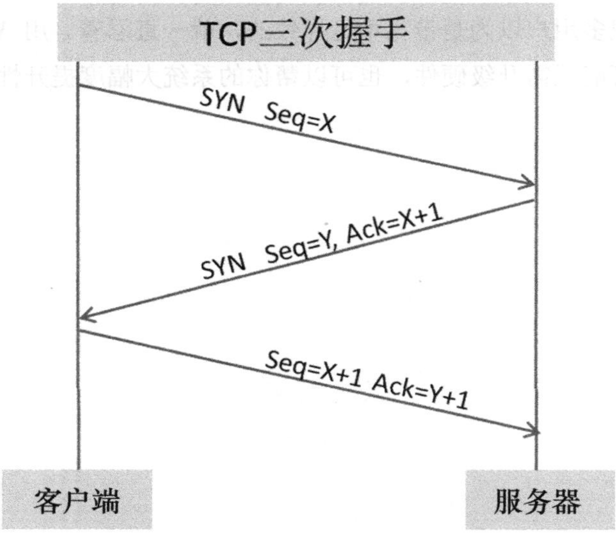
TCP三次握手
SYN Seq=X
SYN Seq=Y, Ack=X+1
Seq=X+1 Ack=Y+1
客户端
服务器

图 1

从Wireshark上看到的握手过程就是图2这样的，你可以把Seq号和Ack号代入图1中，看看是否符合规律。

No.	Time	Source	Destination	Protocol	Info
1	0.000000	client	server	TCP	54395→8888 [SYN] Seq=2771496961 Win=65535 Len=0 MSS=
2	0.007812	server	client	TCP	8888→54395 [SYN, ACK] Seq=3290646529 Ack=2771496962
3	0.007812	client	server	TCP	54395→8888 [ACK] Seq=2771496962 Ack=3290646530 Win=1

图 2

当X和Y的值太大时，看起来就不太友好，尤其是需要对这些号码做加减运算时。于是Wireshark提供了一个功能——把Seq和Ack的初始值都置成0，即用

“相对值”来代替“真实值”。我们可以在 Edit→Preferences→Protocols→TCP 菜单中勾上 Relative Sequence Numbers 来启用它。启用之后，图 2 的包就变成图 3 这样，是不是清爽了很多？

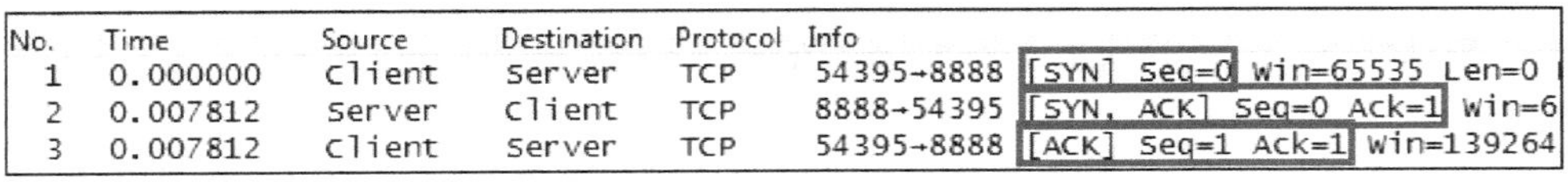
No. Time Source Destination Protocol Info
1 0.000000 client server TCP 54395→8888 [SYN] Seq=0 Win=65535 Len=0
2 0.007812 server client TCP 8888→54395 [SYN, ACK] Seq=0 Ack=1 Win=6
3 0.007812 client server TCP 54395→8888 [ACK] Seq=1 Ack=1 Win=139264

图 3

成功的握手都是一样的，失败的握手却各有不同，因此解决起来还是需要一些技巧的。当我们遭遇 TCP 连接建立失败时，最稳当的排查方式就是用 Wireshark 来分析。网络包不多的时候很容易入手，用肉眼观察就行，但如果抓到的包特别大就需要过滤技巧了。根据我的经验，握手失败一般分两种类型，要么被拒绝，要么是丢包了。因此用两道过滤表达式就可以定位出大多数失败的握手。

表达式 1：(tcp.flags.reset == 1) && (tcp.seq == 1)

从表面上看，它只是过滤出 Seq 号为 1，且含有 Reset 标志的包，似乎与握手无关。但在启用 Relative Sequence Numbers 的情况下，这往往表示握手请求被对方拒绝了，结果如图 4 所示。接下来只需右键选中过滤出的包，再点击 Follow TCP Stream 就可以把失败的全过程显示出来，见图 5。此次握手失败的原因是服务器没有在监听 80 端口，所以拒绝了客户端的握手请求。

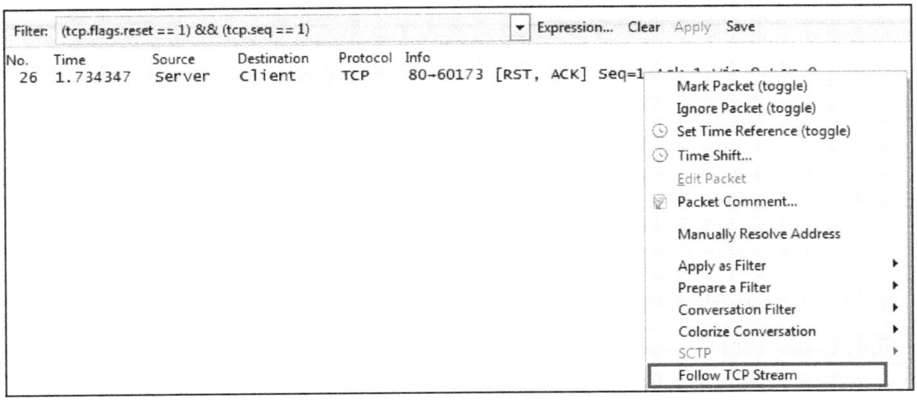
Filter: (tcp.flags.reset == 1) && (tcp.seq == 1)
Expression... Clear Apply Save
No. Time Source Destination Protocol Info
26 1.734347 server client TCP 80→60173 [RST, ACK] Seq=1
Mark Packet (toggle)
Ignore Packet (toggle)
Set Time Reference (toggle)
Time Shift...
Edit Packet
Packet Comment...
Manually Resolve Address
Apply as Filter
Prepare a Filter
Conversation Filter
Colorize Conversation
SCTP
Follow TCP Stream

图 4

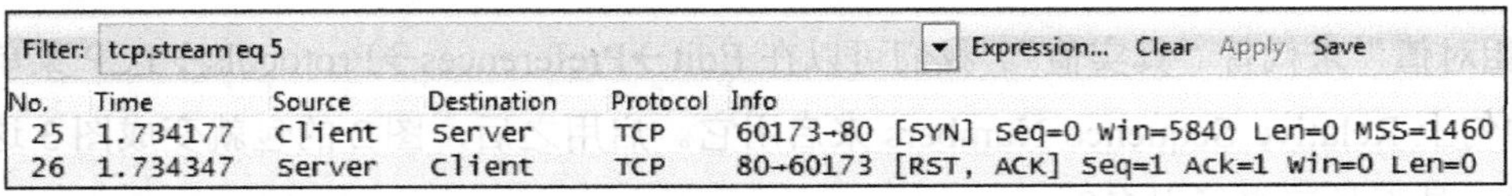
Filter: tcp.stream eq 5
Expression... Clear Apply Save
No. Time Source Destination Protocol Info
25 1.734177 client server TCP 60173→80 [SYN] Seq=0 Win=5840 Len=0 MSS=1460
26 1.734347 server client TCP 80→60173 [RST, ACK] Seq=1 Ack=1 Win=0 Len=0

图 5

表达式 2：(tcp.flags.syn == 1) && (tcp.analysis.retransmission)

这道表达式可以过滤出重传的握手请求。一个握手请求之所以要重传，往往是因为对方没收到，或者对方回复的确认包丢失了。这个重传特征正好用来过滤，结果如图 6 所示。接下来右键点击过滤出的包，再用 Follow TCP Stream 就可以把失败过程显示出来，见图 7。此次握手失败的原因是丢包，所以服务器收不到握手请求。

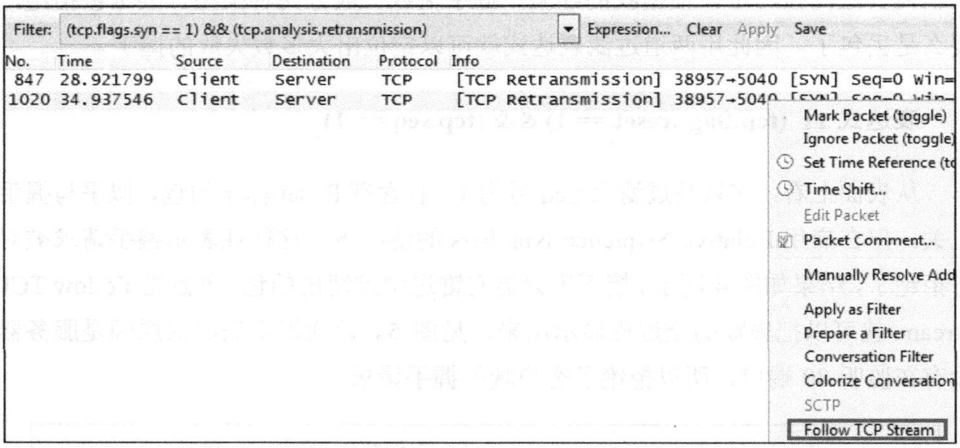
Filter: (tcp.flags.syn == 1) && (tcp.analysis.retransmission)
Expression... Clear Apply Save
No. Time Source Destination Protocol Info
847 28.921799 client server TCP [TCP Retransmission] 38957→5040 [SYN] Seq=0 Win=
1020 34.937546 client server TCP [TCP Retransmission] 38957→5040
Mark Packet (toggle)
Ignore Packet (toggle)
Time Shift...
Edit Packet
Packet Comment...
Apply as Filter
Prepare a Filter
Conversation Filter
SCTP
Follow TCP Stream

图 6

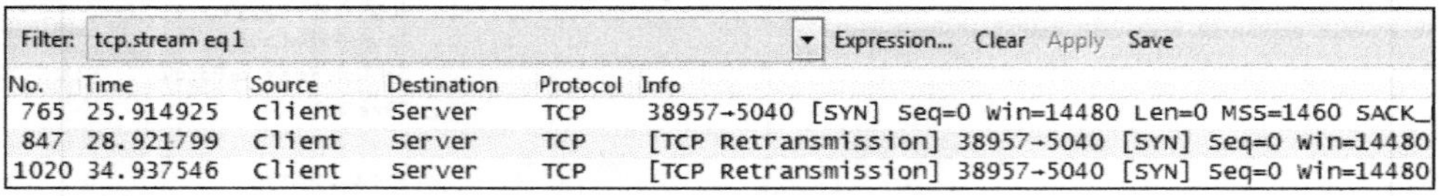
Filter: tcp.stream eq 1
Expression... Clear Apply Save
No. Time Source Destination Protocol Info
765 25.914925 client server TCP 38957→5040 [SYN] Seq=0 Win=14480 Len=0 MSS=1460 SACK_
847 28.921799 client server TCP [TCP Retransmission] 38957→5040 [SYN] Seq=0 Win=14480
1020 34.937546 client server TCP [TCP Retransmission] 38957→5040 [SYN] Seq=0 Win=14480

图 7

这两个表达式很好用，不过要最快排查出根本原因还需要另一个技巧，即在**两端同时**抓包来分析。为什么要两端同时抓呢？请考虑图 8 所示的两种状况。

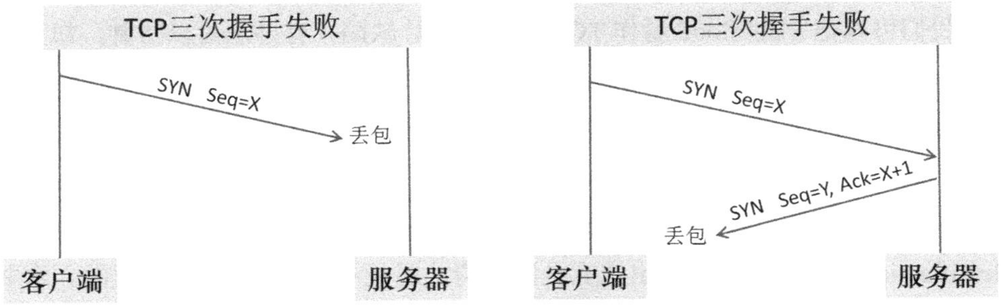
TCP三次握手失败
SYN Seq=X
丢包
客户端
服务器
TCP三次握手失败
SYN Seq=X
SYN Seq=Y, Ack=X+1
丢包
客户端
服务器

图 8

同样是握手失败，左图是客户端发出的包丢了，右图则是服务器回复的包丢了。不同的丢包往往意味着不同的问题根源，解决方式也不一样。**如果只在客户端抓包，那这两种丢包的症状看起来就像是一样的，**排查起来也会慢一些。

说完握手失败的排查技巧，我们再来讲讲和握手有关的安全问题。做运维的工程师们都知道，大规模 DDoS（Distributed Denial of Service，分布式拒绝服务攻击）来临的时候最惊心动魄。DDoS 的形式有很多种，其中最流行的就是基于三次握手的 SYN flood，其原理是从大量主机发送 SYN 请求给服务器，假装要建立 TCP 连接。这些 SYN 请求可能含有假的源地址，所以服务器响应后永远收不到 Ack，就会留下 half-open 状态的 TCP 连接。由于每个 TCP 连接都会消耗一定的系统资源，如果攻击足够猛烈，此类连接越建越多，服务器的资源就会被耗光，真正的用户访问也会被拒绝。

Wireshark 可以轻易地发现 SYN flood。有时一打开包就很显眼了，如图 9 所示，密密麻麻都是 SYN。假如干扰包太多，那就点击 Analyze→Expert Info→Chats 菜单，可以看到 SYN 的总数量统计。

No.	Time	Source	Destination	Protocol	Info
1	0.000000000	Hacker	Victim	TCP	53539→80 [SYN] Seq=0 Win=8192 Len=0 MSS=1460
2	0.000683000	Hacker	Victim	TCP	53540→80 [SYN] Seq=0 Win=8192 Len=0 MSS=1460
3	0.001154000	Hacker	Victim	TCP	53541→80 [SYN] Seq=0 Win=8192 Len=0 MSS=1460
4	0.001643000	Hacker	Victim	TCP	53542→80 [SYN] Seq=0 Win=8192 Len=0 MSS=1460
5	0.002109000	Hacker	Victim	TCP	53543→80 [SYN] Seq=0 Win=8192 Len=0 MSS=1460
6	0.002559000	Hacker	Victim	TCP	53544→80 [SYN] Seq=0 Win=8192 Len=0 MSS=1460
7	0.003006000	Hacker	Victim	TCP	53545→80 [SYN] Seq=0 Win=8192 Len=0 MSS=1460
8	0.003458000	Hacker	Victim	TCP	53546→80 [SYN] Seq=0 Win=8192 Len=0 MSS=1460
9	0.003930000	Hacker	Victim	TCP	53547→80 [SYN] Seq=0 Win=8192 Len=0 MSS=1460
10	0.004387000	Hacker	Victim	TCP	53548→80 [SYN] Seq=0 Win=8192 Len=0 MSS=1460
11	0.004839000	Hacker	Victim	TCP	53549→80 [SYN] Seq=0 Win=8192 Len=0 MSS=1460
12	0.005317000	Hacker	Victim	TCP	53550→80 [SYN] Seq=0 Win=8192 Len=0 MSS=1460
13	0.005790000	Hacker	Victim	TCP	53551→80 [SYN] Seq=0 Win=8192 Len=0 MSS=1460
14	0.006253000	Hacker	Victim	TCP	53552→80 [SYN] Seq=0 Win=8192 Len=0 MSS=1460
15	0.006705000	Hacker	Victim	TCP	53553→80 [SYN] Seq=0 Win=8192 Len=0 MSS=1460
16	0.007177000	Hacker	Victim	TCP	53554→80 [SYN] Seq=0 Win=8192 Len=0 MSS=1460

图 9

我们可以把 SYN flood 看作 TCP 协议的设计缺陷，有办法可以防御，却无法根除。想知道大公司都是怎样防御的吗？手段有很多，其中有一些还可以在 Wireshark 中看出端倪。我假装攻击了全球最大的假药销售网站，然后把全过程的包抓下来。从图 10 可见，对方很快就识别了我的不良意图，所以 Reset（RST）了大多数握手请求。如果有兴趣去研究 RST 包里的细节，比如网络层的 TTL 和 Identification，也许还能判断出究竟是流量清洗还是 TCP 握手代理之类的。本书不是网络安全专著，所以就不展开分析了。

No.	Time	Source	Destination	Protocol	Info
24	0.010905000	Hacker	Fake_Medicine_Store	TCP	53562→80 [SYN] Seq=0 Win=8192 Len=0 MSS=1460
25	0.011374000	Hacker	Fake_Medicine_Store	TCP	53563→80 [SYN] Seq=0 Win=8192 Len=0 MSS=1460
26	0.011828000	Hacker	Fake_Medicine_Store	TCP	53564→80 [SYN] Seq=0 Win=8192 Len=0 MSS=1460
27	0.012282000	Hacker	Fake_Medicine_Store	TCP	53565→80 [SYN] Seq=0 Win=8192 Len=0 MSS=1460
28	0.012767000	Hacker	Fake_Medicine_Store	TCP	53566→80 [SYN] Seq=0 Win=8192 Len=0 MSS=1460
29	0.013346000	Hacker	Fake_Medicine_Store	TCP	53567→80 [SYN] Seq=0 Win=8192 Len=0 MSS=1460
30	0.013803000	Hacker	Fake_Medicine_Store	TCP	53568→80 [SYN] Seq=0 Win=8192 Len=0 MSS=1460
31	0.014260000	Hacker	Fake_Medicine_Store	TCP	53569→80 [SYN] Seq=0 Win=8192 Len=0 MSS=1460
277	0.086529000	Fake_Medicine_Store	Hacker	TCP	80→53542 [RST] Seq=1 Win=0 Len=0
278	0.086567000	Fake_Medicine_Store	Hacker	TCP	80→53542 [RST] Seq=1 Win=0 Len=0
279	0.086603000	Fake_Medicine_Store	Hacker	TCP	80→53542 [RST] Seq=1 Win=0 Len=0
280	0.086638000	Fake_Medicine_Store	Hacker	TCP	80→53542 [RST] Seq=1 Win=0 Len=0
281	0.086674000	Fake_Medicine_Store	Hacker	TCP	80→53542 [RST] Seq=1 Win=0 Len=0
282	0.086710000	Fake_Medicine_Store	Hacker	TCP	80→53542 [RST] Seq=1 Win=0 Len=0
283	0.086746000	Fake_Medicine_Store	Hacker	TCP	80→53542 [RST] Seq=1 Win=0 Len=0
284	0.086781000	Fake_Medicine_Store	Hacker	TCP	80→53542 [RST] Seq=1 Win=0 Len=0
285	0.086818000	Fake_Medicine_Store	Hacker	TCP	80→53542 [RST] Seq=1 Win=0 Len=0
286	0.087481000	Fake_Medicine_Store	Hacker	TCP	80→53543 [RST] Seq=1 Win=0 Len=0
287	0.087545000	Fake_Medicine_Store	Hacker	TCP	80→53543 [RST] Seq=1 Win=0 Len=0

图 10

被误解的 TCP

人一旦形成某种思维定势，就很难再改变了。知道我收到最多的读者来信是问什么吗？“林工，有些 TCP 包发出去之后没有看到对应的 Ack，算不算丢包啊？”这个问题让我很是好奇，**明明 RFC 上没有这样的规定，为什么总有读者觉得每一个数据包都应该有对应的 Ack 呢？**后来才注意到，很多提问者是做网站开发出身的，已经习惯了每个 HTTP 请求发出去，就一定会收到一个 HTTP 响应（见图 1），因此就把这个模式套到了 TCP 上。其实不止 HTTP，绝大多数应用层协议都采用这种一问一答的工作方式。

Filter: http ▾ Expression... Clear Apply Save

No.	Time	Source	Destination	Protocol	Info
4	0.006080000	Client	Web_Server	HTTP	GET /woriginal/70398db5jw1epzpi0g292j20xc18gdo8.
243	0.632784000	Web_Server	Client	HTTP	HTTP/1.1 200 OK (JPEG JFIF image)
245	4.956797000	Client	Web_Server	HTTP	GET /large/70398db5jw1epzpi0g292j20xc18gdo8.jpg
687	6.202698000	Web_Server	Client	HTTP	HTTP/1.1 200 OK (JPEG JFIF image)

图 1

TCP 当然也可以采用这种方式，但并非必要。**就像我们不用每天都跟公司算一次工钱，而是攒到月底结算一样，数据接收方也可以累积一些包才对发送方 Ack 一次。**至于 Ack 的频率，不同的操作系统有不同的偏好，比如我实验室中的 Linux 客户端喜欢每收到两个包 Ack 一次，见图 2。

No.	Time	Source	Destination	Protocol	Info
34	15.404708	Server	Linux_Client	TCP	[Continuation to #16] 2049→703 [ACK] Seq=18549 Ack=873
35	15.404939	Server	Linux_Client	TCP	[Continuation to #16] 2049→703 [ACK] Seq=19997 Ack=873
36	15.404948	Linux_Client	Server	TCP	703→2049 [ACK] Seq=873 Ack=21445 Win=1567 Len=0 TSval=
37	15.404957	Server	Linux_Client	TCP	[Continuation to #16] 2049→703 [ACK] Seq=21445 Ack=873
38	15.405187	Server	Linux_Client	TCP	[Continuation to #16] 2049→703 [ACK] Seq=22893 Ack=873
39	15.405193	Linux_Client	Server	TCP	703→2049 [ACK] Seq=873 Ack=24341 Win=1748 Len=0 TSval=
40	15.405197	Server	Linux_Client	TCP	[Continuation to #16] 2049→703 [ACK] Seq=24341 Ack=873
41	15.405438	Server	Linux_Client	TCP	[Continuation to #16] 2049→703 [ACK] Seq=25789 Ack=873
42	15.405445	Linux_Client	Server	TCP	703→2049 [ACK] Seq=873 Ack=27237 Win=1929 Len=0 TSval=

图 2

而 Windows 客户端则懒得多，隔好多个包才 Ack 一次，见图 3 的 97 号包。

No.	Time	Source	Destination	Protocol	Info
86	2.998921	Server	Windows_Client	TCP	[Continuation to #73] 445→64944 [ACK] Seq=49993 Ack=1964
87	2.998922	Server	Windows_Client	TCP	[Continuation to #73] 445→64944 [ACK] Seq=51421 Ack=1964
88	2.998924	Server	Windows_Client	TCP	[Continuation to #73] 445→64944 [ACK] Seq=52849 Ack=1964
89	2.998926	Server	Windows_Client	TCP	[Continuation to #73] 445→64944 [ACK] Seq=54277 Ack=1964
90	2.998927	Server	Windows_Client	TCP	[Continuation to #73] 445→64944 [ACK] Seq=55705 Ack=1964
91	2.998929	Server	Windows_Client	TCP	[Continuation to #73] 445→64944 [ACK] Seq=57133 Ack=1964
92	2.998930	Server	Windows_Client	TCP	[Continuation to #73] 445→64944 [ACK] Seq=58561 Ack=1964
93	2.998932	Server	Windows_Client	TCP	[Continuation to #73] 445→64944 [ACK] Seq=59989 Ack=1964
94	2.998933	Server	Windows_Client	TCP	[Continuation to #73] 445→64944 [ACK] Seq=61417 Ack=1964
95	2.998943	Server	Windows_Client	TCP	[Continuation to #73] 445→64944 [ACK] Seq=62845 Ack=1964
96	2.998944	Server	Windows_Client	TCP	[Continuation to #73] 445→64944 [ACK] Seq=64273 Ack=1964
97	2.998960	Windows_Client	Server	TCP	64944→445 [ACK] Seq=2027 Ack=65701 Win=256 Len=0

图 3

这两种方式都是正常的，但 Linux 对流量更“大手大脚”一点，因为纯 Ack 也算流量的。其实在网络带宽越来越大的今天，人们已经不在乎这种小流量了。不过手机操作系统还是要慎重考虑的，毕竟蜂窝数据是按流量计费的，能省一点是一点。我的安卓手机就是每收到一个包都会 Ack 的，想到这里我的心都在滴血。图 4 是我在微博上打开一张美女图时产生的流量，你看这些密密麻麻的纯 Ack，每个都白费我 40 字节的流量。

No.	Time	Source	Destination	Protocol	Info
47	0.571283000	Client	Web_Server	TCP	51030→80 [ACK] Seq=2298005100 Ack=50025943 Win=45440 Len=0
48	0.571453000	Client	Web_Server	TCP	51030→80 [ACK] Seq=2298005100 Ack=50027343 Win=48256 Len=0
49	0.571653000	Client	Web_Server	TCP	51030→80 [ACK] Seq=2298005100 Ack=50028743 Win=51072 Len=0
50	0.573684000	Client	Web_Server	TCP	51030→80 [ACK] Seq=2298005100 Ack=50030143 Win=53888 Len=0
51	0.573906000	Client	Web_Server	TCP	51030→80 [ACK] Seq=2298005100 Ack=50031543 Win=56704 Len=0
52	0.574070000	Client	Web_Server	TCP	51030→80 [ACK] Seq=2298005100 Ack=50032943 Win=59520 Len=0
53	0.574228000	Client	Web_Server	TCP	51030→80 [ACK] Seq=2298005100 Ack=50034343 Win=62208 Len=0
54	0.574401000	Client	Web_Server	TCP	51030→80 [ACK] Seq=2298005100 Ack=50035743 Win=65024 Len=0
55	0.574572000	Client	Web_Server	TCP	51030→80 [ACK] Seq=2298005100 Ack=50037143 Win=67840 Len=0
56	0.574730000	Client	Web_Server	TCP	51030→80 [ACK] Seq=2298005100 Ack=50038543 Win=70656 Len=0
57	0.574885000	Client	Web_Server	TCP	51030→80 [ACK] Seq=2298005100 Ack=50039943 Win=73472 Len=0

图 4

也许以后会有手机厂商优化它，然后以此作为卖点。**如果是从我这本书里学到的，请为它命名“林朗台算法”。**

既然接收方不一定收到每个包都要 Ack，那发送方怎么知道哪些包虽然没有相应的 Ack，但其实已经送达了呢？记住，Ack 是有累积效应的，它隐含了“在此之前的**其他**包也已收到”的意思，比如图 3 中第 97 号包的 Ack＝65701 不仅表示收到了 96 号包（其 Seq+Len=64273+1428=65701），而且暗示之前的其他包也都收到了。因此 86～95 号包虽然没有被显式 Ack，但发送方知道它们也已经被送达了。

另一个对 TCP 的广泛误解则和 UDP 相关。有不少技术人员认为 TCP 的效率低，因为其传输过程中需要往返时间来确认（Ack）。而 UDP 无需确认，因此能

不停地发包，效率就高了。事实真的如此吗？这其实是对 TCP 传输机制的严重误解。我们可以假设一个场景来类比 TCP 的工作方式：有大批货物要从 A 地运往 B 地。如果只用一辆货车来运的话，马路上就只有一辆车在来回跑（回程相当于 TCP 的 Ack 包），效率确实很低，对 TCP 的误解可能也出自这个原因。但如果在不塞车的前提下尽量增加货车数量，使整条马路上充满车，总传输效率就提高了。TCP 发送窗口的意义相当于货车的数量，**只要窗口足够大，TCP 也可以不受往返时间的约束而源源不断地传数据**。这就是为什么无论在局域网还是广域网，TCP 还是最受欢迎的传输层协议。

当然 TCP 确实也有因为往返时间而降低效率的时候，比如在传输小块数据的场景。本来能在 1 个往返时间完成的小事，却要额外耗费 3 次握手和 4 次挥手的开销，DNS 查询就符合这种场景。目前 HTTP 基本建立在 TCP 连接上，所以也会因为 TCP 的三次握手而增加延迟。你可能听说过 Google 发布的 QUIC（Quick UDP Internet Connection）协议，它就是为了消除 TCP 的延迟而设计的代替品。在某些领域可以视为 TCP 的竞争对手，目前在 Google 的网站上已经可以试用了。

最经典的网络问题

这也许称得上最经典的网络问题，很多大师从理论上分析过的，我能在现实中遇到也算三生有幸。

事情是这样的。有家公司来咨询一个性能问题，说是从 AIX 备份数据到 Windows 极其缓慢，只有 1 MB/s，备份所用的协议是 SFTP。我的第一反应就是抓个包，然后试试 Wireshark 的性能三板斧。

1. 从 Statistics →Summary 菜单可见，平均速度是 11 Mbit/s，的确只比 1 MB/s 高一些，见图 1。

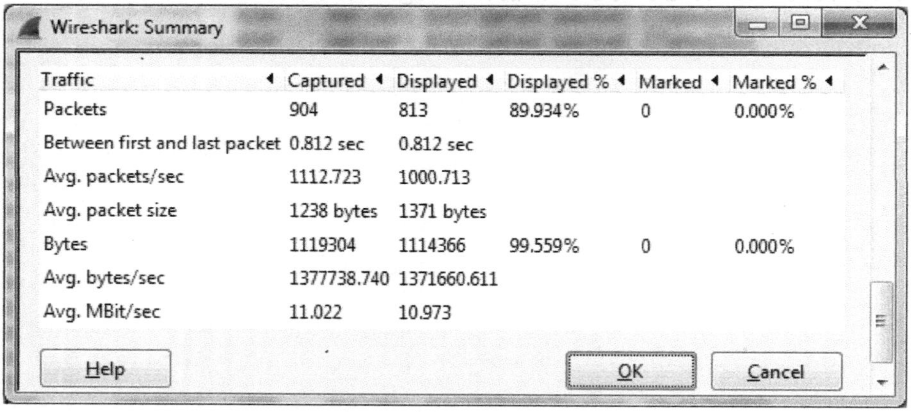

Traffic	Captured	Displayed	Displayed %	Marked	Marked %
Packets	904	813	89.934%	0	0.000%
Between first and last packet	0.812 sec	0.812 sec			
Avg. packets/sec	1112.723	1000.713			
Avg. packet size	1238 bytes	1371 bytes			
Bytes	1119304	1114366	99.559%	0	0.000%
Avg. bytes/sec	1377738.740	1371660.611			
Avg. MBit/sec	11.022	10.973			

Wireshark: Summary
Help
OK
Cancel

图 1

2. 从 Analyze →Expert Infos 菜单看，网络状况堪称完美。请看图 2，连一个 Warnings 和 Notes 都没有。这样的网络性能怎么会差？

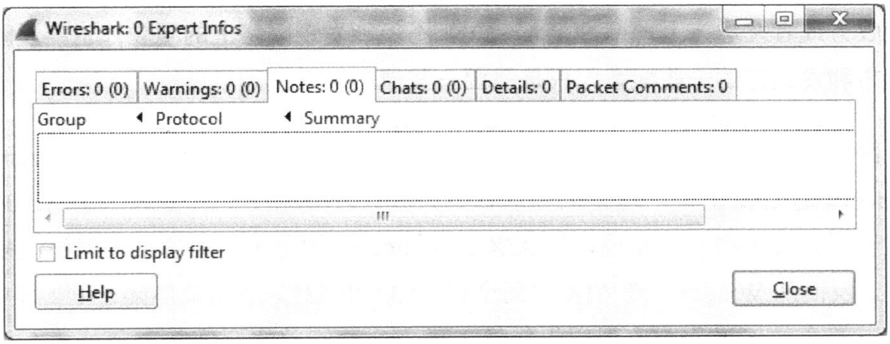
Wireshark: 0 Expert Infos
Errors: 0 (0)
Warnings: 0 (0)
Notes: 0 (0)
Chats: 0 (0)
Details: 0
Packet Comments: 0
Group
Protocol
Summary
Limit to display filter
Help
Close

图 2

3. 选定一个从 AIX 发往 Windows 的包，然后点击 Statistics→TCP StreamGraph →TCP Sequence Graph（Stevens）菜单，从图 3 可见，这 60 秒中数据传输得很均匀，没有 TCP Zero Window 或者死机导致的暂停。

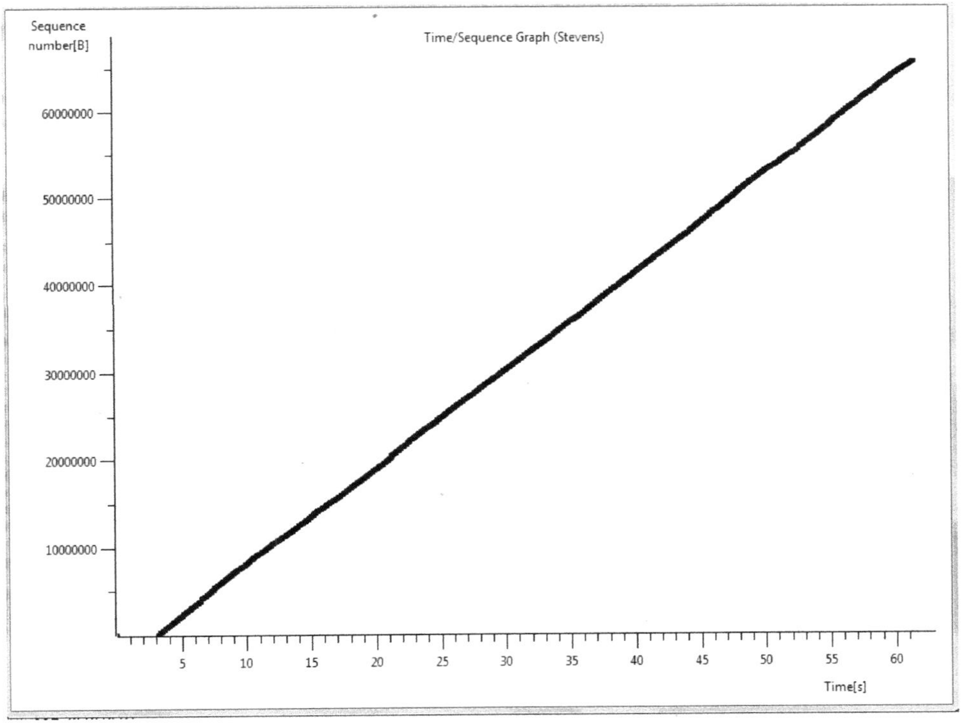
Sequence number[B]
Time/Sequence Graph (Stevens)
60000000
50000000
40000000
30000000
20000000
10000000
5
10
15
20
25
30
35
40
45
50
55
60
Time[s]

图 3

试完三板斧，我们只能得到一个结论：备份的确进行得很慢，但是仅凭 Wireshark 自带的分析工具找不出根本原因，这也许意味着问题不在网络上，而是在接收方或者发送方上。**幸好 Wireshark 不但能发现网络上的问题，也能反映出接收方和发送方的一些配置，只是需要一些技巧来发现。**

因为数据是从 AIX 备份到 Windows 的，所以如果把 SFTP（SSH File Transfer Protocol）包过滤出来，理论上应该看到大多数时间花在了从 AIX 到 Windows 的传输上。可是由图 4 发现，从 AIX 到 Windows 的包虽然占多数，但没花多少时间。反而从 Windows 到 AIX 的两个包（533 和 535）之间竟然隔了 0.2 秒。该现象在整个传输过程中出现得很频繁，说不定性能差的原因就在此处了。只要把根本原因找出来，就有希望解决问题。

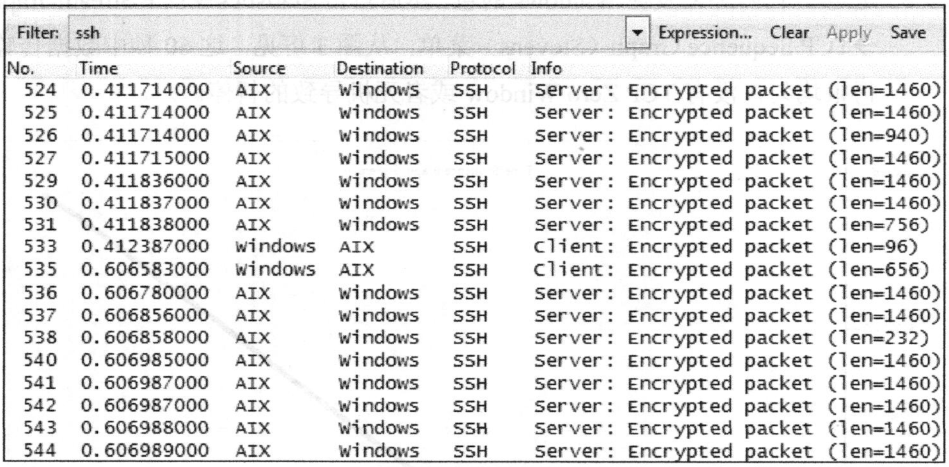
Filter: ssh　Expression... Clear Apply Save

No.	Time	Source	Destination	Protocol	Info
524	0.411714000	AIX	Windows	SSH	Server: Encrypted packet (len=1460)
525	0.411714000	AIX	Windows	SSH	Server: Encrypted packet (len=1460)
526	0.411714000	AIX	Windows	SSH	Server: Encrypted packet (len=940)
527	0.411715000	AIX	Windows	SSH	Server: Encrypted packet (len=1460)
529	0.411836000	AIX	Windows	SSH	Server: Encrypted packet (len=1460)
530	0.411837000	AIX	Windows	SSH	Server: Encrypted packet (len=1460)
531	0.411838000	AIX	Windows	SSH	Server: Encrypted packet (len=756)
533	0.412387000	Windows	AIX	SSH	Client: Encrypted packet (len=96)
535	0.606583000	Windows	AIX	SSH	Client: Encrypted packet (len=656)
536	0.606780000	AIX	Windows	SSH	Server: Encrypted packet (len=1460)
537	0.606856000	AIX	Windows	SSH	Server: Encrypted packet (len=1460)
538	0.606858000	AIX	Windows	SSH	Server: Encrypted packet (len=232)
540	0.606985000	AIX	Windows	SSH	Server: Encrypted packet (len=1460)
541	0.606987000	AIX	Windows	SSH	Server: Encrypted packet (len=1460)
542	0.606987000	AIX	Windows	SSH	Server: Encrypted packet (len=1460)
543	0.606988000	AIX	Windows	SSH	Server: Encrypted packet (len=1460)
544	0.606989000	AIX	Windows	SSH	Server: Encrypted packet (len=1460)

图 4

那么这 0.2 秒之间究竟发生了什么呢？我把过滤条件去掉后得到了图 5 所示的包。可见 Windows 发出 533 号包之后就停下来等，直到 0.2 秒之后 AIX 的 Ack（534 号包）到达了才发出 535 号。Windows 停下来的原因是什么呢？它在这两个包里总共才发了 700 多字节（96+656）的数据，肯定不会是因为 TCP 窗口受约束所致。

No.	Time	Source	Destination	Protocol	Info
530	0.411837000	AIX	Windows	SSH	Server: Encrypted packet (len=1460)
531	0.411838000	AIX	Windows	SSH	Server: Encrypted packet (len=756)
532	0.411851000	Windows	AIX	TCP	59140→22 [ACK] Seq=2641 Ack=631713 Win=64240 Len=0
533	0.412387000	Windows	AIX	SSH	Client: Encrypted packet (len=96)
534	0.606544000	AIX	Windows	TCP	22→59140 [ACK] Seq=631713 Ack=2737 Win=65535 Len=0
535	0.606583000	Windows	AIX	SSH	Client: Encrypted packet (len=656)
536	0.606780000	AIX	Windows	SSH	Server: Encrypted packet (len=1460)
537	0.606856000	AIX	Windows	SSH	Server: Encrypted packet (len=1460)

图 5

如果你研究过 TCP 协议，可能已经想到了**愚笨窗口综合症（Silly window syndrome）**和**纳格（Nagle）算法**。在某些情况下，应用层传递给 TCP 层的数据量很小，比如在 SSH 客户端以一般速度打字时，几乎是逐个字节传递到 TCP 层的。传输这么少的数据量却要耗费 20 字节 IP 头+20 字节 TCP 头，是非常浪费的，这种情况称为发送方的**愚笨窗口综合症**，也叫“小包问题”（small packet problem）。为了提高传输效率，纳格提出了一个算法，用程序员喜闻乐见的方式表达就是这样的：

```
if 有新数据要发送
  if 数据量超过 MSS（即一个 TCP 包所能携带的最大数据量）
    立即发送
  else
    if 之前发出去的数据尚未确认
      把新数据缓存起来，凑够 MSS 或等确认到达再发送
    else
      立即发送
    end if
  end if
end if
```

图 5 所示的状况恰好就是小包问题。Windows 发了 533 号包之后，本应该立即发送 535 的，但是由于 535 携带的数据量小于 MSS，是个小包，根据 Nagle 算法只好等到 533 被确认（即收到 534）才能接着发。这一等就是 0.2 秒，所以性能受到了大幅度影响。那为什么 AIX 要等那么久才确认呢？因为它启用**延迟确认**了，具体可参考本书的《一篇关于 VMware 的文章》。

Nagle 和延迟确认本身都没有问题，但一起用就会影响性能。解决方法很简

单，要么在 Windows 上关闭 Nagle 算法，要么在 AIX 上关闭延迟确认。这位客户最终选择了前者，性能立即提升了 20 倍。

如果你足够细心，也许已经意识到图 3 有问题——既然传输过程中会频繁地停顿 0.2 秒，为什么图 3 显示数据传输很均匀呢？这是因为抓包时间太长了，有 60 秒，所以 0.2 秒的停顿在图上看不出来。假如只截取其中的一秒钟来分析，再点击 Statistics →TCP StreamGraph→TCP Sequence Graph（Stevens）菜单，你就能看到图 6 的结果，0.2 秒的停顿就很明显了。

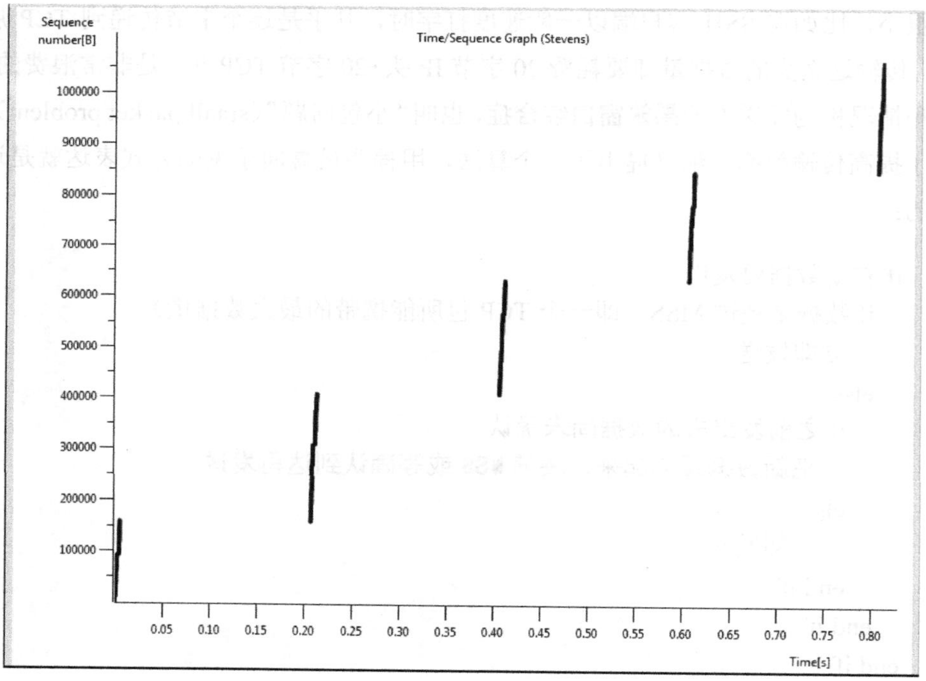
Sequence
number[B]
Time/Sequence Graph (Stevens)
1000000
900000
800000
700000
600000
500000
400000
300000
200000
100000
0.05
0.10
0.15
0.20
0.25
0.30
0.35
0.40
0.45
0.50
0.55
0.60
0.65
0.70
0.75
0.80
Time[s]

图 6

按理说，世界上到处都有启用了 Nagle 和延迟确认的设备在通信，为什么很少有人说起呢？我猜测大多数受害者并没有发现这个原因，以为是带宽不足所致，所以就一直忍着。我要不是用了 Wireshark，也是发现不了的。根据我后来的搜索，只有斯坦福大学的博士 Stuart 系统地阐述过一个现实中的问题，文章在他的个人博客上 http://www.stuartcheshire.org/papers/nagledelayedack/。我读完这篇文章的感觉就像遇到了知音，很想把这哥们约出来喝一杯：

“这么隐蔽的问题你是怎么发现的？太厉害了！”

“和满兄一样看包啦，分分钟的事！”

“论天下英雄，唯司徒君与满耳。”

……

为什么丢了单子？

一位做销售的朋友最近非常郁闷，因为即将到手的单子被竞争对手抢走了。他在饭局上诉苦的时候，技术细节引起了我的极大兴趣。仔细询问之后，我把症状归纳如下：他的客户是一家超大机构，内部组织非常庞杂，所以从信息化的角度看，有些用户（user）属于数十个用户组（group）。当这家机构试用我朋友家的NFS服务器时，发现了一个诡异的现象，就是有些文件明明允许某个用户组访问的，但是属于该组的用户却访问不了。为了更清楚地分析这个现象，我在实验室搭建了一个同样的环境来重现问题。

1. 在Linux客户端创建了一个测试账号叫linpeiman，并将其加入到20个用户组中，如图1所示。

```
linpeiman@shifm1:~/grouptest
[linpeiman@shifm1 grouptest]$ groups
group1 group2 group3 group4 group5 group6 group7 group8 group9
 group10 group11 group12 group13 group14 group15 group16 group
17 group18 group19 group20
[linpeiman@shifm1 grouptest]$
```

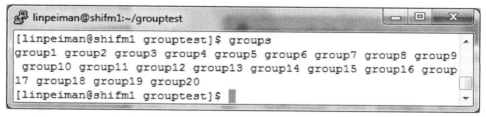

图1

2. 把某个NFS服务器上的共享目录挂载到客户端，见图2。

```
root@shifm1:/home/linpeiman/grouptest
[root@shifm1 ~]# mount 10.32.106.45:/grouptest /home/linpeiman/grouptest
[root@shifm1 ~]# cd /home/linpeiman/grouptest/
[root@shifm1 grouptest]#
```

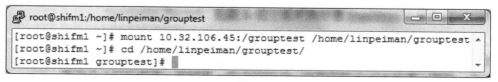

图2

3. 用root账号在共享目录中创建了20个空的测试文件，然后把它们逐个分配给第一步提到的那20个用户组，并将权限都设为070（表示用户组拥有所有访问权限），见图3。理论上账号linpeiman属于这20个用户组，所以应该对这 20 个文件都有访问权限。

```
linpeiman@shifm1:~/grouptest
[linpeiman@shifm1 grouptest]$ ls -lhtr
total 8.0K
----rwx--- 1 root group1  0 Oct 13 21:01 1
----rwx--- 1 root group2  0 Oct 13 21:01 2
----rwx--- 1 root group3  0 Oct 13 21:02 3
----rwx--- 1 root group4  0 Oct 13 21:02 4
----rwx--- 1 root group5  0 Oct 13 21:02 5
----rwx--- 1 root group6  0 Oct 13 21:02 6
----rwx--- 1 root group7  0 Oct 13 21:02 7
----rwx--- 1 root group8  0 Oct 13 21:02 8
----rwx--- 1 root group9  0 Oct 13 21:02 9
----rwx--- 1 root group10 0 Oct 13 21:02 10
----rwx--- 1 root group11 0 Oct 13 21:02 11
----rwx--- 1 root group12 0 Oct 13 21:02 12
----rwx--- 1 root group13 0 Oct 13 21:02 13
----rwx--- 1 root group14 0 Oct 13 21:02 14
----rwx--- 1 root group15 0 Oct 13 21:02 15
----rwx--- 1 root group16 0 Oct 13 21:02 16
----rwx--- 1 root group17 0 Oct 13 21:02 17
----rwx--- 1 root group18 0 Oct 13 21:02 18
----rwx--- 1 root group19 0 Oct 13 21:02 19
----rwx--- 1 root group20 5 Oct 13 21:19 20
[linpeiman@shifm1 grouptest]$
```

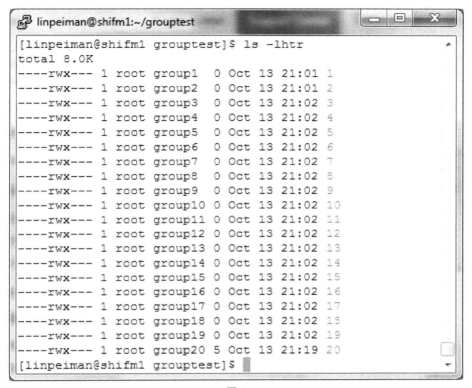

图 3

4．用账号 linpeiman 逐一打开（cat）这些文件，发现前 16 个没有报错，但是后面 4 个都遭遇了 Permission denied 错误，如图 4 所示。这个症状就好像 linpeiman 不属于后 4 个用户组似的。

```
linpeiman@shifm1:~/grouptest
[linpeiman@shifm1 grouptest]$ ls -thr
1  2  3  4  5  6  7  8  9  10  11  12  13  14  15  16  17  18  19  20
[linpeiman@shifm1 grouptest]$ for EACH in `seq 1 20`; do cat $EACH; done
cat: 17: Permission denied
cat: 18: Permission denied
cat: 19: Permission denied
cat: 20: Permission denied
[linpeiman@shifm1 grouptest]$
```

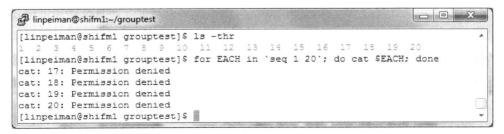

图 4

我觉得这个实验结果完全不科学。分明是一模一样的配置，为什么就有些文件不可以访问呢？重复了几次实验都是一样结果，我只好尝试一些其他的方式来排查。

我先在一个本地目录中创建了 20 个文件，并把权限设成跟共享目录上的一样，结果发现每一个文件都可以顺利打开，见图 5。

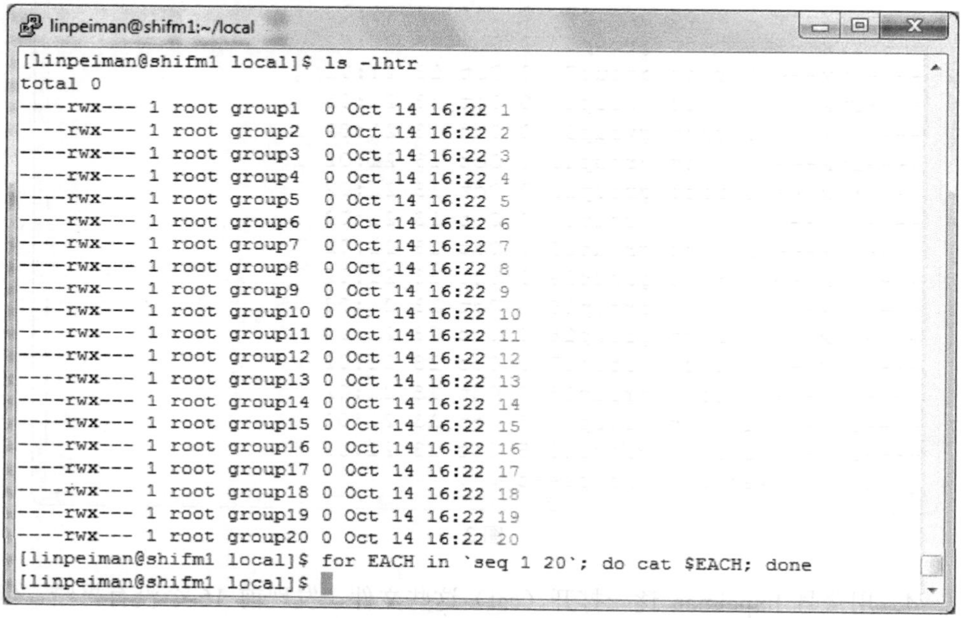
linpeiman@shifm1:~/local
[linpeiman@shifm1 local]$ ls -lhtr
total 0
----rwx--- 1 root group1 0 Oct 14 16:22 1
----rwx--- 1 root group2 0 Oct 14 16:22 2
----rwx--- 1 root group3 0 Oct 14 16:22 3
----rwx--- 1 root group4 0 Oct 14 16:22 4
----rwx--- 1 root group5 0 Oct 14 16:22 5
----rwx--- 1 root group6 0 Oct 14 16:22 6
----rwx--- 1 root group7 0 Oct 14 16:22 7
----rwx--- 1 root group8 0 Oct 14 16:22 8
----rwx--- 1 root group9 0 Oct 14 16:22 9
----rwx--- 1 root group10 0 Oct 14 16:22 10
----rwx--- 1 root group11 0 Oct 14 16:22 11
----rwx--- 1 root group12 0 Oct 14 16:22 12
----rwx--- 1 root group13 0 Oct 14 16:22 13
----rwx--- 1 root group14 0 Oct 14 16:22 14
----rwx--- 1 root group15 0 Oct 14 16:22 15
----rwx--- 1 root group16 0 Oct 14 16:22 16
----rwx--- 1 root group17 0 Oct 14 16:22 17
----rwx--- 1 root group18 0 Oct 14 16:22 18
----rwx--- 1 root group19 0 Oct 14 16:22 19
----rwx--- 1 root group20 0 Oct 14 16:22 20
[linpeiman@shifm1 local]$ for EACH in `seq 1 20`; do cat $EACH; done
[linpeiman@shifm1 local]$

图 5

既然本地文件是好的，就说明问题很可能出在服务器上。而且根据那位销售朋友的说法，在他们竞争对手的 NFS 服务器上确实不存在这个问题，不知道是怎么做到的。到了这时候肯定要“出大招”了，我在访问这些文件时抓了个网络包下来分析。

1. 既然报错是 Permission denied，我就用了 Ctrl+F 搜索字符串“denied”，见图 6。

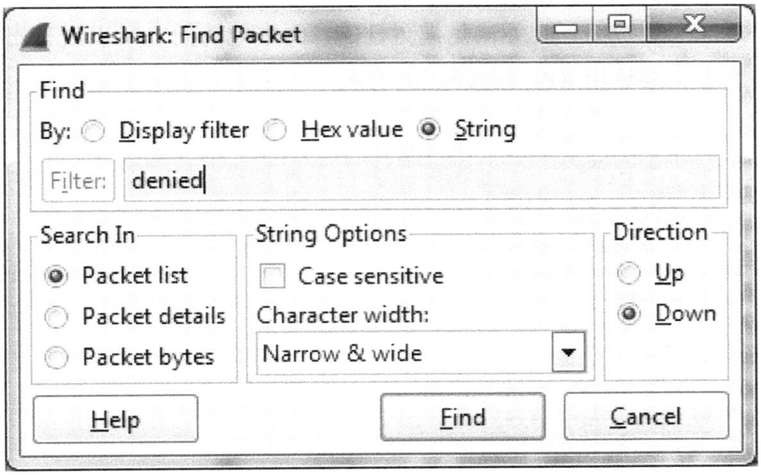
Wireshark: Find Packet
Find
By: Display filter Hex value String
Filter: denied
Search In
Packet list
Packet details
Packet bytes
String Options
Case sensitive
Character width:
Narrow & wide
Direction
Up
Down
Help
Find
Cancel

图 6

2. 这一搜果然找到了服务器响应的 375 号包（见图 7），定位到了出问题的时间点。不过真正有价值的却是它的上一个包，即来自客户端的 374 号包。从图 7 底部可见 RPC（Remote Procedure Call）层只把 16 个 Group ID 传给服务器，而不是 20 个。

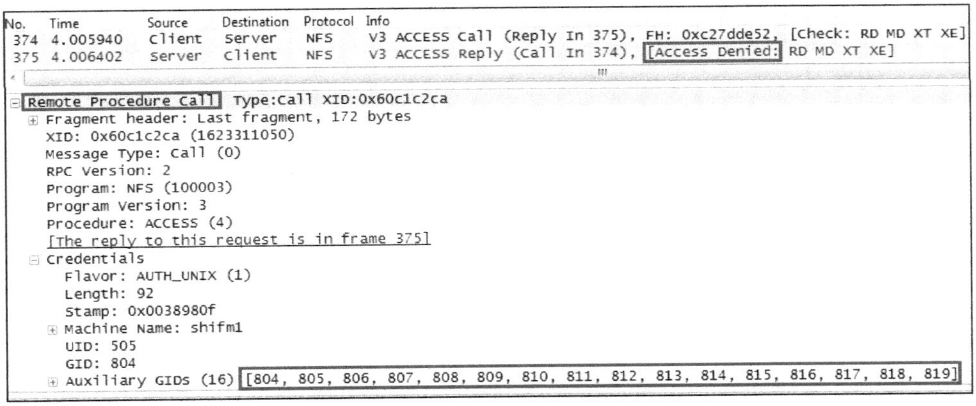
No. Time Source Destination Protocol Info
374 4.005940 client server NFS V3 ACCESS Call (Reply In 375), FH: 0xc27dde52, [Check: RD MD XT XE]
375 4.006402 server client NFS V3 ACCESS Reply (Call In 374), [Access Denied: RD MD XT XE]
Remote Procedure Call Type:Call XID:0x60c1c2ca
Fragment header: Last fragment, 172 bytes
XID: 0x60c1c2ca (1623311050)
Message Type: Call (0)
RPC Version: 2
Program: NFS (100003)
Program Version: 3
Procedure: ACCESS (4)
[The reply to this request is in frame 375]
Credentials
Flavor: AUTH_UNIX (1)
Length: 92
Stamp: 0x0038980f
Machine Name: shifm1
UID: 505
GID: 804
Auxiliary GIDs (16) [804, 805, 806, 807, 808, 809, 810, 811, 812, 813, 814, 815, 816, 817, 818, 819]

图 7

3. 这些 ID 对应着哪些用户组呢？我们来看看 Linux 客户端的/etc/group 文件（见图 8），果然是前 16 个，后面的 4 个不知道为什么被遗漏了。至此真相大白，原来问题根源还是在客户端的 RPC 层上，不知道它为什么遗漏了后 4 个用户组，服务器是被冤枉的。而本地访问之所以没有出问题，是因为不需要调用 RPC 层发送用户组。

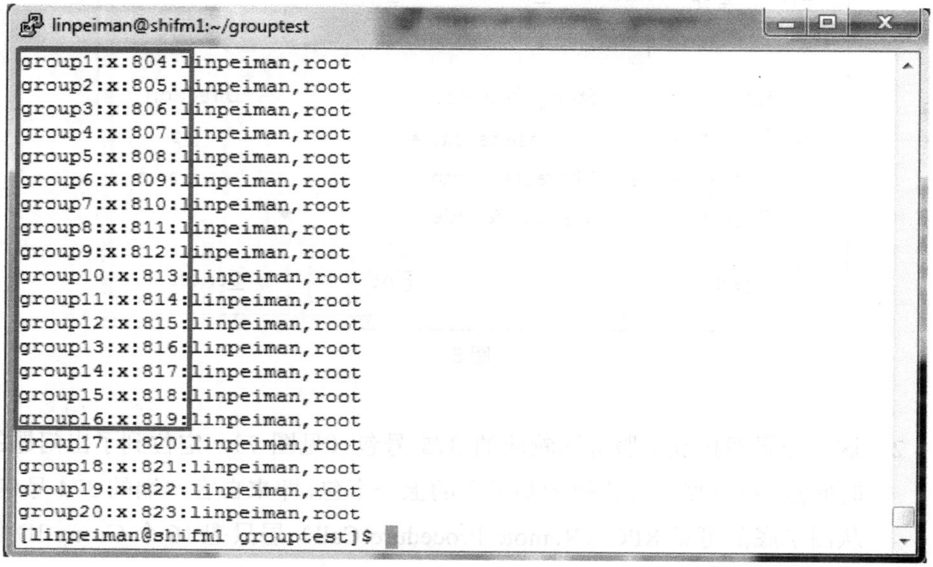
linpeiman@shifm1:~/grouptest
group1:x:804:linpeiman,root
group2:x:805:linpeiman,root
group3:x:806:linpeiman,root
group4:x:807:linpeiman,root
group5:x:808:linpeiman,root
group6:x:809:linpeiman,root
group7:x:810:linpeiman,root
group8:x:811:linpeiman,root
group9:x:812:linpeiman,root
group10:x:813:linpeiman,root
group11:x:814:linpeiman,root
group12:x:815:linpeiman,root
group13:x:816:linpeiman,root
group14:x:817:linpeiman,root
group15:x:818:linpeiman,root
group16:x:819:linpeiman,root
group17:x:820:linpeiman,root
group18:x:821:linpeiman,root
group19:x:822:linpeiman,root
group20:x:823:linpeiman,root
[linpeiman@shifm1 grouptest]$

图 8

4. 我查了 RPC 协议所对应的 RFC 5531，果然找到如下关于“gids<16>”的定义。

```
structauthsys_parms {
unsignedint stamp;
stringmachinename<255>;
unsignedintuid;
unsignedintgid;
unsignedintgids<16>;
      };
```

看来最多传 16 个用户组是 RFC 限制的。于是问题来了，那竞争对手是怎样避免这个限制的呢？一番调查之后，我才发现业内普遍采用了一个颇为“机智”的办法，即把客户端的/etc/passwd 和/etc/group 文件复制到服务器上，需要用到用户组的时候就自己在服务器上查询，完全忽略客户端通过 RPC 层传过来的信息。其实这样做会有后遗症，比如以后在客户端修改了用户组，但是忘记同步到服务器上，就会出现访问问题。

对我这位做销售的朋友来说，虽然丢了单子，但是通过 Wireshark 发现了根源，能亡羊补牢也是好的。说不定下一个单子就能扳回来呢？

受损的帧

有读者来信问，“林工，被损坏的帧在 Wireshark 中是长什么样子的？”我一时竟不知如何回答，因为虽然阅包无数，但从来没有留意过里面有受损的，更不知道它们长成什么样子。后来仔细一想，才意识到受损的帧本来就不会显示在 Wireshark 上。为什么呢？这涉及数据链路层的错误检测机制 FCS（Frame Check Sequence）：每个帧在发送前都会被发送方校验一次，然后生成 4 个字节的 FCS 存在帧尾。接收方拿到帧之后，又会用相同的算法再做一次校验并生成 FCS。假如这次生成的 FCS 和帧尾携带的不一致，就说明该帧已被损坏，应该丢弃了。图 1 表示了一个以太网帧的部分组成，由于校验是由网卡完成的，所以在主机上抓包一般看不到 FCS 区域，只能看到灰色的 4 个区域。受损的帧则所有区域都看不到，因为整个被网卡丢弃了。

目的 MAC	源 MAC	类型/长度	用户数据	帧检验序列（FCS）
6	6	2	46～1500	4

图 1

既然如此，我们怎样才能判断有帧损坏呢？有的时候抓包分析即可，比如我抓包发现实验室里的一台机器会随机丢包，即便在没什么流量的时候都会丢。因此我判断丢包不是拥塞导致的，而是硬件问题导致了帧损坏，后来换了根光纤线果然就好了。如果不想抓包，可以在交换机接口上检查 FCS 的错误统计，比如下面的 show int 输出。Linux 上的 netstat -i 命令输出综合了多种错误，其中也包括 FCS。

```
Errors (Since boot or last clear) :
 FCS Rx          : 142                Drops Rx          : 0
 Alignment Rx    : 0                  Collisions Tx     : 0
 Runts Rx        : 0                  Late CollnTx    : 0
 Giants Rx       : 0                  Excessive Colln : 0
```

```
  Total Rx Errors : 154                    Deferred Tx        : 0
```

以上这套理论我一直深信不疑，没想到上周偶然抓到的一个包却差点颠覆信仰。请仔细看图 2 中部的大方框，我竟然在一台普通主机上抓到了一个帧检验序列（FCS）错误。既然 FCS 有错，表示帧已经损坏了，为什么没被网卡丢弃呢？还有一点很奇怪的，就是在那些没有损坏的帧里并没有看到 FCS 信息（截屏就不贴出来了）。既然要显示就全部显示，为什么只显示出错的 FCS 呢？

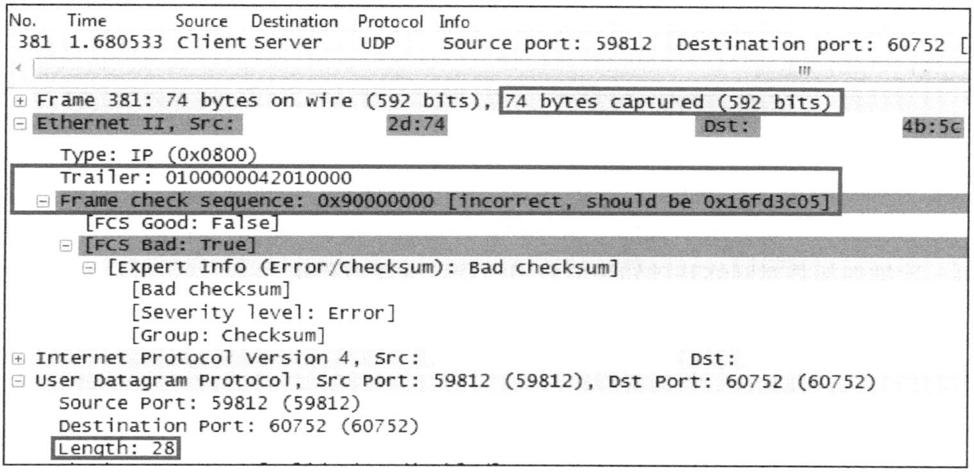

No. Time Source Destination Protocol Info
381 1.680533 client server UDP Source port: 59812 Destination port: 60752
Frame 381: 74 bytes on wire (592 bits), 74 bytes captured (592 bits)
Ethernet II, Src: 2d:74 Dst: 4b:5c
Type: IP (0x0800)
Trailer: 0100000042010000
Frame check sequence: 0x90000000 [incorrect, should be 0x16fd3c05]
[FCS Good: False]
[FCS Bad: True]
[Expert Info (Error/Checksum): Bad checksum]
[Bad checksum]
[Severity level: Error]
[Group: Checksum]
Internet Protocol Version 4, Src: Dst:
User Datagram Protocol, Src Port: 59812 (59812), Dst Port: 60752 (60752)
Source Port: 59812 (59812)
Destination Port: 60752 (60752)
Length: 28

图 2

这个现象已经诡异到不能用现成的理论来解释了，难道是 Wireshark 的误报吗？我仔细观察了图 2 方框内的几个值，发现还真的是：在 UDP 层看到的长度为 28 字节，算上 IP 头就是 28+20=48 字节，再算上帧头就是 48+14=62 字节。怎么可能抓到 74 字节呢？多出来的这 12 字节无法解释来源。我只能猜测这台主机出了问题，把其他帧里的 12 字节算到这个帧里了。因此 Wireshark 才会在帧尾看到一些多余的字节，就错误地当作 FCS 显示出来了。假如这个猜测是对的，那应该还能看到一些帧是有缺失字节的。

没想到真的有，请看图 3 的 351 号包。“UDP Length：40”表明 UDP 层应该携带 40-8（UDP 头）=32 字节才对，但图 3 底部的 UDP 层却只携带了 20 字节的数据，说明有 12 个字节莫名其妙地丢失了。我没有证据表明这 12 个字节一定就是图 2 多出来的那些，但很可能就是。由于这些字节的“漂移”，导致这两个包也是异常的，所以是个大问题。后来客户更换了 IO 模块，问题就消失了。

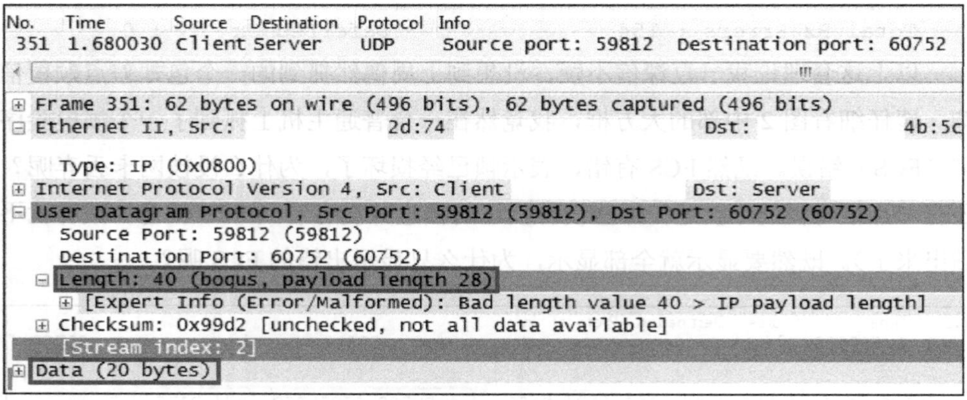
No. Time Source Destination Protocol Info
351 1.680030 Client Server UDP Source port: 59812 Destination port: 60752
Frame 351: 62 bytes on wire (496 bits), 62 bytes captured (496 bits)
Ethernet II, Src: 2d:74 Dst: 4b:5c
Type: IP (0x0800)
Internet Protocol Version 4, Src: Client Dst: Server
User Datagram Protocol, Src Port: 59812 (59812), Dst Port: 60752 (60752)
Source Port: 59812 (59812)
Destination Port: 60752 (60752)
Length: 40 (bogus, payload length 28)
[Expert Info (Error/Malformed): Bad length value 40 > IP payload length]
Checksum: 0x99d2 [unchecked, not all data available]
[Stream index: 2]
Data (20 bytes)

图 3

Wireshark 就是这么神奇。虽然它也有犯错的时候，但是由于包里方方面面的信息都能呈现出来，所以我们可以进行各种推理，从而判断出真正的问题所在。每一次推理都是对网络基础知识的复习过程，非常有价值。

虚惊一场

上个月收到了一封读者来信，说我上本书中的一个截图似乎有些问题，与 TCP 协议不相符。理论上 TCP 断开连接时的四次挥手应该是图 1 这样的（假设是服务器先要求断开）。

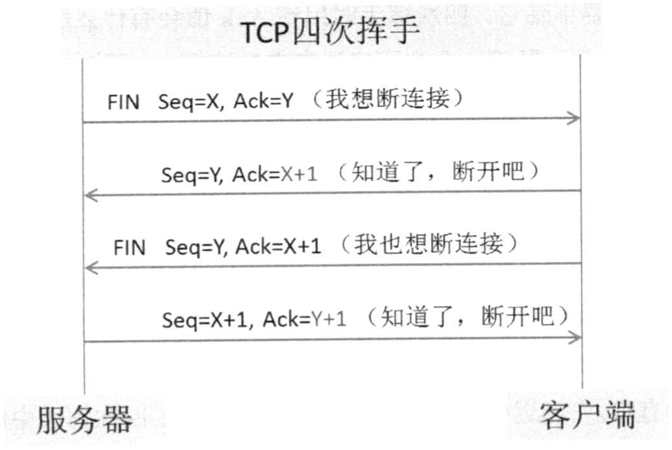
TCP四次挥手
FIN Seq=X, Ack=Y （我想断连接）
Seq=Y, Ack=X+1 （知道了，断开吧）
FIN Seq=Y, Ack=X+1 （我也想断连接）
Seq=X+1, Ack=Y+1 （知道了，断开吧）
服务器
客户端

图 1

现实抓到的大多数网络包中，X 和 Y 的值也符合这个公式。如图 2 所示，你可以把这些数字套进图 1 的 X 和 Y 计算一下，看看是否符合规律。

No.	Time	Source	Destination	Protocol	Info
28	12.534915	Client	Server	FTP	Request: QUIT
29	12.536071	Server	Client	FTP	Response: 221 Goodbye.
30	12.536073	Server	Client	TCP	21→53431 [FIN, ACK] Seq=268 Ack=83 Win=139264 Len=0
31	12.536198	Client	Server	TCP	53431→21 [ACK] Seq=83 Ack=269 Win=7925 Len=0
32	12.539039	Client	Server	TCP	53431→21 [FIN, ACK] Seq=83 Ack=269 Win=7925 Len=0
33	12.539666	Server	Client	TCP	21→53431 [ACK] Seq=269 Ack=84 Win=139264 Len=0

图 2

可是这位读者发现上本书中却有图 3 这样的一张图。仔细看 42 号包的 Ack=442，按照上面的理论它本应该是 Ack=442+1=443 的，难道是客户端忘记做 X+1 了？

No.	Time	Source	Destination	Protocol	Info
39	10.378327	client	server	FTP	Request: QUIT
40	10.378468	server	client	FTP	Response: 221 Goodbye.
41	10.378474	server	client	TCP	21→36115 [FIN, ACK] Seq=442 Ack=107 Win=139264 Len=
42	10.378491	client	server	TCP	36115→21 [ACK] Seq=107 Ack=442 Win=5856 Len=0 TSval
43	10.378756	client	server	TCP	36115→21 [FIN, ACK] Seq=107 Ack=443 Win=5856 Len=0
44	10.378867	server	client	TCP	21→36115 [ACK] Seq=443 Ack=108 Win=139264 Len=0 TSv

图 3

这封来信让我十分震惊，因为该图本身演示的是 FTP 协议，没想到这位读者连传输层的细节都研究了，如此精细的读法让我觉得写书压力好大；而且这个发现十分中肯，我也觉得是客户端忘记作 X+1 了，出版之前竟然没注意到这个 bug。

书中出了差错还不算是最糟糕的，更大的问题是在很多机器上抓包都发现了这个现象。你可不要小瞧它，**四次挥手时用错 Ack 值会有什么后果呢？它可能导致 TCP 连接断开失败，留下一个本不应该存在的连接，久而久之就会导致新连接建立失败。**那就属于大 bug 了，得赶紧上报才行。奇怪的是我做了几个实验都发现能成功断开，难道是我对协议的理解有偏差吗？在接下来的几天里，我仔细地查阅了 TCP 的多个 RFC 版本，比如 RFC 793、1323、5681 等，企图找出一个相关的解释，但都没有找到。

几天后我跟 Patrick（是的，就是我上本书中介绍的那位奇人）聊天时提到了这件事情，老人家很快就回答，“你考虑过延迟确认对四次挥手的影响吗？这个包一点问题都没有哦。”延迟确认我当然知道了，它省掉了四次挥手中的第二个包，变成下面图 4 的样子。

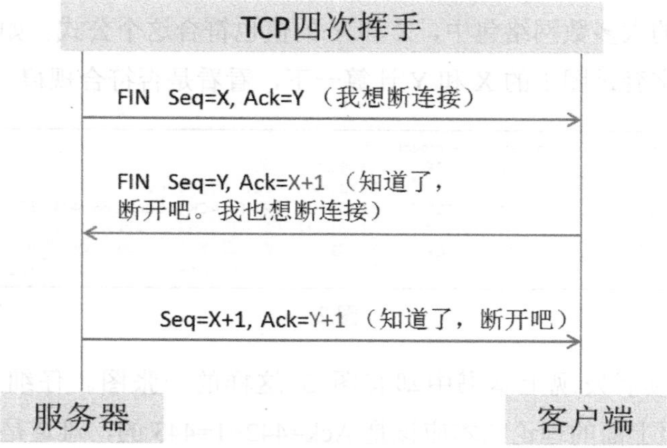
TCP四次挥手
FIN Seq=X, Ack=Y （我想断连接）
FIN Seq=Y, Ack=X+1 （知道了，
断开吧。我也想断连接）
Seq=X+1, Ack=Y+1 （知道了，断开吧）
服务器
客户端

图 4

我在生产环境中也抓到过这个现象。见图 5 的 33、34、35 号包，就符合上述的模型。可是这跟图 3 的现象还是不一样啊。

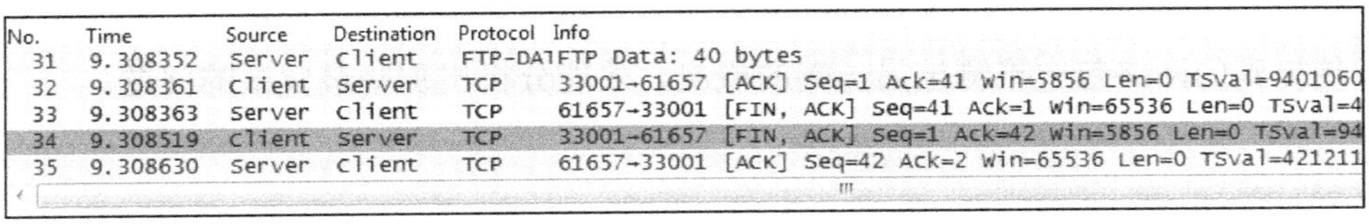

No.	Time	Source	Destination	Protocol	Info
31	9.308352	Server	Client	FTP-DA1	FTP Data: 40 bytes
32	9.308361	Client	Server	TCP	33001→61657 [ACK] Seq=1 Ack=41 Win=5856 Len=0 TSval=9401060
33	9.308363	Server	Client	TCP	61657→33001 [FIN, ACK] Seq=41 Ack=1 Win=65536 Len=0 TSval=4
34	9.308519	Client	Server	TCP	33001→61657 [FIN, ACK] Seq=1 Ack=42 Win=5856 Len=0 TSval=94
35	9.308630	Server	Client	TCP	61657→33001 [ACK] Seq=42 Ack=2 Win=65536 Len=0 TSval=421211

图 5

Patrick 进一步点拨，如果拿掉图 3 中的 42 号包，不就跟图 5 的延迟确认场景一模一样吗？也是用三个包完成了挥手。那 42 号包又是怎么多出来的呢？我很快也想通了：**这些包是在服务器上抓的，网络上又存在延迟，所以跟客户端上看到的顺序可能不一样。我的眼睛看着服务器上抓的包，脑子却从客户端的角度思考，所以才会被混淆。**那在客户端上看到的包应该是怎样的呢？发挥一下想象力，真相应该如图 6 所示，网络延时导致 41 号包和 42 号包在传输时发生了时间上的"交叉"。从客户端的角度看，41 号包和 42 号包的顺序应该颠倒一下才对。**也就是说 42 号包根本就没有参与四次挥手过程，它只是用来确认收到 40 号包而已，但由于网络延迟使它到达服务器时排在了 41 号包后面，所以看上去就像挥手过程的一部分。更巧的是延迟确认把四次挥手减少成 3 个包，所以就更有迷惑性了。**

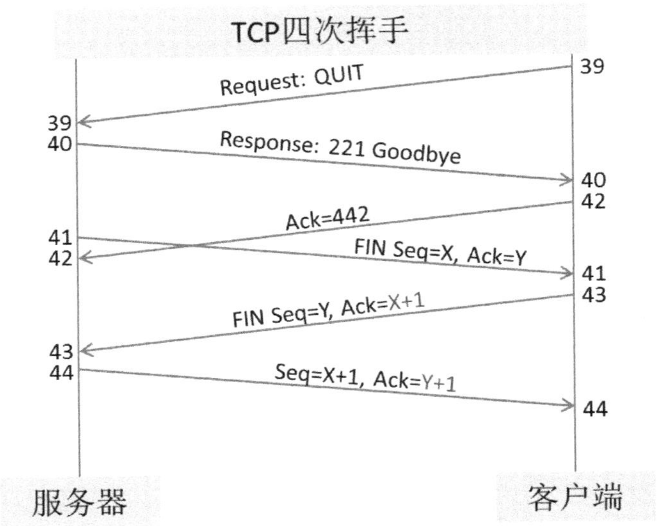
TCP四次挥手
Request: QUIT
Response: 221 Goodbye
Ack=442
FIN Seq=X, Ack=Y
FIN Seq=Y, Ack=X+1
Seq=X+1, Ack=Y+1
39
40
41
42
43
44
39
40
42
41
43
44
服务器
客户端

图 6

多谢这位眼尖的读者。虽然没有发现大 bug，但这个发现对我们做网络分析非常有借鉴意义。在本书后面的一些文章中，还会讲到类似的情况。如果你在这里已经觉得有点晕了，建议再细细阅读一遍。作为 Wireshark 熟练工，必须能从一端抓到的网络包中推测出另一端的概况，才能分析出那些最复杂的问题。

NTLM 协议分析

有位读者做项目时遇到了麻烦，就抓了个网络包来找我分析。我粗略一看，身份验证协议用的竟然是 NTLM，便建议他改用 Kerberos。没想到对方说 NTLM 目前在中国还是用得很多的，不想改。我将信将疑，咨询了几位在一线做实施的工程师才确认，据说连某大银行内部的文件服务器都完全靠 NTLM 做身份验证。既然如此，我就来写一篇 NTLM 的工作原理吧，对中国读者应该会有好处。

NTLM 的全称是 NT LAN Manager，是 Windows NT 时代就出现的身份验证协议。大多数人都用到过 NTLM，却没有意识到它的存在。我们可以做个简单的实验来演示。

1．如图 1 所示，我在电脑上输入了一个网络共享的路径，再按一下回车。

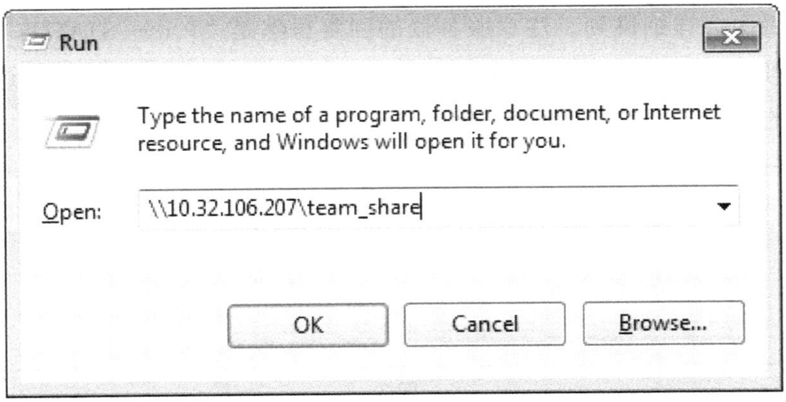
Run
Type the name of a program, folder, document, or Internet resource, and Windows will open it for you.
Open:
\\10.32.106.207\team_share
OK
Cancel
Browse...

图 1

2．图 2 的对话框跳出来了，要求身份验证，即输入用户名和密码。

Windows Security
Enter Network Password
Enter your password to connect to: 10.32.106.207
vnx.com\administrator
●●●●●●●●●
Domain: vnx.com
Remember my credentials
Logon failure: unknown user name or bad password.
OK
Cancel

图 2

3．完成了图 2 这一步，网络共享就打开了，我们就可以访问里面的文件。

在此过程中，实际上就用到了 NTLM 来验证身份。我们来看看在 Wireshark 中是怎样体现的。

1．**客户端向服务器发送了一个 NTLM 协商请求，然后服务器立即回复一个随机字符串作为 Challenge（见图 3）。**这个 Challenge 有什么用呢？我们后面会详细讲到。注意服务器的回复虽然是“Error: STATUS_MORE_PROCESSING_ REQUIRED”，看上去好像是出错了，但实际上这个所谓的 Error 是正常流程的一部分。

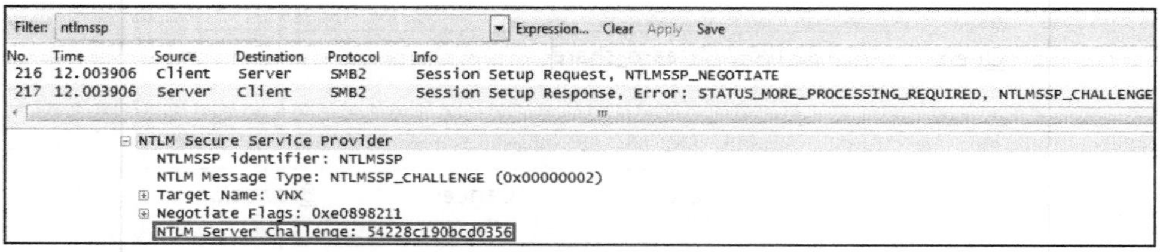
Filter: ntlmssp
Expression... Clear Apply Save
No. Time Source Destination Protocol Info
216 12.003906 Client Server SMB2 Session Setup Request, NTLMSSP_NEGOTIATE
217 12.003906 Server Client SMB2 Session Setup Response, Error: STATUS_MORE_PROCESSING_REQUIRED, NTLMSSP_CHALLENGE
NTLM Secure Service Provider
NTLMSSP identifier: NTLMSSP
NTLM Message Type: NTLMSSP_CHALLENGE (0x00000002)
Target Name: VNX
Negotiate Flags: 0xe0898211
NTLM Server Challenge: 54228c190bcd0356

图 3

2．**客户端收到 Challenge 之后，向服务器回复了图 2 中输入的那个用户名 VNX\Administrator，以及两个 Response 值（见图 4）。**这两个 Response 是哪来的呢？它们都是用 hash 过的用户密码对 Challenge 所进行的加密，两种不同的加密方式产生了两个不同的 Response。加密过程就不细说了，绝大多数读者并不需要知道（其实是因为作者自己也了解不深）。

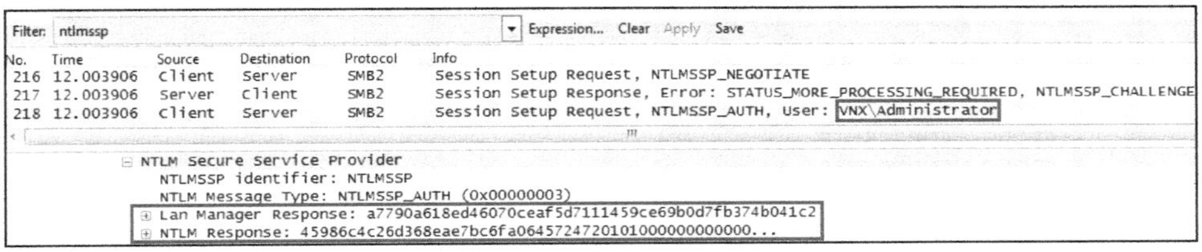
Filter: ntlmssp
Expression... Clear Apply Save
No. Time Source Destination Protocol Info
216 12.003906 client server SMB2 Session Setup Request, NTLMSSP_NEGOTIATE
217 12.003906 server client SMB2 Session Setup Response, Error: STATUS_MORE_PROCESSING_REQUIRED, NTLMSSP_CHALLENGE
218 12.003906 client server SMB2 Session Setup Request, NTLMSSP_AUTH, User: VNX\Administrator
NTLM Secure Service Provider
NTLMSSP identifier: NTLMSSP
NTLM Message Type: NTLMSSP_AUTH (0x00000003)
Lan Manager Response: a7790a618ed46070ceaf5d7111459ce69b0d7fb374b041c2
NTLM Response: 45986c4c26d368eae7bc6fa0645724720101000000000000...

图 4

3. 服务器收到了之后，是不知道该怎样验证这些 Response 的真假的。**因此它就把 Challenge 和两个 Response 都转发给域控（Domain Controller），让域控去帮忙验证真假。**在图 5 中可以看到，转发给域控的 Challenge 和 Response 和图 3、图 4 里的是一样的。

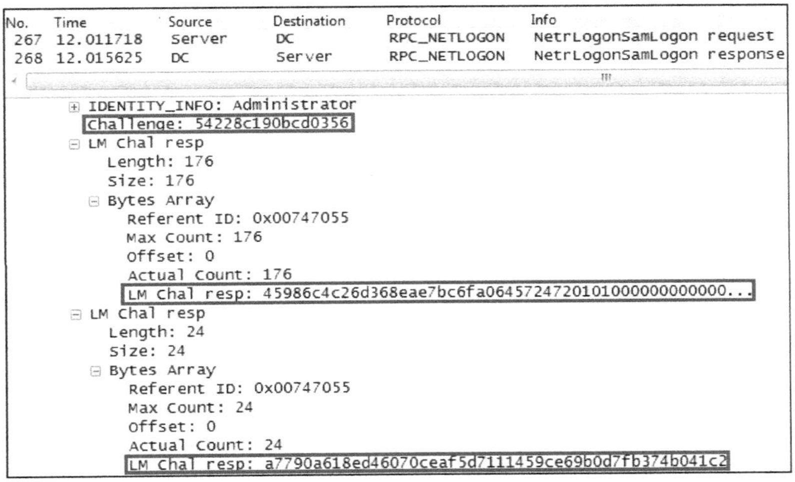
No. Time Source Destination Protocol Info
267 12.011718 server DC RPC_NETLOGON NetrLogonSamLogon request
268 12.015625 DC server RPC_NETLOGON NetrLogonSamLogon response
IDENTITY_INFO: Administrator
Challenge: 54228c190bcd0356
LM Chal resp
Length: 176
Size: 176
Bytes Array
Referent ID: 0x00747055
Max Count: 176
Offset: 0
Actual Count: 176
LM Chal resp: 45986c4c26d368eae7bc6fa0645724720101000000000000...
LM Chal resp
Length: 24
Size: 24
Bytes Array
Referent ID: 0x00747055
Max Count: 24
Offset: 0
Actual Count: 24
LM Chal resp: a7790a618ed46070ceaf5d7111459ce69b0d7fb374b041c2

图 5

4. **域控收到之后，也用 hash 过的用户密码对该 Challenge 进行加密。如果加密结果和这两个 Response 一致，就说明密码正确，身份验证通过。**在响应时，域控还会把该用户所属的群组信息告知服务器，见图 6 底部所示。

No.	Time	Source	Destination	Protocol	Info
267	12.011718	Server	DC	RPC_NETLOGON	NetrLogonSamLogon request
268	12.015625	DC	Server	RPC_NETLOGON	NetrLogonSamLogon response

```
⊟ GROUP_MEMBERSHIP_ARRAY
    Referent ID: 0x0002000c
    Max Count: 5
  ⊞ GROUP_MEMBERSHIP:
  ⊞ GROUP_MEMBERSHIP:
  ⊞ GROUP_MEMBERSHIP:
  ⊞ GROUP_MEMBERSHIP:
  ⊞ GROUP_MEMBERSHIP:
```

图 6

5. 于是服务器就可以告诉客户端，“你的身份验证通过了。”见图 7 的 289 号包。如果失败的话，你看到的就不是这么简单的“Session Setup Response”了，而是某个 Error。

No.	Time	Source	Destination	Protocol	Info
216	12.003906	Client	Server	SMB2	Session Setup Request, NTLMSSP_NEGOTIATE
217	12.003906	Server	Client	SMB2	Session Setup Response, Error: STATUS_MORE_PROCESSING_REQUIRED, NTLMSSP_CHALLENGE
218	12.003906	Client	Server	SMB2	Session Setup Request, NTLMSSP_AUTH, User: VNX\Administrator
289	12.015625	Server	Client	SMB2	Session Setup Response

图 7

这个过程总结下来就如图 8 所示，比起 Kerberos 还是比较简单的。

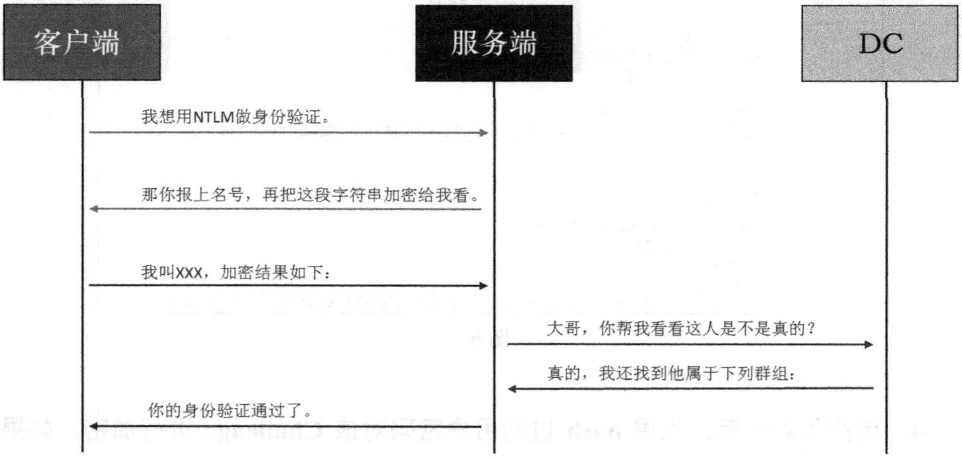
客户端
服务端
DC
我想用NTLM做身份验证。
那你报上名号，再把这段字符串加密给我看。
我叫XXX，加密结果如下：
大哥，你帮我看看这人是不是真的？
真的，我还找到他属于下列群组：
你的身份验证通过了。

图 8

明白了原理，我们就可以理解 NTLM 的很多特征了。

1. 由于从包里能看到 Challenge 和 Response，算法也是固定的，所以密码存在被破解的可能。**因此微软并不推荐 NTLM**，从官网就可以看到“Therefore, applications are generally advised not to use NTLM（因此，一般不建议应用程序使用 NTLM）”。

2. 客户端每访问一次服务器，就得让域控帮忙验证一次身份，**增加了域控的负担**。如果改用 Kerberos 就能使用缓存的 ticket，减少访问域控的次数。

3. 有些场合也能体现出先进性，比如当一个用户不属于某群组，所以访问不了资源时。解决方式是在域控上为该用户账号添加群组，这时如果用 Kerberos 就得重新登录来获得新的群组信息，用 NTLM 则不用。

当我们遇到 NTLM 问题的时候，用 Wireshark 来排查是最合适不过的，客户端、服务器和域控的问题都能发现。比如客户端有时会在图 4 的包中使用一个空的用户名，或者其它出人意料的账号来验证身份，这种现象在 Wireshark 中一目了然。域控导致的问题可能我们自己解决不了，需要联系微软技术支持，但是在此之前用 Wireshark 定位会快很多。比如不久前我遇到过一个身份验证失败的案例，在 Wireshark 中看到的域控报错如图 9 所示，我们据此就能把问题定位到域控上。微软的工程师也是根据这个报错修改了 Group Policy 来解决的。这种问题如果没有用到 Wireshark，可能连判断是哪一方导致的都不容易。

```
RPC_NETLOGON NetrLogonSamLogon request
RPC_NETLOGON NetrLogonSamLogon response, STATUS_ACCESS_DENIED
```

图 9

Wireshark 的提示

最近有不少同事开始学习 Wireshark，他们遇到的第一个困难就是理解不了主界面上的提示信息，于是跑来问我。问的人多了，我也总结成一篇文章，希望对大家有所帮助。Wireshark 的提示可是其最有价值之处，对于初学者来说，如果能理解这些提示所隐含的意义，学起来定能事半功倍。

1．[Packet size limited during capture]

当你看到这个提示，说明被标记的那个包没有抓全。以图 1 的 4 号包为例，它全长有 171 字节，但只有前 96 个字节被抓到了，因此 Wireshark 给了此提示。

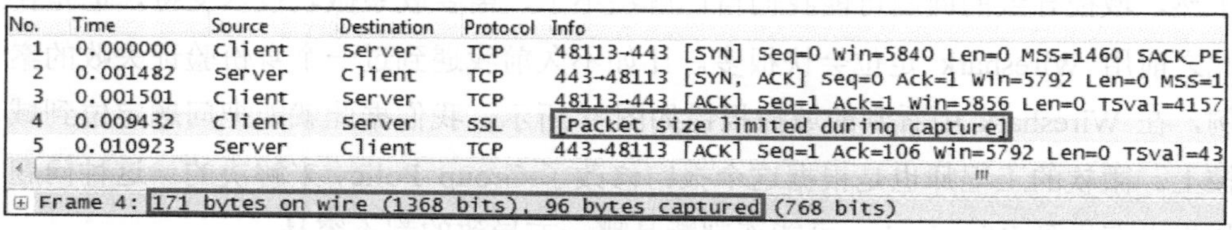
No. Time Source Destination Protocol Info
1 0.000000 Client Server TCP 48113→443 [SYN] Seq=0 Win=5840 Len=0 MSS=1460 SACK_PE
2 0.001482 Server Client TCP 443→48113 [SYN, ACK] Seq=0 Ack=1 Win=5792 Len=0 MSS=1
3 0.001501 Client Server TCP 48113→443 [ACK] Seq=1 Ack=1 Win=5856 Len=0 TSval=4157
4 0.009432 Client Server SSL [Packet size limited during capture]
5 0.010923 Server Client TCP 443→48113 [ACK] Seq=1 Ack=106 Win=5792 Len=0 TSval=43
Frame 4: 171 bytes on wire (1368 bits), 96 bytes captured (768 bits)

图 1

这种情况一般是由抓包方式引起的。在有些操作系统中，tcpdump 默认只抓每个帧的前 96 个字节，我们可以用“-s”参数来指定想要抓到的字节数，比如下面这条命令可以抓到 1000 字节。

```
[root@my_server /]# tcpdump -i eth0 -s 1000 -w /tmp/tcpdump.cap
```

2．[TCP Previous segment not captured]

在 TCP 传输过程中，同一台主机发出的数据段应该是连续的，**即后一个包的 Seq 号等于前一个包的 Seq+Len**（三次握手和四次挥手是例外）。如果 Wireshark 发现后一个包的 Seq 号大于前一个包的 Seq+Len，就知道中间缺失了一段数据。假如缺失的那段数据在整个网络包中都找不到（即排除了乱序），就会提示［TCP

Previous segment not captured]。比如在图 2 这个例子中，6 号包的 Seq 号 1449 大于 5 号包的 Seq+Len=1+0=1，说明中间有个携带 1448 字节的包没被抓到，它就是“Seq=1, Len=1448”。

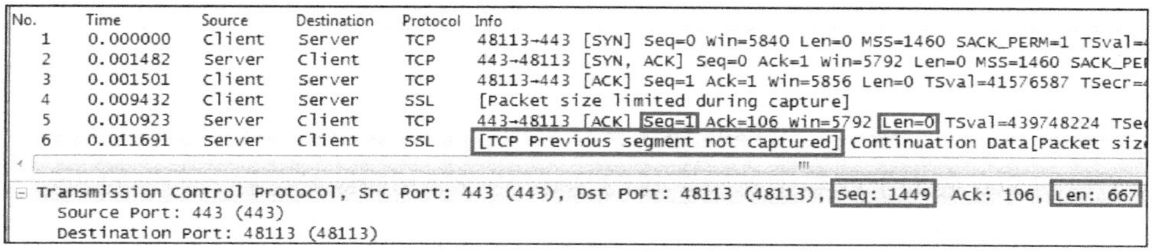
No. Time Source Destination Protocol Info
1 0.000000 Client Server TCP 48113→443 [SYN] Seq=0 Win=5840 Len=0 MSS=1460 SACK_PERM=1 TSval=
2 0.001482 Server Client TCP 443→48113 [SYN, ACK] Seq=0 Ack=1 Win=5792 Len=0 MSS=1460 SACK_PE
3 0.001501 Client Server TCP 48113→443 [ACK] Seq=1 Ack=1 Win=5856 Len=0 TSval=41576587 TSecr=
4 0.009432 Client Server SSL [Packet size limited during capture]
5 0.010923 Server Client TCP 443→48113 [ACK] Seq=1 Ack=106 Win=5792 Len=0 TSval=439748224 TSe
6 0.011691 Server Client SSL [TCP Previous segment not captured] Continuation Data[Packet siz
Transmission Control Protocol, Src Port: 443 (443), Dst Port: 48113 (48113), Seq: 1449 Ack: 106, Len: 667
Source Port: 443 (443)
Destination Port: 48113 (48113)

图 2

网络包没被抓到还分两种情况：一种是真的丢了；另一种是实际上没有丢，但被抓包工具漏掉了。在 Wireshark 中如何区分这两种情况呢？只要看对方回复的确认（Ack）就行了。如果该确认包含了没抓到的那个包，那就是抓包工具漏掉而已，否则就是真的丢了。

顺便分析一下图 2 这个网络包，它是 HTTPS 传输异常时在客户端抓的。因为“Len: 667”的小包（即 6 号包）可以送达，但“Len: 1448”的大包却丢了，说明路径上可能有个网络设备的 MTU 比较小，会丢弃大包。后来的解决方式证实了这个猜测，只要把整个网络路径的 MTU 保持一致，问题就消失了。

3．[TCP ACKed unseen segment]

当 Wireshark 发现被 Ack 的那个包没被抓到，就会提示 [TCP ACKed unseen segment]。这可能是最常见的 Wireshark 提示了，幸好**它几乎是永远可以忽略的**。以图 3 为例，32 号包的 Seq+Len=6889+1448=8337，说明服务器发出的下一个包应该是 Seq=8337。而我们看到的却是 35 号包的 Seq=11233，这意味着 8337～11232 这段数据没有被抓到。这段数据本应该出现在 34 号之前，所以 Wireshark 提示了 [TCP ACKed unseen segment]。

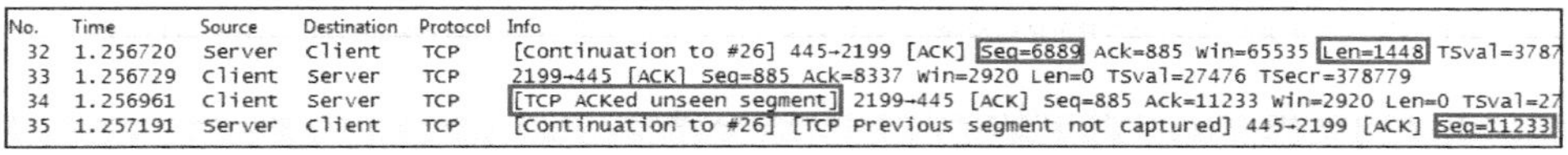
No. Time Source Destination Protocol Info
32 1.256720 Server Client TCP [Continuation to #26] 445→2199 [ACK] Seq=6889 Ack=885 Win=65535 Len=1448 TSval=3787
33 1.256729 Client Server TCP 2199→445 [ACK] Seq=885 Ack=8337 Win=2920 Len=0 TSval=27476 TSecr=378779
34 1.256961 Client Server TCP [TCP ACKed unseen segment] 2199→445 [ACK] Seq=885 Ack=11233 Win=2920 Len=0 TSval=27
35 1.257191 Server Client TCP [Continuation to #26] [TCP Previous segment not captured] 445→2199 [ACK] Seq=11233

图 3

不难想象，在一个网络包的开头会经常看到这个提示，因为只抓到了后面的 Ack 但没抓到前面的数据包。

4．[TCP Out-of-Order]

在 TCP 传输过程中（不包括三次握手和四次挥手），同一台主机发出的数据包应该是连续的，**即后一个包的 Seq 号等于前一个包的 Seq+Len**。也可以说，后一个包的 Seq 会大于或等于前一个包的 Seq。当 Wireshark 发现后一个包的 Seq 号小于前一个包的 Seq+Len 时，就会认为是乱序了，因此提示 [TCP Out-of-Order] 。如图 4 所示，3362 号包的 Seq=2685642 小于 3360 号包的 Seq=2712622，所以就是乱序。

No.	Time	Source	Destination	Protocol	Info
3360	5.007813	Server	Client	TCP	49454→8888 [ACK] Seq=2712622 Ack=2761 Win=32768
3361	5.007813	Client	Server	TCP	8888→49454 [ACK] Seq=2761 Ack=2639576 Win=2457 L
3362	5.007813	Server	Client	TCP	[TCP Out-Of-Order] 49454→8888 [ACK] Seq=2685642
3363	5.007813	Client	Server	TCP	8888→49454 [ACK] Seq=2761 Ack=2664291 Win=2457 L

图 4

小跨度的乱序影响不大，比如原本顺序为 1、2、3、4、5 号包被打乱成 2、1、3、4、5 就没事。但跨度大的乱序却可能触发快速重传，比如打乱成 2、3、4、5、1 时，就会触发足够多的 Dup ACK，从而导致 1 号包的重传。

5．[TCP Dup ACK]

当乱序或者丢包发生时，接收方会收到一些 Seq 号比期望值大的包。它每收到一个这种包就会 Ack 一次期望的 Seq 值，以此方式来提醒发送方，于是就产生了一些重复的 Ack。Wireshark 会在这种重复的 Ack 上标记[TCP Dup ACK] 。

以图 5 为例，服务器收到的 7 号包为“Seq=29303，Len=1460”，所以它期望下一个包应该是 Seq+Len=29303+1460=30763，没想到实际收到的却是 8 号包 Seq=32223，说明 Seq=30763 那个包可能丢失了。因此服务器立即在 9 号包发了 Ack=30763，表示“我要的是 Seq=30763”。由于接下来服务器收到的 10 号、12 号、14 号也都是大于 Seq=30763 的，因此它每收到一个就回复一次 Ack=30763，从图中可见 Wireshark 在这些回复上都标记了[TCP Dup ACK]。

No.	Time	Source	Destination	Protocol	Info
7	0.007813	Client	Server	TCP	[Continuation to #3] 55448→445 [ACK] Seq=29303 Ack=245 Win=868 Len=1460
8	0.007813	Client	Server	TCP	[Continuation to #3] [TCP Previous segment not captured] 55448→445 [ACK] Seq=32223
9	0.007813	Server	Client	TCP	445→55448 [ACK] Seq=245 Ack=30763 Win=16384 Len=0 SLE=32223 SRE=33683
10	0.007813	Client	Server	TCP	[Continuation to #3] 55448→445 [ACK] Seq=33683 Ack=245 Win=868 Len=11680
11	0.007813	Server	Client	TCP	[TCP Dup ACK 9#1] 445→55448 [ACK] Seq=245 Ack=30763 Win=16384 Len=0 SLE=32223 SRE=4
12	0.007813	Client	Server	TCP	[Continuation to #3] 55448→445 [ACK] Seq=45363 Ack=245 Win=868 Len=1460
13	0.007813	Server	Client	TCP	[TCP Dup ACK 9#2] 445→55448 [ACK] Seq=245 Ack=30763 Win=16384 Len=0 SLE=32223 SRE=4
14	0.007813	Client	Server	TCP	[Continuation to #3] 55448→445 [ACK] Seq=46823 Ack=245 Win=868 Len=1460
15	0.007813	Server	Client	TCP	[TCP Dup ACK 9#3] 445→55448 [ACK] Seq=245 Ack=30763 Win=16384 Len=0 SLE=32223 SRE=4

图 5

6. [TCP Fast Retransmission]

当发送方收到 3 个或以上[TCP Dup ACK]，就意识到之前发的包可能丢了，于是快速重传它(这是 RFC 的规定)。以图 6 为例，客户端收到了 4 个 Ack=991851，于是在 1177 号包重传了 Seq=991851。

No.	Time	Source	Destination	Protocol	Info
1169	0.882813	Server	Client	TCP	49454→8888 [ACK] Seq=1098048 Ack=1105 Win=32768 Len=1448 T
1170	0.882813	Server	Client	TCP	49454→8888 [ACK] Seq=1099496 Ack=1105 Win=32768 Len=1018 T
1171	0.882813	Client	Server	TCP	8888→49454 [ACK] Seq=1105 Ack=991851 Win=2457 Len=0 TSval=
1172	0.882813	Server	Client	TCP	49454→8888 [ACK] Seq=1100514 Ack=1105 Win=32768 Len=1448 T
1173	0.882813	Server	Client	TCP	49454→8888 [ACK] Seq=1101962 Ack=1105 Win=32768 Len=1017 T
1174	0.882813	Client	Server	TCP	[TCP Dup ACK 1171#1] 8888→49454 [ACK] Seq=1105 Ack=991851
1175	0.886719	Client	Server	TCP	[TCP Dup ACK 1171#2] 8888→49454 [ACK] Seq=1105 Ack=991851
1176	0.886719	Client	Server	TCP	[TCP Dup ACK 1171#3] 8888→49454 [ACK] Seq=1105 Ack=991851
1177	0.886719	Server	Client	TCP	[TCP Fast Retransmission] 49454→8888 [ACK] Seq=991851 Ack=

图 6

7. [TCP Retransmission]

如果一个包真的丢了，又没有后续包可以在接收方触发[Dup Ack]，就不会快速重传。这种情况下发送方只好等到超时了再重传，此类重传包就会被 Wireshark 标上[TCP Retransmission]。以图 7 为例，客户端发了原始包（包号 1053）之后，一直等不到相应的 Ack，于是只能在 100 多毫秒之后重传了（包号 1225）。

Filter: tcp.seq == 1012852　Expression... Clear Apply Save

No.	Time	Source	Destination	Protocol	Info
1053	0.804688	Client	Server	TCP	49454→8888 [ACK] Seq=1012852 Ack=1105 Win=32768 Len=
1225	0.937500	Client	Server	TCP	[TCP Retransmission] 49454→8888 [ACK] Seq=1012852 Ac

图 7

超时重传是一个非常有技术含量的知识点，比如等待时间的长短就大有学问，本文就不细说了，毕竟需要懂这个的人很少。

8. [TCP zerowindow]

TCP 包中的“win=”代表接收窗口的大小，即表示这个包的发送方当前还有

多少缓存区可以接收数据。当 Wireshark 在一个包中发现“win=0”时，就会给它打上“TCP zerowindow”的标志，表示缓存区已满，不能再接收数据了。比如图 8 就是服务器的缓存区已满，所以通知客户端不要再发数据了。我们甚至可以在 3258～3263 这几个包中看出它的窗口逐渐减少的过程，即从 win=15872 减小到 win=1472。

No.	Time	Source	Destination	Protocol	Info
3258	3.140625	Server	Client	TCP	8888→62758 [ACK] Seq=7467 Ack=11928601 Win=15872 Len=0 TSval=226971
3259	3.140625	Server	Client	TCP	8888→62758 [ACK] Seq=7467 Ack=11931449 Win=13056 Len=0 TSval=226971
3260	3.140625	Server	Client	TCP	8888→62758 [ACK] Seq=7467 Ack=11934345 Win=10176 Len=0 TSval=226971
3261	3.140625	Server	Client	TCP	8888→62758 [ACK] Seq=7467 Ack=11937241 Win=7232 Len=0 TSval=2269712
3262	3.140625	Server	Client	TCP	8888→62758 [ACK] Seq=7467 Ack=11940137 Win=4352 Len=0 TSval=2269712
3263	3.140625	Server	Client	TCP	8888→62758 [ACK] Seq=7467 Ack=11943033 Win=1472 Len=0 TSval=2269712
3264	3.140625	Server	Client	TCP	[TCP ZeroWindow] 8888→62758 [ACK] Seq=7467 Ack=11944497 Win=0 Len=0
3265	3.140625	Server	Client	TCP	[TCP ZeroWindow] 8888→62758 [ACK] Seq=7467 Ack=11944529 Win=0 Len=0
3266	3.160156	Server	Client	TCP	[TCP ZeroWindow] 8888→62758 [PSH, ACK] Seq=7467 Ack=11944529 Win=0
3267	3.167969	Server	Client	TCP	[TCP ZeroWindow] 8888→62758 [PSH, ACK] Seq=7743 Ack=11944529 Win=0

图 8

9. [TCP window Full]

当 Wireshark 在一个包中打上[TCP window Full]标志时，就表示这个包的发送方**已经把对方所声明的接收窗口耗尽了**。以图 9 为例，Britain 一直声明它的接收窗口只有 65535，意味着 Middle East 最多能给它发送 65535 字节的数据而无需确认，即“在途字节数”最多为 65535 字节。当 Wireshark 在包中计算出 Middle East 已经有 65535 字节未被确认时，就会发出此提示。至于 Wireshark 是怎么计算的，请参考本书的《计算“在途字节数”》一文。

No.	Time	Source	Destination	Protocol	Info
71	0.392805000	Middle East	Britain	TCP	[TCP Window Full] 64560→12345 [ACK] Seq=202344 Ack=1
72	0.395142000	Britain	Middle East	TCP	12345→64560 [ACK] Seq=1 Ack=142521 Win=65535 Len=0
73	0.395219000	Middle East	Britain	TCP	[TCP Window Full] 64560→12345 [ACK] Seq=205200 Ack=1
74	0.397470000	Britain	Middle East	TCP	12345→64560 [ACK] Seq=1 Ack=145377 Win=65535 Len=0
75	0.397549000	Middle East	Britain	TCP	[TCP Window Full] 64560→12345 [ACK] Seq=208056 Ack=1
76	0.400139000	Britain	Middle East	TCP	12345→64560 [ACK] Seq=1 Ack=148233 Win=65535 Len=0
77	0.400218000	Middle East	Britain	TCP	[TCP Window Full] 64560→12345 [ACK] Seq=210912 Ack=1
78	0.402431000	Britain	Middle East	TCP	12345→64560 [ACK] Seq=1 Ack=151089 Win=65535 Len=0

```
⊞ Checksum: 0xa4dc [validation disabled]
  Urgent pointer: 0
⊟ [SEQ/ACK analysis]
    [iRTT: 0.040996000 seconds]
    [Bytes in flight: 65535]
```

图 9

[TCP window Full]很容易跟［TCP zerowindow］混淆，实际上它们也有相似之处。前者表示这个包的发送方暂时没办法再**发送**数据了，后者表示这个包的发送方暂时没办法再**接收**数据了，也就是说两者都意味着传输暂停，都必须引起重视。

10. [TCP segment of a reassembled PDU]

当你收到这个提示，肯定已经在 Edit→Preferences→ Protocols→TCP 菜单里启用了 Allow sub dissector to reassemble TCP streams。它表示 Wireshark 可以把属于同一个应用层 PDU（比如 SMB 的 Read Response 和 Write Request 之类）的 TCP 包虚拟地集中起来。如图 10 所示，这一个 SMB Read Response 由 39～48 号包共同完成，因此 Wireshark 在最后一个包中虚拟地把所有包集中起来。这样做有个好处，就是可以右键点击图 10 底部的方框，选择 Copy→Bytes→Printable Text Only，从而复制整个应用层的 PDU。做研发的同学可能比较需要这个功能。

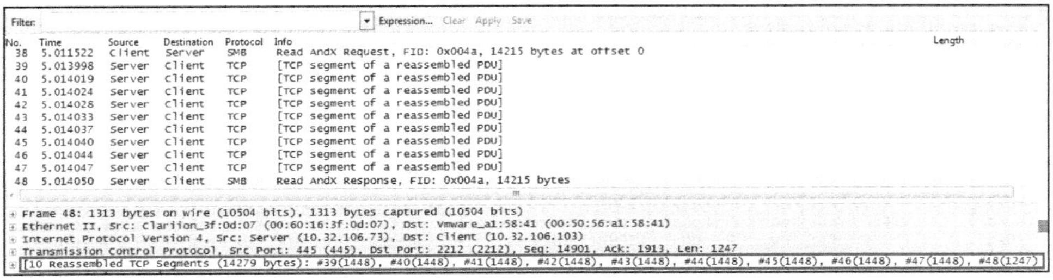
Filter:
Expression... Clear Apply Save
No. Time Source Destination Protocol Info Length
38 5.011522 Client Server SMB Read AndX Request, FID: 0x004a, 14215 bytes at offset 0
39 5.013998 Server Client TCP [TCP segment of a reassembled PDU]
40 5.014019 Server Client TCP [TCP segment of a reassembled PDU]
41 5.014024 Server Client TCP [TCP segment of a reassembled PDU]
42 5.014028 Server Client TCP [TCP segment of a reassembled PDU]
43 5.014033 Server Client TCP [TCP segment of a reassembled PDU]
44 5.014037 Server Client TCP [TCP segment of a reassembled PDU]
45 5.014040 Server Client TCP [TCP segment of a reassembled PDU]
46 5.014044 Server Client TCP [TCP segment of a reassembled PDU]
47 5.014047 Server Client TCP [TCP segment of a reassembled PDU]
48 5.014050 Server Client SMB Read AndX Response, FID: 0x004a, 14215 bytes
Frame 48: 1313 bytes on wire (10504 bits), 1313 bytes captured (10504 bits)
Ethernet II, Src: Clariion_3f:0d:07 (00:60:16:3f:0d:07), Dst: Vmware_a1:58:41 (00:50:56:a1:58:41)
Internet Protocol Version 4, Src: Server (10.32.106.73), Dst: Client (10.32.106.103)
Transmission Control Protocol, Src Port: 445 (445), Dst Port: 2212 (2212), Seq: 14901, Ack: 1913, Len: 1247
[10 Reassembled TCP Segments (14279 bytes): #39(1448), #40(1448), #41(1448), #42(1448), #43(1448), #44(1448), #45(1448), #46(1448), #47(1448), #48(1247)]

图 10

11. [Continuation to #]

你看到这个提示，说明已经在 Edit→Preferences→Protocols→TCP 菜单里关闭了 Allow sub dissector to reassemble TCP streams。比如图 10 的那些包，一关闭就变成图 11 这样。

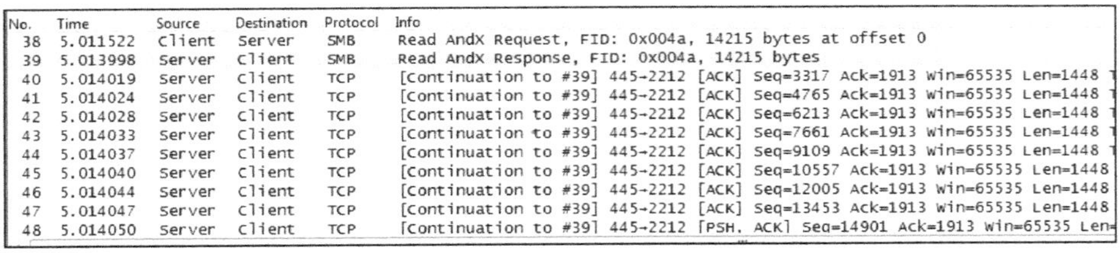
No. Time Source Destination Protocol Info
38 5.011522 Client Server SMB Read AndX Request, FID: 0x004a, 14215 bytes at offset 0
39 5.013998 Server Client SMB Read AndX Response, FID: 0x004a, 14215 bytes
40 5.014019 Server Client TCP [Continuation to #39] 445→2212 [ACK] Seq=3317 Ack=1913 Win=65535 Len=1448
41 5.014024 Server Client TCP [Continuation to #39] 445→2212 [ACK] Seq=4765 Ack=1913 Win=65535 Len=1448
42 5.014028 Server Client TCP [Continuation to #39] 445→2212 [ACK] Seq=6213 Ack=1913 Win=65535 Len=1448
43 5.014033 Server Client TCP [Continuation to #39] 445→2212 [ACK] Seq=7661 Ack=1913 Win=65535 Len=1448
44 5.014037 Server Client TCP [Continuation to #39] 445→2212 [ACK] Seq=9109 Ack=1913 Win=65535 Len=1448
45 5.014040 Server Client TCP [Continuation to #39] 445→2212 [ACK] Seq=10557 Ack=1913 Win=65535 Len=1448
46 5.014044 Server Client TCP [Continuation to #39] 445→2212 [ACK] Seq=12005 Ack=1913 Win=65535 Len=1448
47 5.014047 Server Client TCP [Continuation to #39] 445→2212 [ACK] Seq=13453 Ack=1913 Win=65535 Len=1448
48 5.014050 Server Client TCP [Continuation to #39] 445→2212 [PSH, ACK] Seq=14901 Ack=1913 Win=65535

图 11

仔细对比图 10 和图 11，你会发现 Read Response 在图 10 中被算在了 48 号包头上，而在图 11 中被算到了 39 号包头上。这样会带来一个诡异的结果：图 10 的读响应时间为 2.528 毫秒（38 号包和 48 号包的时间差），而图 11 的读响应时间为 2.476 毫秒（38 号包和 39 号包的时间差）。究竟哪个算正确呢？这个问题很难回答，如果在乎的是实际的总性能，那就看前者；如果想忽略 TCP/IP 协议的损耗，单看服务器的响应速度，那就看后者。在某些特殊情况下，这两者相差非常大，所以必须搞清楚。

12.［Time-to-live exceeded (Fragment reassembly time exceeded)］

ICMP 的报错有好多种，大都不难理解，所以我们只举其中的一种为例。[Fragment reassembly time exceeded]表示这个包的发送方之前收到了一些分片，但是由于某些原因迟迟无法组装起来。比如在图 12 中，由于上海发往北京的一些包被分片传输，且有一部分在路上丢失了，所以北京方无法组装起来，便只好用这个 ICMP 报错告知上海方。

Filter: icmp   Expression... Clear Apply Save

No.	Time	Source	Destination	Protocol	Info
404394	117.738399	Beijing	Shanghai	ICMP	Time-to-live exceeded (Fragment reassembly time exceeded)
404395	117.738399	Beijing	Shanghai	ICMP	Time-to-live exceeded (Fragment reassembly time exceeded)
404396	117.738399	Beijing	Shanghai	ICMP	Time-to-live exceeded (Fragment reassembly time exceeded)
404397	117.738399	Beijing	Shanghai	ICMP	Time-to-live exceeded (Fragment reassembly time exceeded)
404578	117.994370	Beijing	Shanghai	ICMP	Time-to-live exceeded (Fragment reassembly time exceeded)
404802	118.762281	Beijing	Shanghai	ICMP	Time-to-live exceeded (Fragment reassembly time exceeded)
543888	200.416848	Beijing	Shanghai	ICMP	Time-to-live exceeded (Fragment reassembly time exceeded)
543889	200.416848	Beijing	Shanghai	ICMP	Time-to-live exceeded (Fragment reassembly time exceeded)
543890	200.416848	Beijing	Shanghai	ICMP	Time-to-live exceeded (Fragment reassembly time exceeded)
543891	200.416848	Beijing	Shanghai	ICMP	Time-to-live exceeded (Fragment reassembly time exceeded)
543892	200.416848	Beijing	Shanghai	ICMP	Time-to-live exceeded (Fragment reassembly time exceeded)
543893	200.416848	Beijing	Shanghai	ICMP	Time-to-live exceeded (Fragment reassembly time exceeded)
543948	201.440730	Beijing	Shanghai	ICMP	Time-to-live exceeded (Fragment reassembly time exceeded)
549061	204.896331	Beijing	Shanghai	ICMP	Time-to-live exceeded (Fragment reassembly time exceeded)
549062	204.896331	Beijing	Shanghai	ICMP	Time-to-live exceeded (Fragment reassembly time exceeded)
549063	204.896331	Beijing	Shanghai	ICMP	Time-to-live exceeded (Fragment reassembly time exceeded)

图 12

工作中的 Wireshark

61

Wireshark 是我工作中最有价值的工具之一。这部分的选材正来自我的工作经历，覆盖面偏窄（因为我已经 8 年多没有换工作了），但是比较深入，因此建议阅读时放慢速度。前 4 篇的内容有很强的相关性，之所以分开来写而不是合成一篇，是为了给读者循序渐进的体验。其他每一篇都比较独立，所以遇到自己不喜欢的内容可以直接跳过，这不会影响后面的阅读。

书上错了吗？

看上去很美好，用了却有上当的感觉——这种心理落差不仅存在于淘宝买家秀。对 Wireshark 初学者来说，第一次看到网络包的时候也会有失落感，甚至怀疑以前看的书是错的。

在某些网络书中，一个简单的 TCP 传输过程如图 1 所示[①]。

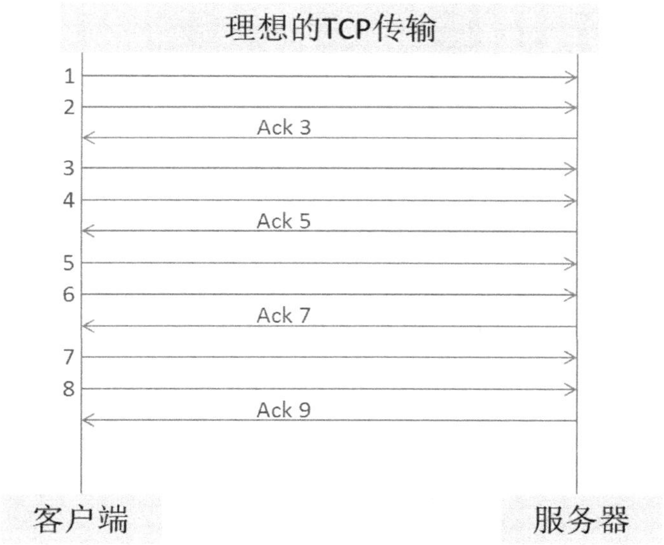
理想的TCP传输
1
2
Ack 3
3
4
Ack 5
5
6
Ack 7
7
8
Ack 9
客户端
服务器

图 1

① 在本文的例子中，假定数据传输方向是从客户端到服务器，而且服务器每收到两个数据包就 Ack 一次。实际环境中不一定是这样的方向，也不一定是这样的 Ack 频率。图中用简单的数字来表示一个包当然不够精确，理论上应该用 Seq、Len 和 Ack 来表示才最科学，不过这样的好处是更加直观。

由图 1 可见，客户端每传两个数据包，服务器就立即 Ack 一下表示已经收到。比如 Ack 3 表示收到了 1 号和 2 号两个包，正在期待 3 号包；Ack 5 表示又收到了 3 号和 4 号两个包，正在期待 5 号包。像图 1 这样美好的景象在数据接收方（即本文中的服务器）抓到的包中的确能看到，比如图 2 就很符合。**23 号包的“Seq=8413，Len=1448”，两者之和恰好等于 24 号包的“Ack=9861”，所以 24 号包就是对 23 号包（以及 22 号包）的确认**。有兴趣的话可以把图 2 所有包都对照一下，看看是不是非常吻合图 1 的模型。

No.	Time	Source	Destination	Protocol	Info
22	15.403709	Client	Server	TCP	[Continuation to #16] 2049→703 [ACK] Seq=6965 Ack=873 Win=49152 Len=1448 TSva
23	15.403938	Client	Server	TCP	[Continuation to #16] 2049→703 [ACK] Seq=8413 Ack=873 Win=49152 Len=1448 TSva
24	15.403948	Server	Client	TCP	703→2049 [ACK] Seq=873 Ack=9861 Win=843 Len=0 TSval=2234706033 TSecr=63379094
25	15.403958	Client	Server	TCP	[Continuation to #16] 2049→703 [ACK] Seq=9861 Ack=873 Win=49152 Len=1448 TSva
26	15.404189	Client	Server	TCP	[Continuation to #16] 2049→703 [ACK] Seq=11309 Ack=873 Win=49152 Len=1448 TSv
27	15.404199	Server	Client	TCP	703→2049 [ACK] Seq=873 Ack=12757 Win=1024 Len=0 TSval=2234706033 TSecr=633790
28	15.404208	Client	Server	TCP	[Continuation to #16] 2049→703 [ACK] Seq=12757 Ack=873 Win=49152 Len=1448 TSv
29	15.404438	Client	Server	TCP	[Continuation to #16] 2049→703 [ACK] Seq=14205 Ack=873 Win=49152 Len=1448 TSv
30	15.404444	Server	Client	TCP	703→2049 [ACK] Seq=873 Ack=15653 Win=1205 Len=0 TSval=2234706033 TSecr=633790
31	15.404449	Client	Server	TCP	[Continuation to #16] 2049→703 [ACK] Seq=15653 Ack=873 Win=49152 Len=1448 TSv
32	15.404689	Client	Server	TCP	[Continuation to #16] 2049→703 [ACK] Seq=17101 Ack=873 Win=49152 Len=1448 TSv
33	15.404697	Server	Client	TCP	703→2049 [ACK] Seq=873 Ack=18549 Win=1386 Len=0 TSval=2234706033 TSecr=633790
34	15.404708	Client	Server	TCP	[Continuation to #16] 2049→703 [ACK] Seq=18549 Ack=873 Win=49152 Len=1448 TSv
35	15.404939	Client	Server	TCP	[Continuation to #16] 2049→703 [ACK] Seq=19997 Ack=873 Win=49152 Len=1448 TSv
36	15.404948	Server	Client	TCP	703→2049 [ACK] Seq=873 Ack=21445 Win=1567 Len=0 TSval=2234706034 TSecr=633790

图 2

然而这只是**从数据接收方的角度所看到的**。要知道网络上存在延迟，所以在数据发送方（即本文中的客户端）抓到的网络包就没这么理想了。想象一下，同样是图 1 中的那些包，算上网络延迟的传输过程会是什么样子的？请看图 3，这些 Ack 包到达客户端时会滞后一些，所以客户端发完 6 号包才收到 Ack 3，发完 8 号包才收到 Ack 5。虽然看上去有点“答非所问”，但这是完全符合 TCP 协议的。因此建议初学者最好两边同时抓包，对照着看，以免产生误解。

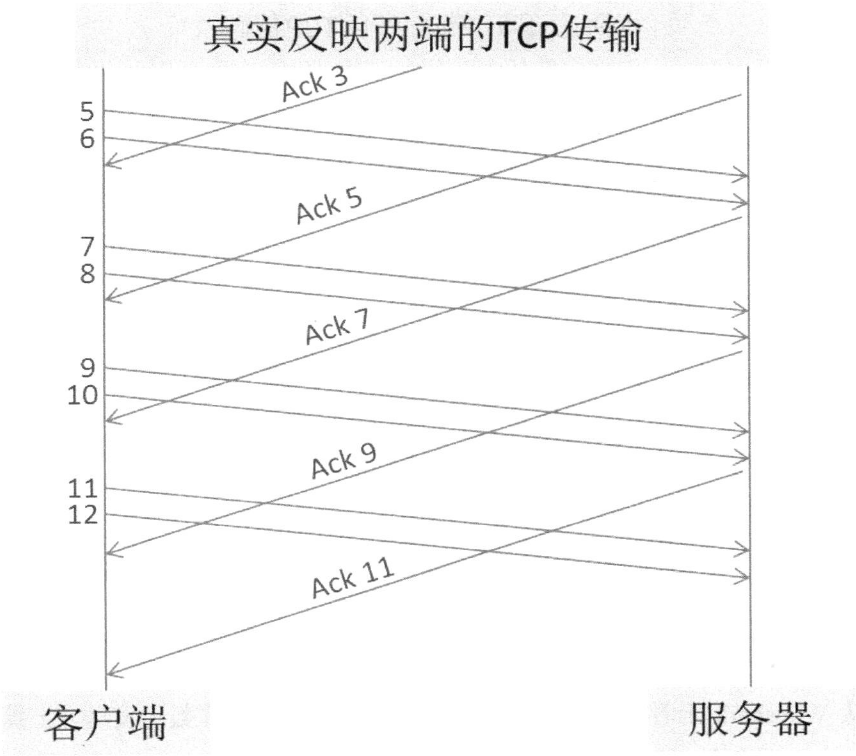
真实反映两端的TCP传输
Ack 3
5
6
Ack 5
7
8
Ack 7
9
10
Ack 9
11
12
Ack 11
客户端
服务器

图 3

按理说图 3 这种交叉斜线的表示方法是最精确的，我在书中为什么很少采用呢？**因为本书介绍的是 Wireshark，而用 Wireshark 打开一个包只能看到一边的情况，所以我宁愿只站在其中一边的角度来画图，这样会更接近在 Wireshark 中看到的样子。**当然选择哪一边也很有讲究，假如从一开始就站在数据发送方（即本文中的客户端）的角度看，读者一定会觉得有点乱，模型图请看图 4。

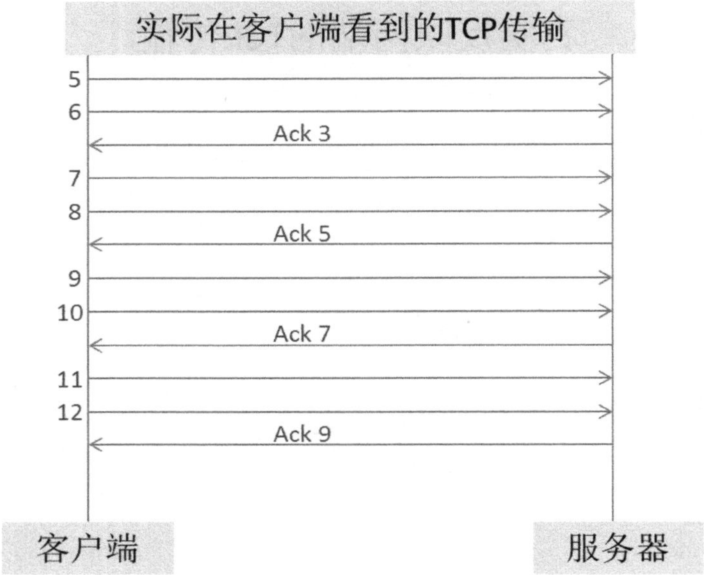
实际在客户端看到的TCP传输
5
6
Ack 3
7
8
Ack 5
9
10
Ack 7
11
12
Ack 9
客户端
服务器

图 4

从 Wireshark 上看真实的包就更乱了，图 5 就是一个在数据发送方上抓到的包。其中 7 号包是“Seq=263611，Len=249”，两者之和 263860 远远大于 8 号包的“Ack=3284”，可见 Ack 包严重滞后了。我在上一本书中尽量避免引入这样的截图，就是担心读者被这迟来的 Ack 混淆了。**然而丑媳妇是早晚要见公婆的，当我们的研究深入到一定程度，两边抓到的网络包都必须学会面对。有的时候甚至只能分析看上去混乱的那一边，**接下来的两篇文章就是这样。

No.	Time	Source	Destination	Protocol	Info
6	0.000000	Client	Server	TCP	65096→8888 [ACK] Seq=262223 Ack=1 Win=65535 Len=1388 TSval=21
7	0.000000	Client	Server	TCP	65096→8888 [ACK] Seq=263611 Ack=1 Win=65535 Len=249 TSval=212
8	0.339843	Server	Client	TCP	8888→65096 [ACK] Seq=1 Ack=3284 Win=4096 Len=0 TSval=2955010
9	0.339843	Client	Server	TCP	65096→8888 [ACK] Seq=263860 Ack=1 Win=65535 Len=1388 TSval=21
10	0.339843	Client	Server	TCP	65096→8888 [ACK] Seq=265248 Ack=1 Win=65535 Len=180 TSval=212
11	0.457031	Server	Client	TCP	8888→65096 [ACK] Seq=1 Ack=5033 Win=4096 Len=0 TSval=2955010
12	0.457031	Client	Server	TCP	65096→8888 [ACK] Seq=265428 Ack=1 Win=65535 Len=1388 TSval=21
13	0.457031	Client	Server	TCP	65096→8888 [ACK] Seq=266816 Ack=1 Win=65535 Len=361 TSval=212
14	0.589843	Server	Client	TCP	8888→65096 [ACK] Seq=1 Ack=6876 Win=4096 Len=0 TSval=2955010
15	0.589843	Client	Server	TCP	65096→8888 [ACK] Seq=267177 Ack=1 Win=65535 Len=1388 TSval=21
16	0.589843	Client	Server	TCP	65096→8888 [ACK] Seq=268565 Ack=1 Win=65535 Len=455 TSval=212
17	0.589843	Server	Client	TCP	8888→65096 [ACK] Seq=1 Ack=8529 Win=4096 Len=0 TSval=2955010
18	0.589843	Client	Server	TCP	65096→8888 [ACK] Seq=269020 Ack=1 Win=65535 Len=1388 TSval=21
19	0.589843	Client	Server	TCP	65096→8888 [ACK] Seq=270408 Ack=1 Win=65535 Len=265 TSval=212
20	0.628906	Server	Client	TCP	8888→65096 [ACK] Seq=1 Ack=10372 Win=4096 Len=0 TSval=2955010

图 5

假如本文的内容让你觉得有点犯迷糊，可能需要停下来慢慢消化，甚至多读两遍。理解了这个，才能翻到下一篇，看看如何计算“在途字节数”。

计算“在途字节数”

我一直谨记斯蒂芬·霍金的金玉良言——每写一道数学公式就会失去一半读者。不过为了深度分析网络包，有时候是不得不计算的，好在小学一年级的加减法就够用了。

网络的**承载量**就是一个需要计算的值。怎样理解这个概念呢？如图 1 所示，一架波音 747 能够承载上万个小包裹，而一架无人机只能承载一个，这就反映了它们不同的承载量。换个角度，也可以说承载量就是处于运输工具中的货物量，即**已经从源仓库发货，但还没有到达目的地的包裹数量**。

图 1

和运输机类似，网络承载量也可以用**已经发送出去，但尚未被确认的字节数**来表示。在英文技术文档中，形象地用“bytes in flight”来描述它，我觉得用“**在途字节数**”来翻译最好。

飞机如果超载了，是会发生严重事故的。而在途字节数如果超过网络的承载能力，也会丢包重传，这就是我们需要计算它的原因。怎么计算呢？假如网络上只有一个 TCP 连接在通信，那么还可以通过带宽和延迟来计算最多能承载多少在途字节数。而实际环境往往如图 2 所示，同一条网络路径是由多台主机之间共享的，根本不知道多少比例的带宽是分配给某个 TCP 连接。这时候就需要用到网络神器 Wireshark 来分析了。

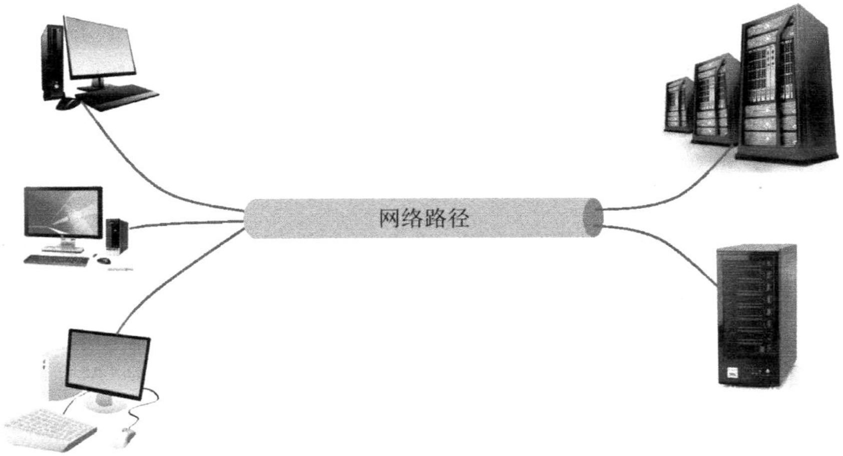
网络路径

图 2

分析之前要先抓包。应该在哪一端抓呢？我们先两边都尝试一下。上文《书上错了吗？》已经交代过，**网络延迟会导致同样的网络包在两端体现出不同的顺序，**并用下面的图 3 演示。

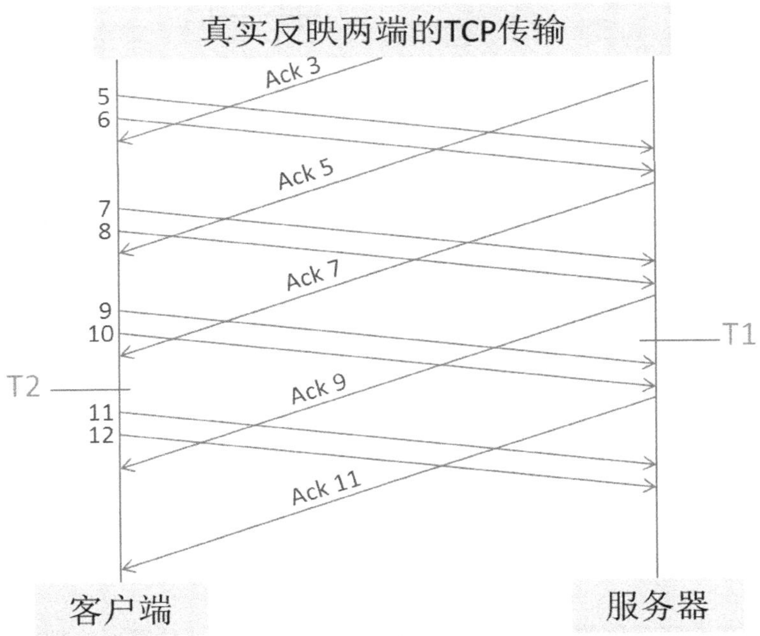
真实反映两端的TCP传输
Ack 3
5
6
Ack 5
7
8
Ack 7
9
10
T1
T2
Ack 9
11
12
Ack 11
客户端
服务器

图 3

我在图 3 的服务器上**随机**挑选一个时间点并标志为 T1。由于服务器在该点之前收到 8 号包并立即回复了“Ack 9”(表示 9 号之前的包都收到了)，所以在途字节数为 0。也就是说，在数据接收方抓的包里是看不到在途字节数的，没有分析意义。

接着我在图 3 的客户端**随机**挑选一个时间点并标志为 T2，**由于在该时间点之前 10 号包已经发出去，但收到的“Ack 7”只表示 7 号之前的包都收到了，也即意味着 7、8、9、10 号包都还没有确认，所以在途字节数就是这 4 个包所携带的数据量**。这说明在数据发送方抓到的包才能用来分析在途字节数。

从模型图中理解了原理，接下来就可以用 Wireshark 来分析真实的包了。图 4 是在客户端（数据发送方）抓到的，如果我们想知道第 0.400000 秒时的在途字节数，应该如何计算呢？

No.	Time	Source	Destination	Protocol	Info
6	0.000000	Client	Server	TCP	65096→8888 [ACK] Seq=262223 Ack=1 Win=65535 Len=1388 TSval=21
7	0.000000	Client	Server	TCP	65096→8888 [ACK] Seq=263611 Ack=1 Win=65535 Len=249 TSval=21
8	0.339843	Server	Client	TCP	8888→65096 [ACK] Seq=1 Ack=3284 Win=4096 Len=0 TSval=2955010
9	0.339843	Client	Server	TCP	65096→8888 [ACK] Seq=263860 Ack=1 Win=65535 Len=1388 TSval=21
10	0.339843	Client	Server	TCP	65096→8888 [ACK] Seq=265248 Ack=1 Win=65535 Len=180 TSval=21
11	0.457031	Server	Client	TCP	8888→65096 [ACK] Seq=1 Ack=5033 Win=4096 Len=0 TSval=2955010
12	0.457031	Client	Server	TCP	65096→8888 [ACK] Seq=265428 Ack=1 Win=65535 Len=1388 TSval=21
13	0.457031	Client	Server	TCP	65096→8888 [ACK] Seq=266816 Ack=1 Win=65535 Len=361 TSval=21
14	0.589843	Server	Client	TCP	8888→65096 [ACK] Seq=1 Ack=6876 Win=4096 Len=0 TSval=2955010

图 4

在该时间点之前客户端发送的是 10 号包，即“Seq=265248，Len=180”字节，表示序号在 265248+180=265428 之前的字节已经发送出去了。而第 0.400000 秒之前服务器的 Ack 为 3284，表示序号在 3284 之前的字节已经收到了。那么在途字节数就是 265428−3284=262144 字节。如果要归纳出一条公式，可以表示成：

在途字节数 $= \mathrm{Seq} + \mathrm{Len} - \mathrm{Ack}$

其中 Seq 和 Len 是来自上一个**数据发送方**的包，而 Ack 则来自上一个**数据接收方**的包。我们再拿第 0.500000 秒来练习一下，套用公式可以算出在途字节数应该是 266816+361−5033=262144，与第 0.400000 秒的一样多。

理解了在途字节数的计算方式，就可以翻到下一篇《估算网络拥塞点》了。要是还不太理解，建议多读两遍。

估算网络拥塞点

前两篇写了那么多，其实都是为了给本文的话题作铺垫。这个话题就是**网络拥塞点**——当发送方一口气向网络中注入大量数据时，就可能超过该网络的承受能力而导致拥塞，这个足以触发拥塞的数据量就称为拥塞点[①]。从定义上看，拥塞点和上文所介绍的“在途字节数”是不是有关系呢？

确实有关系。假如把网络路径想象成一条河流，发送方是水源，接收方是入海口，那在途字节数就是河里的水量。当水源的流速超过了入海口的流速，河里的水量就会越来越多，直至溢出。所以大致可以认为，**发生拥塞时的在途字节数即是该时刻的网络拥塞点。明白了这一点，估算拥塞点就可以简化成找出拥塞时刻的在途字节数了。**

那又如何在 Wireshark 中找到拥塞时刻呢？众所周知，拥塞的特征是连串丢包，丢包之后就会重传，而 Wireshark 是能够标识出重传包的。因此我们可以根据这个规律来寻找：**先从 Wireshark 中找到一连串重传包中的第一个，再根据该重传包的 Seq 值找到其原始包，最后计算该原始包发送时刻的在途字节数。**由于网络拥塞就是在该原始包发出去的时刻发生的，所以这个在途字节数就大致代表了拥塞点的大小。

具体操作步骤如下。

1．在 Wireshark 上单击 Analyze 菜单，再单击 Expert Info 选项，得到图 1 的

---

① 本文的“拥塞点”翻译自英文文档中的“congestion point”，表示的是一个阈值。在中文文档中也常用“拥塞点”来表示“发生拥塞的节点”，即“congestion node”。在此要把定义交代清楚，以免发生误解。

重传统计表。

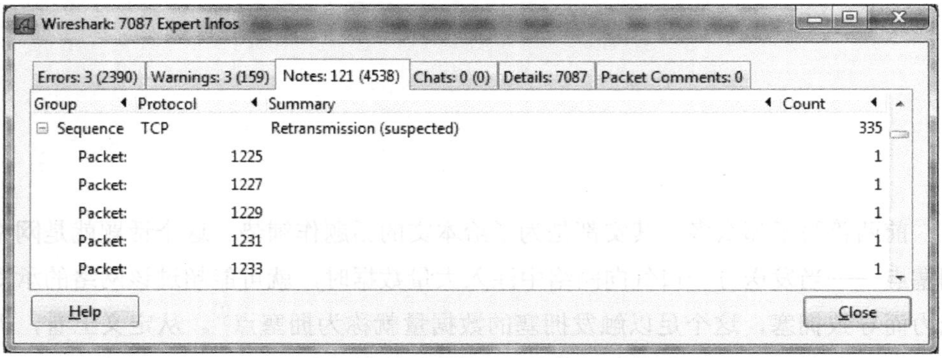
Wireshark: 7087 Expert Infos
Errors: 3 (2390) | Warnings: 3 (159) | Notes: 121 (4538) | Chats: 0 (0) | Details: 7087 | Packet Comments: 0
Group | Protocol | Summary | Count
Sequence TCP Retransmission (suspected) 335
Packet: 1225 1
Packet: 1227 1
Packet: 1229 1
Packet: 1231 1
Packet: 1233 1
Help
Close

图 1

2．点击第一个重传包 No.1225，可见它的 Seq=1012852。于是用“tcp.seq == 1012852”作为过滤条件，见图 2。

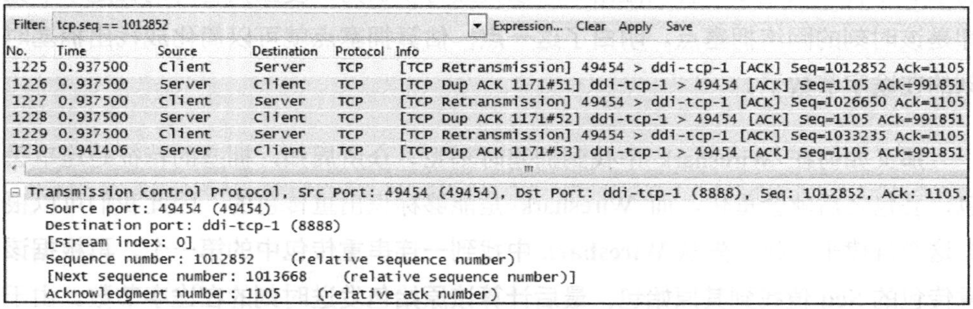
Filter: tcp.seq == 1012852
Expression... Clear Apply Save
No. Time Source Destination Protocol Info
1225 0.937500 client server TCP [TCP Retransmission] 49454 > ddi-tcp-1 [ACK] Seq=1012852 Ack=1105
1226 0.937500 server client TCP [TCP Dup ACK 1171#51] ddi-tcp-1 > 49454 [ACK] Seq=1105 Ack=991851
1227 0.937500 client server TCP [TCP Retransmission] 49454 > ddi-tcp-1 [ACK] Seq=1026650 Ack=1105
1228 0.937500 server client TCP [TCP Dup ACK 1171#52] ddi-tcp-1 > 49454 [ACK] Seq=1105 Ack=991851
1229 0.937500 client server TCP [TCP Retransmission] 49454 > ddi-tcp-1 [ACK] Seq=1033235 Ack=1105
1230 0.941406 server client TCP [TCP Dup ACK 1171#53] ddi-tcp-1 > 49454 [ACK] Seq=1105 Ack=991851
Transmission Control Protocol, Src Port: 49454 (49454), Dst Port: ddi-tcp-1 (8888), Seq: 1012852, Ack: 1105,
Source port: 49454 (49454)
Destination port: ddi-tcp-1 (8888)
[Stream index: 0]
Sequence number: 1012852 (relative sequence number)
[Next sequence number: 1013668 (relative sequence number)]
Acknowledgment number: 1105 (relative ack number)

图 2

3．点击 Apply 过滤之后得到了原始包 No. 1053，见图 3。

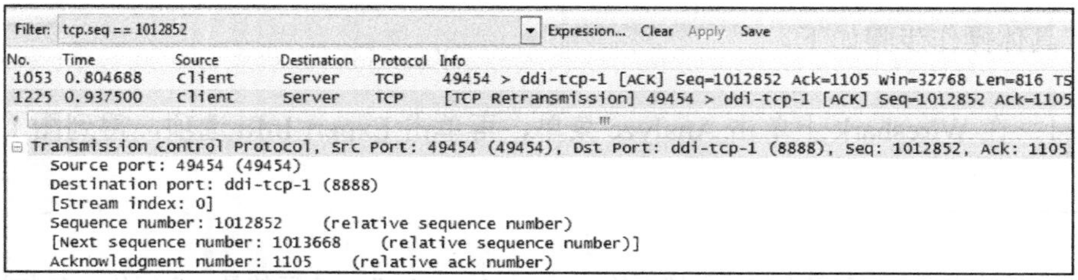
Filter: tcp.seq == 1012852
Expression... Clear Apply Save
No. Time Source Destination Protocol Info
1053 0.804688 client server TCP 49454 > ddi-tcp-1 [ACK] Seq=1012852 Ack=1105 Win=32768 Len=816 TS
1225 0.937500 client server TCP [TCP Retransmission] 49454 > ddi-tcp-1 [ACK] Seq=1012852 Ack=1105
Transmission Control Protocol, Src Port: 49454 (49454), Dst Port: ddi-tcp-1 (8888), Seq: 1012852, Ack: 1105
Source port: 49454 (49454)
Destination port: ddi-tcp-1 (8888)
[Stream index: 0]
Sequence number: 1012852 (relative sequence number)
[Next sequence number: 1013668 (relative sequence number)]
Acknowledgment number: 1105 (relative ack number)

图 3

4．选定 1053 号包，然后点击 Clear 清除过滤。可见上一个来自服务器端的包是 1051 号包，见图 4。

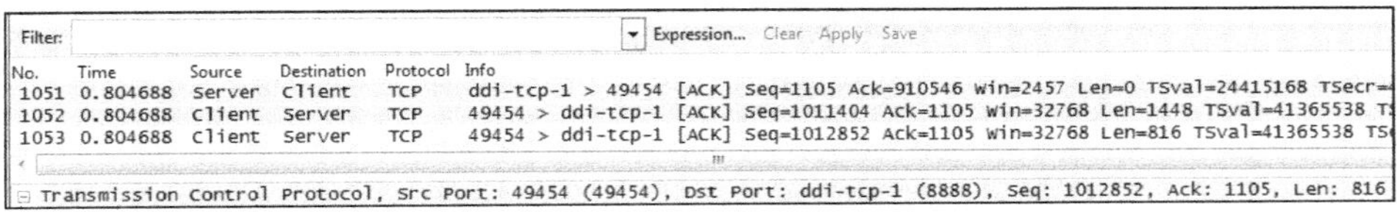
Filter:
Expression... Clear Apply Save
No. Time Source Destination Protocol Info
1051 0.804688 Server Client TCP ddi-tcp-1 > 49454 [ACK] Seq=1105 Ack=910546 Win=2457 Len=0 TSval=24415168 TSecr=
1052 0.804688 Client Server TCP 49454 > ddi-tcp-1 [ACK] Seq=1011404 Ack=1105 Win=32768 Len=1448 TSval=41365538 TS
1053 0.804688 Client Server TCP 49454 > ddi-tcp-1 [ACK] Seq=1012852 Ack=1105 Win=32768 Len=816 TSval=41365538 TS
Transmission Control Protocol, Src Port: 49454 (49454), Dst Port: ddi-tcp-1 (8888), Seq: 1012852, Ack: 1105, Len: 816

图 4

5. 利用上文《计算“在途字节数”》的公式，可知当时的在途字节数为 1012852（No.1053 的 Seq）+816（No.1053 的 Len）− 910546（No.1051 的 Ack）=103122 字节。

就这样，该时刻的拥塞点被估算出来了。这个方法不一定很精确，但是绝对有参考意义。我们最好多次采样，然后选定一个合适的值作为该连接的拥塞点。什么样的值才算合适？我个人认为不应该取平均值，而应该取一个偏小的。比如说 10 次采样中有 5 次是 32 KB，5 次是 40 KB，那宁愿把拥塞点定为 32 KB，而不是平均值 36 KB。

为什么要如此保守呢？这得从估算拥塞点的目的开始说起。我们辛辛苦苦地估算它，是为了能把发送窗口限制在这个拥塞点以下，从而避免拥塞，提高传输性能。限制在 32 KB 以下时可以完全消除拥塞，而假如取了个平均值 36 KB，那就只能减少二分之一的拥塞。我在上一本书中已经详细分析过，每一次拥塞带来的性能影响都很大，即使千分之一的概率都足以导致性能大滑坡，保守一点还是值得的。至于估算结束后，如何在系统中把窗口限制在拥塞点以下，不同的操作系统有不同的方法，Windows 环境可以参考 KB 224829 的步骤。

顺便说说 LSO

当你开始动手估算网络的拥塞点，很可能会遇到一个诡异的现象，比如下面这个例子。

我找到了一个重传包的序号为 491，其 Seq 号为 349974，便以此作为过滤条件，如图 1 所示。

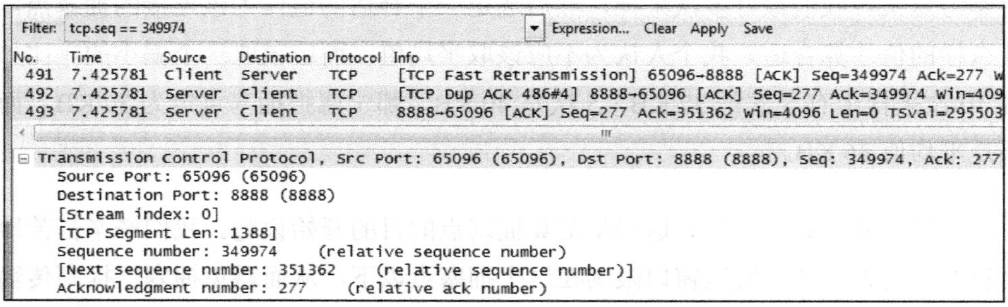
Filter: tcp.seq == 349974
Expression... Clear Apply Save
No. Time Source Destination Protocol Info
491 7.425781 client server TCP [TCP Fast Retransmission] 65096→8888 [ACK] Seq=349974 Ack=277 W
492 7.425781 server client TCP [TCP Dup ACK 486#4] 8888→65096 [ACK] Seq=277 Ack=349974 Win=409
493 7.425781 server client TCP 8888→65096 [ACK] Seq=277 Ack=351362 Win=4096 Len=0 TSval=295503
Transmission Control Protocol, Src Port: 65096 (65096), Dst Port: 8888 (8888), Seq: 349974, Ack: 277
Source Port: 65096 (65096)
Destination Port: 8888 (8888)
[Stream index: 0]
[TCP Segment Len: 1388]
Sequence number: 349974 (relative sequence number)
[Next sequence number: 351362 (relative sequence number)]
Acknowledgment number: 277 (relative ack number)

图 1

点击 Apply 过滤，可是结果却只见重传包，不见原始包，如图 2 所示。是什么原因导致了这个现象呢？

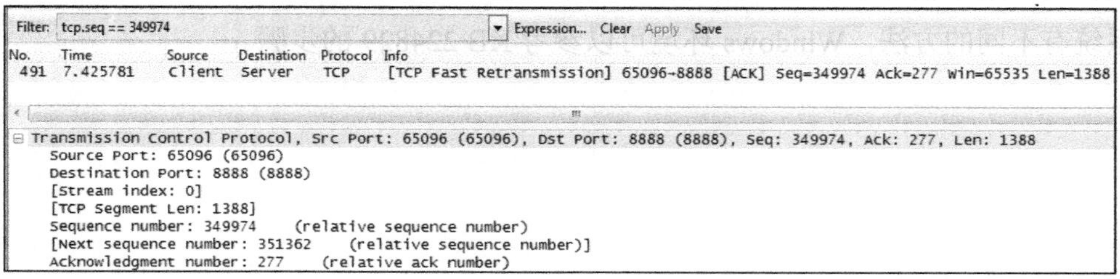
Filter: tcp.seq == 349974
Expression... Clear Apply Save
No. Time Source Destination Protocol Info
491 7.425781 client server TCP [TCP Fast Retransmission] 65096→8888 [ACK] Seq=349974 Ack=277 Win=65535 Len=1388
Transmission Control Protocol, Src Port: 65096 (65096), Dst Port: 8888 (8888), Seq: 349974, Ack: 277, Len: 1388
Source Port: 65096 (65096)
Destination Port: 8888 (8888)
[Stream index: 0]
[TCP Segment Len: 1388]
Sequence number: 349974 (relative sequence number)
[Next sequence number: 351362 (relative sequence number)]
Acknowledgment number: 277 (relative ack number)

图 2

一般有下面 3 个可能：

- 这个包是在接收方抓的，看不到已经在路上丢失的原始包是正常的；

- 开始抓包的时候，原始包已经传完了，看不到它也是合理的；
- Wireshark 出了 bug，把一个正常包标记成［TCP Fast Retransmission］了。

不过我遇到的情况并不符合这 3 个可能。原始包实际上已经抓到了，只是用它的 Seq 号过滤不出来而已。

我是怎么知道原始包已经抓到的呢？请看图 3，我把过滤条件改成“tcp.seq < 349974”，发现客户端最后发送的一个包是“Seq=348586，Len=2776”，正好包含了我们想要寻找的原始包“Seq==349974，Len=1388”的所有字节。

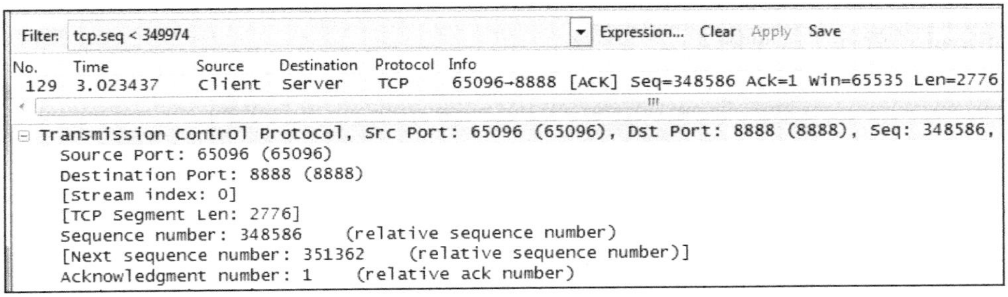
Filter: tcp.seq < 349974
Expression... Clear Apply Save
No. Time Source Destination Protocol Info
129 3.023437 client server TCP 65096→8888 [ACK] Seq=348586 Ack=1 Win=65535 Len=2776
Transmission Control Protocol, Src Port: 65096 (65096), Dst Port: 8888 (8888), Seq: 348586,
Source Port: 65096 (65096)
Destination Port: 8888 (8888)
[Stream index: 0]
[TCP Segment Len: 2776]
Sequence number: 348586 (relative sequence number)
[Next sequence number: 351362 (relative sequence number)]
Acknowledgment number: 1 (relative ack number)

图 3

我一开始觉得很奇怪，这个 TCP 连接的 MSS（最大数据段长度）是 1388，怎么会有 Len=2776（即 1388 的两倍）的包出现呢？后来读到了 Wikipedia 上的一个条目，才知道这就是传说中的 LSO（Large Segment Offload）。目前我还没有听到过“信达雅”的翻译，所以还是以 LSO 来称呼它吧。

LSO 是什么呢？它是为了拯救 CPU 而出现的一个创意。随着网络进入千兆和万兆时代，CPU 的工作负担明显加重了。625MB/s 的网络流量大约需要耗费 5 GHz 的 CPU，这已经需要一个双核 2.5 GHz CPU 的全部处理能力了。为了缓解 CPU 的压力，最好把它的一些工作**外包**（offload）给网卡，比如 TCP 的分段工作。

传统的网络工作方式是这样的：应用层把产生的数据交给 TCP 层，TCP 层再根据 MSS 大小进行分段（由 CPU 负责），然后再交给网卡。而**启用 LSO 之后，TCP 层就可以把大于 MSS 的数据块直接传给网卡，让网卡来负责分段工作了。比如本例子中的“Seq=348586，Len=2776”，最后会被网卡分成“Seq=348586，**

Len=1388”和“Seq=349974，Len=1388”两个包。由于在发送方抓包时相当于站在 CPU 的视角，所以看到的是一个分段前的大包。假如是在接收方抓包，就是网卡分段后的两个小包了①。本文用到的这个例子还是比较小的数据块，我还经常抓到比这个大十倍以上的。前几天 @阿里技术保障 还在微博上发了一篇文章，也介绍了这个技术。

在过去几年中，我经常在估算拥塞点时遭遇 LSO，这就需要先想象出它分段后的样子，然后再用老办法计算。我也有过多次利用 LSO 做性能调优的经历，比如 VMware 上的虚拟网卡有时候是性能瓶颈，关闭 LSO 反而性能会更好。LSO 的配置方式很简单，Windows 上只需要在网卡的高级属性中找到 Large Send Offload 项就行了（见图 4）。

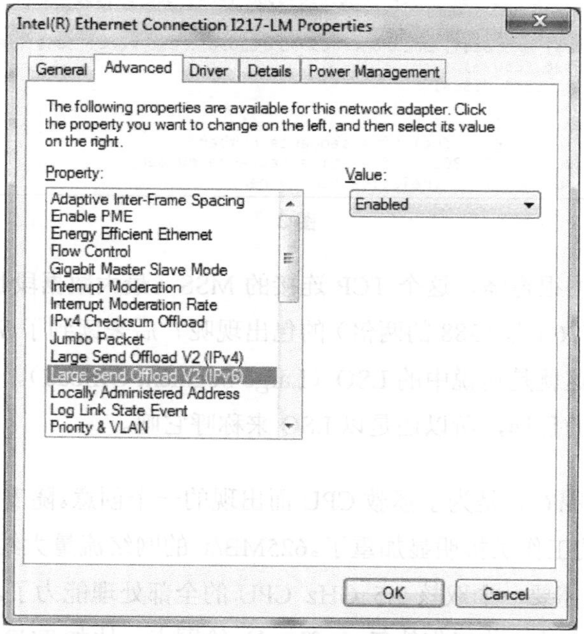
Intel(R) Ethernet Connection I217-LM Properties
General
Advanced
Driver
Details
Power Management
The following properties are available for this network adapter. Click the property you want to change on the left, and then select its value on the right.
Property:
Value:
Enabled
Adaptive Inter-Frame Spacing
Enable PME
Energy Efficient Ethernet
Flow Control
Gigabit Master Slave Mode
Interrupt Moderation
Interrupt Moderation Rate
IPv4 Checksum Offload
Jumbo Packet
Large Send Offload V2 (IPv4)
Large Send Offload V2 (IPv6)
Locally Administered Address
Log Link State Event
Priority & VLAN
OK
Cancel

图 4

① 在启用巨帧（Jumbo Frame）的网络中也能看到很大的 TCP 包，但那种包是不需要再分段的，所以发送方和接收方看到的都一样。

熟读 RFC

我在离开交大之前，特意从校内 FTP 下载了很多资料，包括 RFC 文档。其实当时并没有阅读它们的打算，只是想存在电脑里，以备不时之需。不过工作了几年后，我开始意识到 RFC 不只是用来检索的。对于最棘手的那部分网络问题，有时必须熟读 RFC 才能解决，我手头就有很多例子可以证明这一点。

老油条的工程师都知道，性能问题是最难的，因为没有任何报错可以入手，我们就来说一个性能相关的案例吧。有家公司跟我反映过这样一个问题，他们的客户端发数据到国外服务器时非常慢。慢到什么程度呢？连期望值的一半都达不到，就像你家里租了 100M 带宽，但实际用起来却不到 5M 的效果，肯定会不满意。现实中这类问题往往是这样收场的：

- 用户向运营商投诉带宽不足；
- 运营商用测速工具自证清白；
- 用户掏钱租用更多带宽。

其实用不着多花钱，用 Wireshark 仔细分析一下，基本都能找到提升性能的方法。我先在客户端抓了个包，然后尝试了惯用的三板斧。

1. 在 Wireshark 的 Analyze→Expert Info→Notes 菜单中看到图 1 的重传统计，上万个包中只有 7 个需要重传，比例不算高。

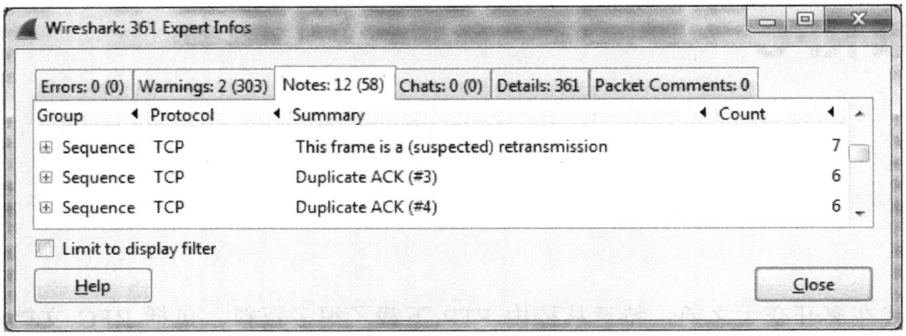
Wireshark: 361 Expert Infos
Errors: 0 (0)
Warnings: 2 (303)
Notes: 12 (58)
Chats: 0 (0)
Details: 361
Packet Comments: 0
Group
Protocol
Summary
Count
Sequence TCP This frame is a (suspected) retransmission 7
Sequence TCP Duplicate ACK (#3) 6
Sequence TCP Duplicate ACK (#4) 6
Limit to display filter
Help
Close

图 1

2. 点击一个来自服务器的 Ack 查看往返时间（RTT）。由图 2 底部可见，大概是 78 毫秒。我随机点击了很多个 Ack，都差不多是这个值。

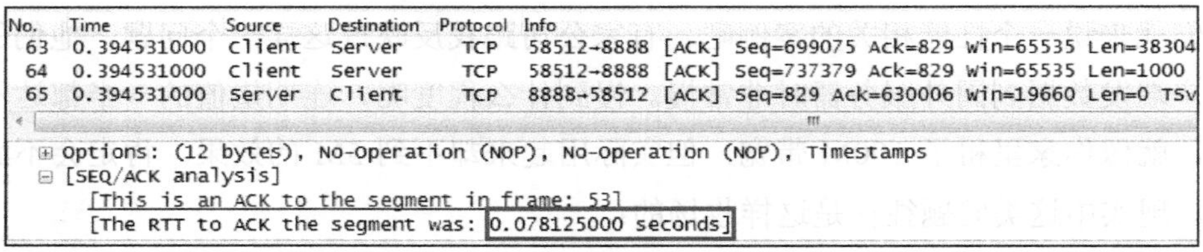
No. Time Source Destination Protocol Info
63 0.394531000 client server TCP 58512→8888 [ACK] Seq=699075 Ack=829 Win=65535 Len=38304
64 0.394531000 client server TCP 58512→8888 [ACK] Seq=737379 Ack=829 Win=65535 Len=1000
65 0.394531000 server client TCP 8888→58512 [ACK] Seq=829 Ack=630006 Win=19660 Len=0 TSv
Options: (12 bytes), No-Operation (NOP), No-Operation (NOP), Timestamps
[SEQ/ACK analysis]
[This is an ACK to the segment in frame: 53]
[The RTT to ACK the segment was: 0.078125000 seconds]

图 2

收集完这些信息就可以初步分析了：丢包不多，RTT 也很稳定，但数据却传不快。难道是客户端的 TCP 发送窗口太小了吗？说到这里就需要补充点基础知识了：决定客户端发送窗口的因素有两个，分别为网络上的拥塞窗口（Congestion Window，缩写为 cwnd）和服务器上的接收窗口。后者与本案例无关（已经大到可以忽略），而且在本书的《技术与工龄》一文中详细介绍了，这里就不再赘述。本文要讲的是更有技术含量的 cwnd，学过 TCP 协议的工程师都知道，cwnd 的增长方式是先“慢启动”，然后再进入“拥塞避免”。前者起点低但能快速增长；后者起点高，但是每个 RTT 只能增加一个 MSS（Maximum Segment Size，表示一个 TCP 包所能携带的数据量）。在坐标轴中是这样表示 cwnd 的增长过程的，见图 3。

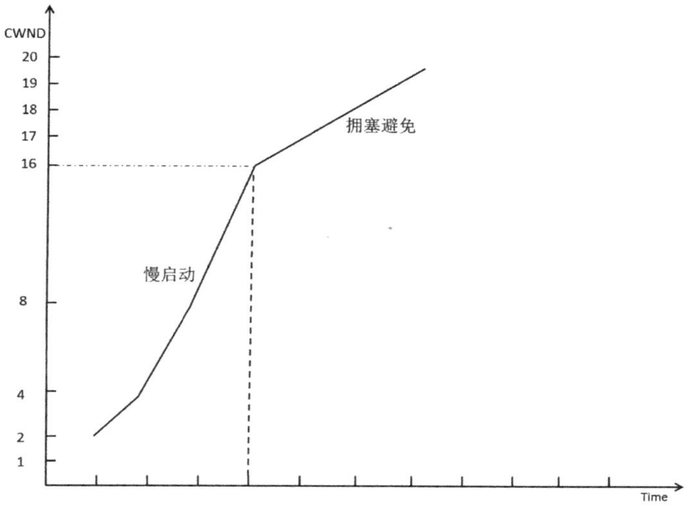
CWND
20
19
18
17
16
拥塞避免
慢启动
8
4
2
1
Time

图 3

了解完基础知识，我们再回头看看 Wireshark 里的 cwnd。选中一个发送窗口中最后的那个包，就可以看到它的“Bytes in flight”，它在本案例中就代表了 cwnd 的大小。我随机选中了 1970 号包，从图 4 可见其 cwnd 为 76020。根据图 3 的理论，如果当时处于“拥塞避免”阶段，那下一个 cwnd 应该就是 76020 加上一个 MSS（以太网中大概为 1460 字节），变成 77480。如果是在慢启动阶段，那就远远不止这么大。

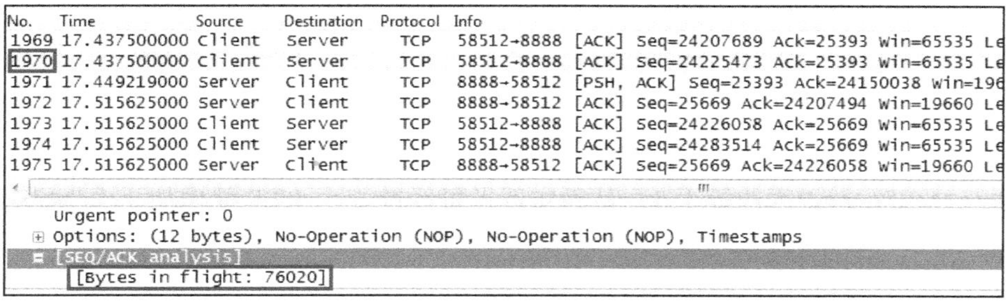

No.	Time	Source	Destination	Protocol	Info
1969	17.437500000	Client	Server	TCP	58512→8888 [ACK] Seq=24207689 Ack=25393 Win=65535 Le
1970	17.437500000	Client	Server	TCP	58512→8888 [ACK] Seq=24225473 Ack=25393 Win=65535 Le
1971	17.449219000	Server	Client	TCP	8888→58512 [PSH, ACK] Seq=25393 Ack=24150038 Win=196
1972	17.515625000	Server	Client	TCP	8888→58512 [ACK] Seq=25669 Ack=24207494 Win=19660 Le
1973	17.515625000	Client	Server	TCP	58512→8888 [ACK] Seq=24226058 Ack=25669 Win=65535 Le
1974	17.515625000	Client	Server	TCP	58512→8888 [ACK] Seq=24283514 Ack=25669 Win=65535 Le
1975	17.515625000	Server	Client	TCP	8888→58512 [ACK] Seq=25669 Ack=24226058 Win=19660 Le

Urgent pointer: 0
Options: (12 bytes), No-Operation (NOP), No-Operation (NOP), Timestamps
[SEQ/ACK analysis]
[Bytes in flight: 76020]

图 4

然而再看图 5，Wireshark 中却显示下一个 RTT（1974 号包）的 cwnd 为 76215。也就是说经历了一个 RTT 之后才增加了 195 个字节，远不如我们所期望的。我接着又往下看了几个 RTT，还是一样的情况。这意味着客户端的发送窗口增长非常慢，所以传输效率就很低。

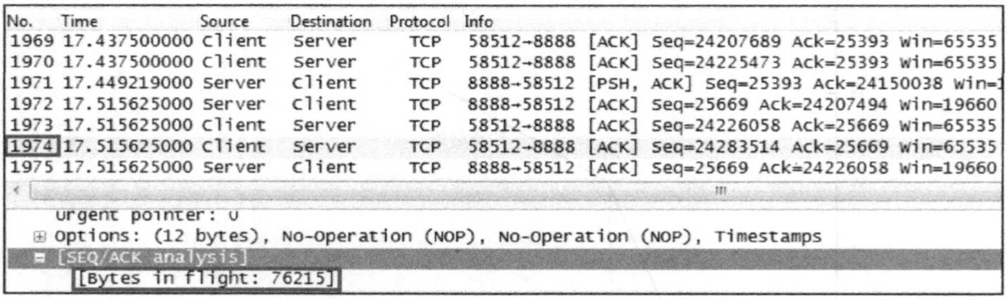
No. Time Source Destination Protocol Info
1969 17.437500000 Client Server TCP 58512→8888 [ACK] Seq=24207689 Ack=25393 Win=65535
1970 17.437500000 Client Server TCP 58512→8888 [ACK] Seq=24225473 Ack=25393 Win=65535
1971 17.449219000 Server Client TCP 8888→58512 [PSH, ACK] Seq=25393 Ack=24150038 Win=
1972 17.515625000 Server Client TCP 8888→58512 [ACK] Seq=25669 Ack=24207494 Win=19660
1973 17.515625000 Client Server TCP 58512→8888 [ACK] Seq=24226058 Ack=25669 Win=65535
1974 17.515625000 Client Server TCP 58512→8888 [ACK] Seq=24283514 Ack=25669 Win=65535
1975 17.515625000 Server Client TCP 8888→58512 [ACK] Seq=25669 Ack=24226058 Win=19660
Urgent pointer: 0
Options: (12 bytes), No-Operation (NOP), No-Operation (NOP), Timestamps
[SEQ/ACK analysis]
[Bytes in flight: 76215]

图 5

性能差的原因终于找到了，但是客户端为什么会有这种诡异的表现呢？更神奇的是，同样的客户端发数据给其他服务器就没有这个问题，因此我们还不能把问题根源定位到客户端上。当你百思不得其解的时候，最好是去代码里看看 cwnd 的计算方式是不是有问题。但如果没有客户端的代码，或者根本看不懂代码呢？熟读 RFC 的优势就体现出来了。在 RFC5681 中讲到了多种 cwnd 的计算方式，其中有一种是这样的：

Another common formula that a TCP MAY use to update cwnd during congestion avoidance is given in equation (3):

cwnd += MSS*MSS/cwnd (3)

单看公式不太容易理解，用人话解释一下就是这样的：假如客户端的当前 cwnd 大小为 n 个 MSS，它就会在一个窗口里发出去 n 个包，然后期望收到 n 个 Ack。每收到 1 个 Ack 它就把 cwnd 增加“MSS*MSS/cwnd”，于是收到 n 个 Ack 之后就总共增加了“MSS*(n*MSS/cwnd)”。由于 cwnd 等于 n 个 MSS，所以括号里的(n*MSS/cwnd)大约等于 1，从而实现了每经过 1 个 RTT 就增加 1 个 MSS 的目的。

假如客户端采用的就是这个算法，那的确是可能导致 cwnd 增长过慢的，因为它只有在收到 n 个 Ack 的情况下才能按预期增长，而世界上并非每台服务器都是收到 n 个数据包就回复 n 个 Ack 的。我实验室中的 Linux 服务器就是累计收到两个数据包才 Ack 一次，这就意味着客户端每经过 1 个 RTT 只能增长 1/2 个 MSS。可是即使这样也比我手头的案例好得多啊，195 个字节还不到 1/7 个 MSS 呢。这说明 Ack 的频率非常之低，在 Wireshark 里也很容易证实这一点。

于是这个问题就转换为如何提高服务器的 Ack 频率了。几番搜索之后，我们发现这台服务器的网卡上启用了 Large Receive Offload（LRO），会积累多个 TCP 包再集中处理，因此 Ack 数就比别的服务器少很多，这也解释了为什么其他服务器没有性能问题。后来系统管理员用 ethtool 命令关闭 LRO 就把问题解决掉了。

总结下来，本案例中的客户端采用了一种不太科学的 cwnd 算法，服务器上又启用了 LRO。两者分开工作的时候都没有问题，但是配合起来就会导致 cwnd 上升过慢，从而极大地影响了性能。这类问题如果没有 Wireshark，我们估计都无法定位；而如果不熟读 RFC，就算用上 Wireshark 也不知道如何解决。就像武侠小说里的内力和剑法一样，两者都很重要。

一个你本该能解决的问题

很多年来，IT 公司的笔试试卷中都有这样一道送分题——列举 TCP 和 UDP 的差别。我遇到过的应聘者或多或少都能答出重点，比如 TCP 是可靠的，UDP 是不可靠的，等等，有些甚至能把教材中的段落原封不动地写出来。

不过我最近开始怀疑这道笔试题的价值，因为很多人似乎是死记硬背的，完全不理解答案的真正含义。就算有部分人说得出个所以然，也不知道如何运用。本文要分享的案例，就是关于 TCP 和 UDP 的差别。

故事的背景是这样的：某公司的主数据中心设在上海，通过网络把数据同步到北京的镜像，每 10 分钟同步一次。项目实施时规划得很好，租用的带宽经过严密计算所以理论上完全满足需求，也用 FTP 传输验证过了。可是不知道为什么，实施后却无法在 10 分钟内完成数据同步。实施团队驻场数天都没有解决，只能怀疑租用的宽带质量有问题，于是就和网络提供商陷入了无休止的扯皮。

到最后实在走投无路了，项目组决定抓一个网络包来分析，便找到了我。我拿到包之后尝试了惯用的三板斧，可惜没有发现任何异常，于是只能检查其他方面的信息了。

1．点击 Wireshark 的 Statistics 菜单，再点击 Conversations，见图 1。

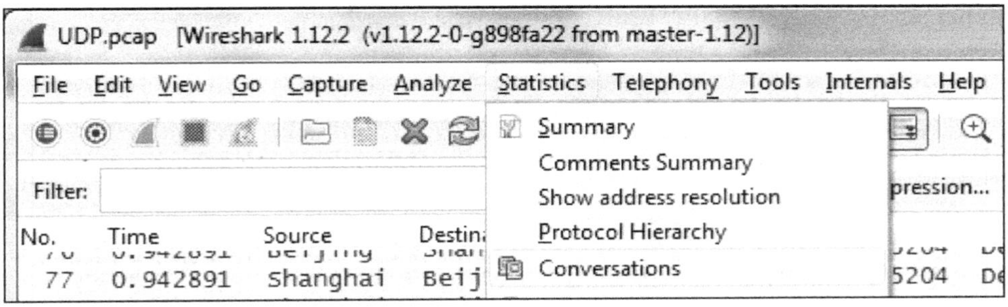
UDP.pcap [Wireshark 1.12.2 (v1.12.2-0-g898fa22 from master-1.12)]
File Edit View Go Capture Analyze Statistics Telephony Tools Internals Help
Summary
Comments Summary
Show address resolution
Protocol Hierarchy
Conversations
Filter:
pression...
No. Time Source Destin
77 0.942891 Shanghai Beij
5204

图 1

2．从 TCP 标签可见传输的数据量（Bytes）极少，见图 2。

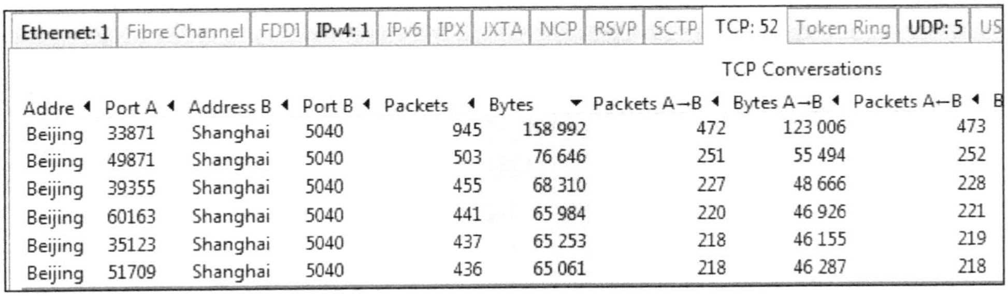
Ethernet: 1 | Fibre Channel | FDDI | IPv4: 1 | IPv6 | IPX | JXTA | NCP | RSVP | SCTP | TCP: 52 | Token Ring | UDP: 5 | US

TCP Conversations

Addre	Port A	Address B	Port B	Packets	Bytes	Packets A→B	Bytes A→B	Packets A←B
Beijing	33871	Shanghai	5040	945	158 992	472	123 006	473
Beijing	49871	Shanghai	5040	503	76 646	251	55 494	252
Beijing	39355	Shanghai	5040	455	68 310	227	48 666	228
Beijing	60163	Shanghai	5040	441	65 984	220	46 926	221
Beijing	35123	Shanghai	5040	437	65 253	218	46 155	219
Beijing	51709	Shanghai	5040	436	65 061	218	46 287	218

图 2

3．再看 UDP 标签，发现传输的数据量（Bytes）明显大得多，见图 3。

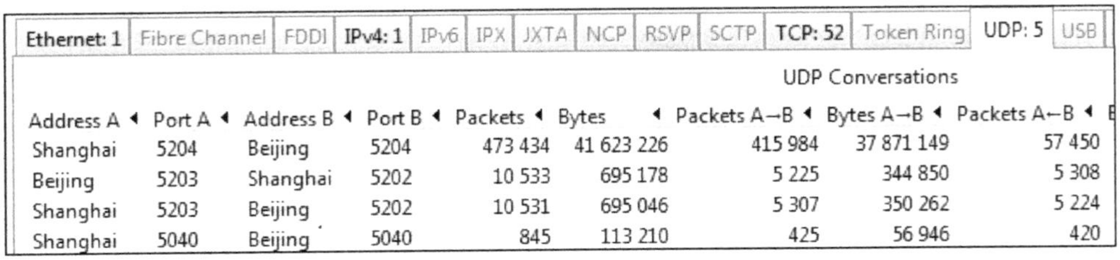
Ethernet: 1 | Fibre Channel | FDDI | IPv4: 1 | IPv6 | IPX | JXTA | NCP | RSVP | SCTP | TCP: 52 | Token Ring | UDP: 5 | USB

UDP Conversations

Address A	Port A	Address B	Port B	Packets	Bytes	Packets A→B	Bytes A→B	Packets A←B
Shanghai	5204	Beijing	5204	473 434	41 623 226	415 984	37 871 149	57 450
Beijing	5203	Shanghai	5202	10 533	695 178	5 225	344 850	5 308
Shanghai	5203	Beijing	5202	10 531	695 046	5 307	350 262	5 224
Shanghai	5040	Beijing	5040	845	113 210	425	56 946	420

图 3

以上的初步分析表明数据是通过 UDP 传输的，而根据 UDP 在广域网中一贯的不靠谱表现（并不是说 UDP 这个协议本身不靠谱，而是很多基于 UDP 的应用程序没有做好性能优化），我认为这一点需要着重研究。于是我又粗略看了一下 Wireshark 的主窗口，果然发现很多图 4 这样的报错。

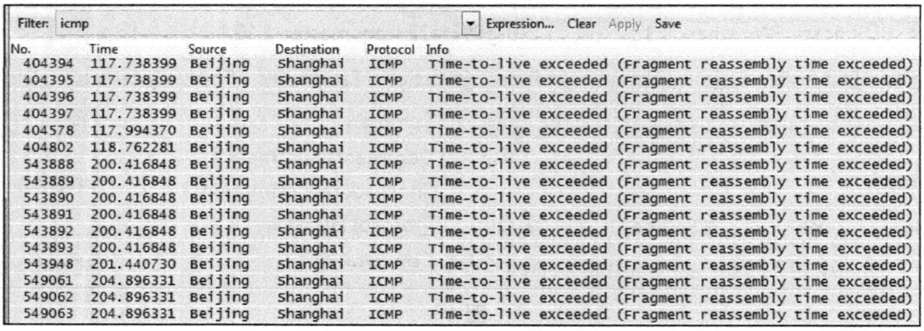

Filter: icmp   Expression... Clear Apply Save

No.	Time	Source	Destination	Protocol	Info
404394	117.738399	Beijing	Shanghai	ICMP	Time-to-live exceeded (Fragment reassembly time exceeded)
404395	117.738399	Beijing	Shanghai	ICMP	Time-to-live exceeded (Fragment reassembly time exceeded)
404396	117.738399	Beijing	Shanghai	ICMP	Time-to-live exceeded (Fragment reassembly time exceeded)
404397	117.738399	Beijing	Shanghai	ICMP	Time-to-live exceeded (Fragment reassembly time exceeded)
404578	117.994370	Beijing	Shanghai	ICMP	Time-to-live exceeded (Fragment reassembly time exceeded)
404802	118.762281	Beijing	Shanghai	ICMP	Time-to-live exceeded (Fragment reassembly time exceeded)
543888	200.416848	Beijing	Shanghai	ICMP	Time-to-live exceeded (Fragment reassembly time exceeded)
543889	200.416848	Beijing	Shanghai	ICMP	Time-to-live exceeded (Fragment reassembly time exceeded)
543890	200.416848	Beijing	Shanghai	ICMP	Time-to-live exceeded (Fragment reassembly time exceeded)
543891	200.416848	Beijing	Shanghai	ICMP	Time-to-live exceeded (Fragment reassembly time exceeded)
543892	200.416848	Beijing	Shanghai	ICMP	Time-to-live exceeded (Fragment reassembly time exceeded)
543893	200.416848	Beijing	Shanghai	ICMP	Time-to-live exceeded (Fragment reassembly time exceeded)
543948	201.440730	Beijing	Shanghai	ICMP	Time-to-live exceeded (Fragment reassembly time exceeded)
549061	204.896331	Beijing	Shanghai	ICMP	Time-to-live exceeded (Fragment reassembly time exceeded)
549062	204.896331	Beijing	Shanghai	ICMP	Time-to-live exceeded (Fragment reassembly time exceeded)
549063	204.896331	Beijing	Shanghai	ICMP	Time-to-live exceeded (Fragment reassembly time exceeded)

图 4

这个报错很常见，在 1981 年公布的 RFC 792 就有介绍了：

If a host reassembling a fragmented datagram cannot complete the reassembly due to missing fragments within its time limit, it discards the datagram, and it may send a time exceeded message. （当接收方因为分片丢失而无法按时完成数据包的重组时，它可以放弃并回复一个超时消息。）

也就是说，**从上海发往北京的 UDP 数据包被分片传输了。但由于有些分片在路上丢失，导致北京一方无法完成重组，所以就出现了图 4 中的报错**，过程如图 5 所示。

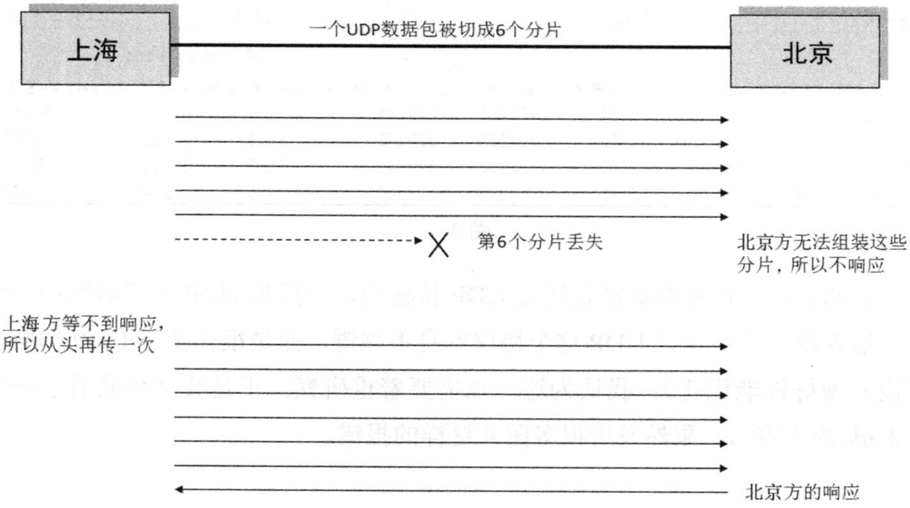
上海
一个UDP数据包被切成6个分片
北京
第6个分片丢失
北京方无法组装这些分片，所以不响应
上海方等不到响应，所以从头再传一次
北京方的响应

图 5

从中可见**一个分片的丢失，会导致所有分片都被重传一遍，效率极低**。这个例子说明了 UDP 不能把大块数据先进行分段，所以很容易被网络层分片；也说明了 UDP 是不可靠的，它缺乏一个机制来确保数据被安全送达，所以只能由应用层来负责重传。

找到了根本原因，解决起来就好办了。在研发人员能够优化 UDP 传输之前（技术上也是可以做到的），我建议把传输层换成 TCP，这样理论上能大幅度提高性能。理由如下。

- TCP 有拥塞控制机制，能够降低网络拥塞时丢包的概率。这一点细说起来太复杂，有兴趣的读者可参考我的上一本书的 70～79 页，本文就不赘述了。
- 即便在丢包概率一样的情况下 TCP 也有优势，**TCP 的分段机制可以把数据拆小后封装在多个包里，避免了被网络层分片。重传 TCP 包的效率可比重传分片高多了**。比如同样大小的数据块分成 6 个 TCP 包传输，同样只丢失了最后一个，重传过程如图 6 所示。

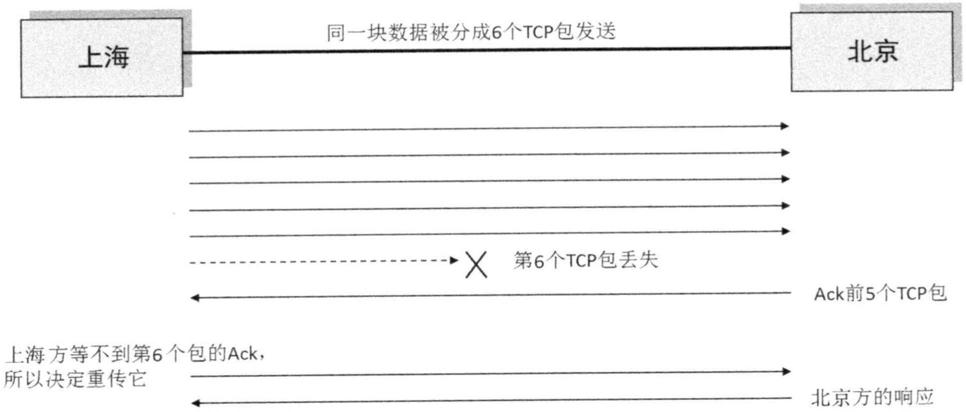
上海
同一块数据被分成6个TCP包发送
北京
第6个TCP包丢失
Ack前5个TCP包
上海方等不到第6个包的Ack，
所以决定重传它
北京方的响应

图 6

可见 **TCP 只需要重传丢失的那一个包，而不是所有包，所以效率比重传分片高多了。在传输过程中应用层也不用负责重传事宜，因为 TCP 是可靠的，能确保数据被安全送达**。本文的例子中只用了 6 个包，所以对比还不够明显。假如一块数据要切成 50 个包来传，那 TCP 的优势就更能体现出来了。

项目组按照我的建议改成 TCP 之后，性能果然就上去了。因此这个问题本质上就这么简单，每一个过得了笔试的人本应该都会的。从课本知识到实际应用之间，只差一个 Wireshark 来牵线搭桥。

当然了，千万不要因为这个案例就否定 UDP 的价值，还记得我上本书提到 DNS 查询的例子吗？UDP 在那种场合就是领先的。即使在本文的场景中，只要研发团队给力，用 UDP 也可以实现很好的性能。争论 TCP 和 UDP 哪个更好，就像百度贴吧每天在吵狮子和老虎谁更厉害一样无聊。它们俩都是其领域之王，只不过一个适合在草原，另一个适合在森林而已。

几个关于分片的问题

上篇文章《一个你本该能解决的问题》被一些技术圈的朋友转载后，收到了不少网友提问。我从中挑了几个最有代表性的，在本文一并回答了，希望也是你感兴趣的。

问题 1：为什么要分片？

20 世纪 60 年代以前，数据通信是依靠电路交换技术的，根本没有分片一说，比如传统电话。由于电路交换的双方要独占链路，所以利用率很低，直到 Paul Baran 和 Donald Davies 发明了分组交换的概念，把数据分割成小包后才实现了链路共享。**既然要分割，就得先确定一个包的大小**，有趣的是当时这两位独立发明人都在实验室中选择了 128 字节作为一个传输单位。不过到了 20 世纪 80 年代的以太网中，就发展到以 1500 字节作为**最大传输单位**了，即 MTU（Maximum Transmission Unit）为 1500。刨去 20 字节的头部，一个 IP 包最多可以携带 1500-20=1480 字节的数据。当要传输的数据块超过 1480 字节时，网络层就不得不把它分片，封装成多个网络包。

问题 2：发送方是怎样确定分片大小的？

一般来说，发送方是依据自身的 MTU 来决定分片大小的。图 1 演示了一块数据被 MTU 为 1500 的发送方分割成了 23 个分片的样子。我们可以从“off=0”、“off=1480”、“off=2960”等偏移量计算出这些分片所携带的数据量都为 1480 字节，和问题 1 中的分析一致。

No.	Time	Source	Destination	Protocol	Info
7	0.003174	client	Server	IPv4	Fragmented IP protocol (proto=UDP 17, off=0, ID=008c) [Reassembled in #29]
8	0.003182	client	Server	IPv4	Fragmented IP protocol (proto=UDP 17, off=1480, ID=008c) [Reassembled in #29]
9	0.003186	client	Server	IPv4	Fragmented IP protocol (proto=UDP 17, off=2960, ID=008c) [Reassembled in #29]
10	0.003189	client	Server	IPv4	Fragmented IP protocol (proto=UDP 17, off=4440, ID=008c) [Reassembled in #29]
11	0.003191	client	Server	IPv4	Fragmented IP protocol (proto=UDP 17, off=5920, ID=008c) [Reassembled in #29]
12	0.003194	client	Server	IPv4	Fragmented IP protocol (proto=UDP 17, off=7400, ID=008c) [Reassembled in #29]
13	0.003197	client	Server	IPv4	Fragmented IP protocol (proto=UDP 17, off=8880, ID=008c) [Reassembled in #29]
14	0.003201	client	Server	IPv4	Fragmented IP protocol (proto=UDP 17, off=10360, ID=008c) [Reassembled in #29]
15	0.003203	client	Server	IPv4	Fragmented IP protocol (proto=UDP 17, off=11840, ID=008c) [Reassembled in #29]
16	0.003206	client	Server	IPv4	Fragmented IP protocol (proto=UDP 17, off=13320, ID=008c) [Reassembled in #29]
17	0.003208	client	Server	IPv4	Fragmented IP protocol (proto=UDP 17, off=14800, ID=008c) [Reassembled in #29]
18	0.003211	client	Server	IPv4	Fragmented IP protocol (proto=UDP 17, off=16280, ID=008c) [Reassembled in #29]
19	0.003213	client	Server	IPv4	Fragmented IP protocol (proto=UDP 17, off=17760, ID=008c) [Reassembled in #29]
20	0.003216	client	Server	IPv4	Fragmented IP protocol (proto=UDP 17, off=19240, ID=008c) [Reassembled in #29]
21	0.003219	client	Server	IPv4	Fragmented IP protocol (proto=UDP 17, off=20720, ID=008c) [Reassembled in #29]
22	0.003222	client	Server	IPv4	Fragmented IP protocol (proto=UDP 17, off=22200, ID=008c) [Reassembled in #29]
23	0.003224	client	Server	IPv4	Fragmented IP protocol (proto=UDP 17, off=23680, ID=008c) [Reassembled in #29]
24	0.003227	client	Server	IPv4	Fragmented IP protocol (proto=UDP 17, off=25160, ID=008c) [Reassembled in #29]
25	0.003230	client	Server	IPv4	Fragmented IP protocol (proto=UDP 17, off=26640, ID=008c) [Reassembled in #29]
26	0.003233	client	Server	IPv4	Fragmented IP protocol (proto=UDP 17, off=28120, ID=008c) [Reassembled in #29]
27	0.003236	client	Server	IPv4	Fragmented IP protocol (proto=UDP 17, off=29600, ID=008c) [Reassembled in #29]
28	0.003238	client	Server	IPv4	Fragmented IP protocol (proto=UDP 17, off=31080, ID=008c) [Reassembled in #29]
29	0.003240	client	Server	NFS	V3 WRITE Call (Reply In 142), FH: 0x2823a191 Offset: 0 Len: 32768 UNSTABLE

图 1

不过你如果经常分析各种环境中的包，会发现有些分片并不是携带 1480 字节，而是更大或者更小。这是因为有些网络是 Jumbo Frame（巨帧）或 PPPOE 之类的，它们的 MTU 并不是 1500。于是问题来了，MTU 不一致的两个网络之间要通信怎么办？比如启用巨帧之后的 MTU 是 9000 字节，那从发送方出来的包就有 9000 字节，万一经过一个 MTU 只有 1500 字节的网络设备，还是可能被重新分片甚至丢弃。这种情况下发送方要怎样决定分片大小，才能避免因为 MTU 不一致而出问题呢？比较理想的办法是先通过 Path MTU Discovery 协议来探测路径上的最小 MTU，从而调节分片的大小。可惜该协议是依靠 ICMP 来探测的，会被很多网络设备禁用，所以不太可靠。总而言之，**目前发送方没有一个很好的机制来确定最佳分片大小，所以实施和运维人员配置 MTU 时必须慎之又慎，尽量使网络中每个设备的 MTU 保持一致。**在以后的文章中我会分享一些由于 MTU 配置出错而导致的问题。

问题 3：接收方又是靠什么重组分片的？

假如分片都到达接收方了，要如何重组它们呢？从图 1 可见每个分片都包含了“off=xxxx, ID=008c”的信息，接收方就是依据这两个值，把 ID 相同的分片按照 off 值（偏移量）进行重组的。原理非常简单，唯一的问题是接收方如何判断最后一个分片已经到达，应该开始重组了。请看图 2 所示的最后一个分片，也即第 29 号包，它包含了一个“More fragments = 0”的 Flag，表示它是最后一个分片，因此接收方可以开始重组了。

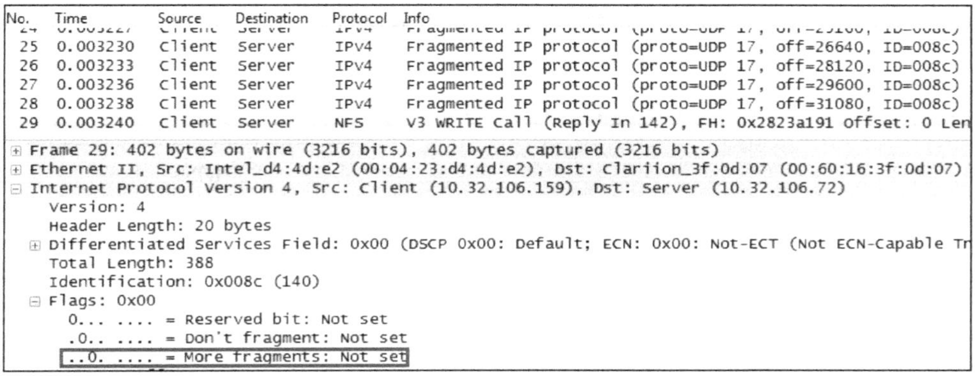

```
No. Time      Source Destination Protocol Info
25  0.003230  Client Server      IPv4     Fragmented IP protocol (proto=UDP 17, off=26640, ID=008c)
26  0.003233  Client Server      IPv4     Fragmented IP protocol (proto=UDP 17, off=28120, ID=008c)
27  0.003236  Client Server      IPv4     Fragmented IP protocol (proto=UDP 17, off=29600, ID=008c)
28  0.003238  Client Server      IPv4     Fragmented IP protocol (proto=UDP 17, off=31080, ID=008c)
29  0.003240  Client Server      NFS      V3 WRITE Call (Reply In 142), FH: 0x2823a191 Offset: 0 Len
⊞ Frame 29: 402 bytes on wire (3216 bits), 402 bytes captured (3216 bits)
⊞ Ethernet II, Src: Intel_d4:4d:e2 (00:04:23:d4:4d:e2), Dst: Clariion_3f:0d:07 (00:60:16:3f:0d:07)
⊟ Internet Protocol Version 4, Src: Client (10.32.106.159), Dst: Server (10.32.106.72)
    Version: 4
    Header Length: 20 bytes
  ⊞ Differentiated Services Field: 0x00 (DSCP 0x00: Default; ECN: 0x00: Not-ECT (Not ECN-Capable Tr
    Total Length: 388
    Identification: 0x008c (140)
  ⊟ Flags: 0x00
      0... .... = Reserved bit: Not set
      .0.. .... = Don't fragment: Not set
      ..0. .... = More fragments: Not set
```

图 2

而其他的分片，比如图 3 的 28 号包却包含了一个“More fragments = 1”的 Flag，因此接收方知道后续还有更多分片，所以先缓存着不重组。有一个网络攻击方式就是持续发送“More fragments”为 1 的包，导致接收方一直缓存分片，从而耗尽内存。

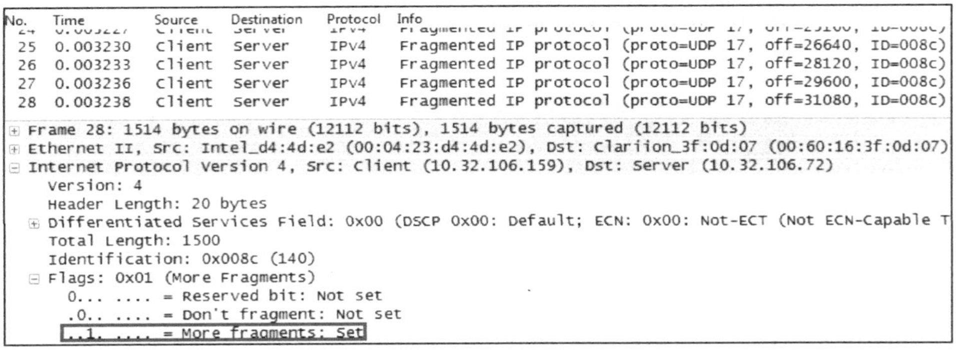

```
No. Time      Source Destination Protocol Info
25  0.003230  Client Server      IPv4     Fragmented IP protocol (proto=UDP 17, off=26640, ID=008c)
26  0.003233  Client Server      IPv4     Fragmented IP protocol (proto=UDP 17, off=28120, ID=008c)
27  0.003236  Client Server      IPv4     Fragmented IP protocol (proto=UDP 17, off=29600, ID=008c)
28  0.003238  Client Server      IPv4     Fragmented IP protocol (proto=UDP 17, off=31080, ID=008c)
⊞ Frame 28: 1514 bytes on wire (12112 bits), 1514 bytes captured (12112 bits)
⊞ Ethernet II, Src: Intel_d4:4d:e2 (00:04:23:d4:4d:e2), Dst: Clariion_3f:0d:07 (00:60:16:3f:0d:07)
⊟ Internet Protocol Version 4, Src: Client (10.32.106.159), Dst: Server (10.32.106.72)
    Version: 4
    Header Length: 20 bytes
  ⊞ Differentiated Services Field: 0x00 (DSCP 0x00: Default; ECN: 0x00: Not-ECT (Not ECN-Capable T
    Total Length: 1500
    Identification: 0x008c (140)
  ⊟ Flags: 0x01 (More Fragments)
      0... .... = Reserved bit: Not set
      .0.. .... = Don't fragment: Not set
      ..1. .... = More fragments: Set
```

图 3

问题 4：TCP 是如何避免被发送方分片的？

TCP 可以避免被发送方分片，是因为它主动把数据分成小段再交给网络层。**最大的分段大小称为 MSS（Maximum Segment Size），它相当于把 MTU 刨去 IP 头和 TCP 头之后的大小，所以一个 MSS 恰好能装进一个 MTU 中。**

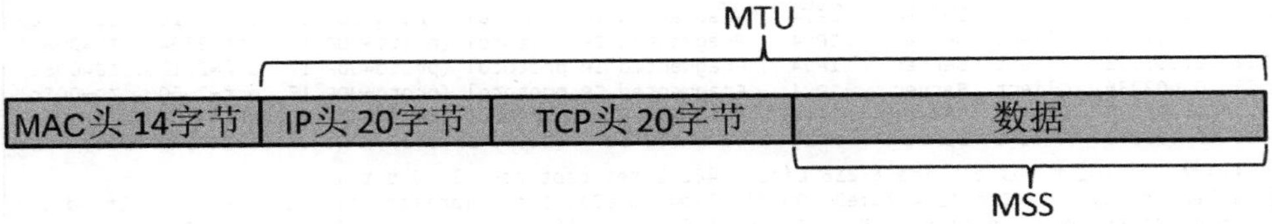
MTU
MAC头 14字节
IP头 20字节
TCP头 20字节
数据
MSS

图 4

图 4 演示了 MSS 和 MTU 的关系。有的时候 TCP 头不只 20 字节，所以会侵占一些 MSS 的空间，比如图 5 的例子中就占用 12 字节作为 TCP Options，那传输层真正用来承载数据的就剩下 1500-20-20-12=1448 字节了。这些字节数都能在 Wireshark 中看到。这就是为什么我向网络教师们大力推荐 Wireshark，演示时真是一目了然。

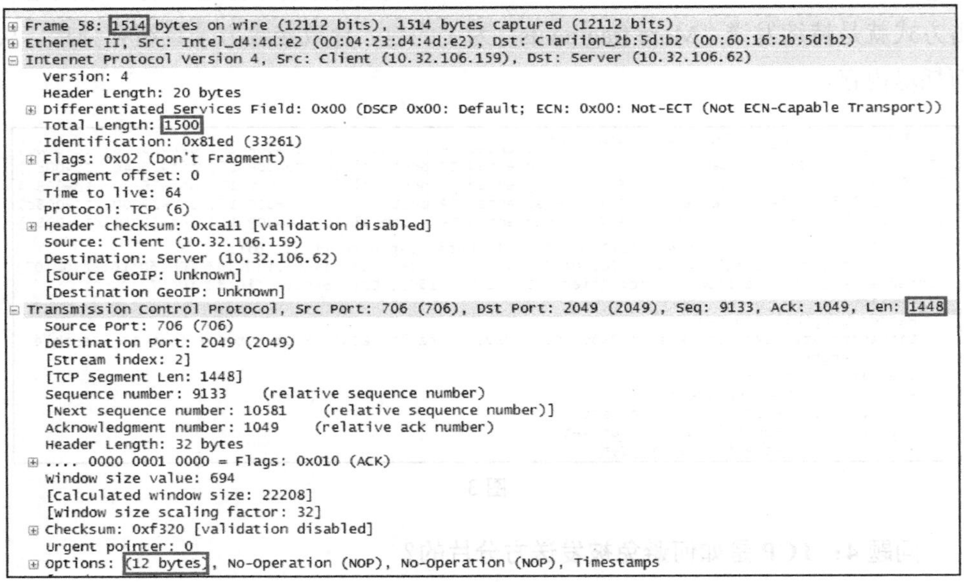

```
⊞ Frame 58: 1514 bytes on wire (12112 bits), 1514 bytes captured (12112 bits)
⊞ Ethernet II, Src: Intel_d4:4d:e2 (00:04:23:d4:4d:e2), Dst: Clariion_2b:5d:b2 (00:60:16:2b:5d:b2)
⊟ Internet Protocol Version 4, Src: Client (10.32.106.159), Dst: Server (10.32.106.62)
    Version: 4
    Header Length: 20 bytes
  ⊞ Differentiated Services Field: 0x00 (DSCP 0x00: Default; ECN: 0x00: Not-ECT (Not ECN-Capable Transport))
    Total Length: 1500
    Identification: 0x81ed (33261)
  ⊞ Flags: 0x02 (Don't Fragment)
    Fragment offset: 0
    Time to live: 64
    Protocol: TCP (6)
  ⊞ Header checksum: 0xca11 [validation disabled]
    Source: Client (10.32.106.159)
    Destination: Server (10.32.106.62)
    [Source GeoIP: Unknown]
    [Destination GeoIP: Unknown]
⊟ Transmission Control Protocol, Src Port: 706 (706), Dst Port: 2049 (2049), Seq: 9133, Ack: 1049, Len: 1448
    Source Port: 706 (706)
    Destination Port: 2049 (2049)
    [Stream index: 2]
    [TCP Segment Len: 1448]
    Sequence number: 9133    (relative sequence number)
    [Next sequence number: 10581    (relative sequence number)]
    Acknowledgment number: 1049    (relative ack number)
    Header Length: 32 bytes
  ⊞ .... 0000 0001 0000 = Flags: 0x010 (ACK)
    Window size value: 694
    [Calculated window size: 22208]
    [Window size scaling factor: 32]
  ⊞ Checksum: 0xf320 [validation disabled]
    Urgent pointer: 0
  ⊞ Options: (12 bytes), No-Operation (NOP), No-Operation (NOP), Timestamps
```

图 5

UDP 则没有 MSS 的概念，一股脑交给网络层，所以可能被分片。分片和重组都会影响性能，所以 UDP 在这一点上比 TCP 落后一些。

问题 5：那 TCP 又是怎样适配接收方的 MTU 的？

问题 4 只分析了为什么 TCP 包不会被发送方的网络层分片。那万一接收方的

MTU 比发送方的小怎么办？比如发送方启用了巨帧（Jumbo Frame），把 MTU 提高到 9000 字节，但接收方还停留在 1500 字节的情况。这个问题其实在我的上一本书中提到过，TCP 建立连接时必须先进行三次握手（如图 6 所示），在前两个握手包中双方互相声明了自己的 MSS，客户端声明了 MSS=8960，服务器声明了 MSS=1460。三次握手之后，客户端知道自己的 MTU 比服务器的大，如果发一个 9000 字节的包过去很可能在路上就被分片或丢弃。于是在这个连接中，客户端会很识相地把自己的 MSS 也降到 1460 字节，从而适配了接收方的 MTU。

No.	Time	Source	Destination	Protocol	Info
1	0.000000	Client	Server	TCP	33763→111 [SYN] Seq=0 Win=17920 Len=0 MSS=8960 SACK_PERM=1
2	0.000000	Server	Client	TCP	111→33763 [SYN, ACK] Seq=0 Ack=1 Win=65535 Len=0 MSS=1460
3	0.003906	Client	Server	TCP	33763→111 [ACK] Seq=1 Ack=1 Win=17920 Len=0 TSval=27300530

图 6

TCP 在避免分片这一点上已经做得足够用心，发送方和接收方都考虑到了。然而网络上的隐患防不胜防，假如路径上有个交换机的 MTU 比发送方和接收方的都小，那还是会出问题。

问题 6：为什么 UDP 比 TCP 更适合语音通话？

如果把 UDP 和 TCP 想象成两位搬运工，前者的风格就是盲目苦干，搬运过程中丢了东西也不管；而后者却是小心翼翼，丢了多小的东西都要回去捡。假如某个应用环境允许忽视质量，只追求速度，那 UDP 就是一个更好的选择。语音传输正符合这种情况，因为它最在乎的不是音质，而是延迟。

采用 UDP 传输时，如果有些包丢失，应用层可以选择忽略并继续传输其他包。由于一个发音会被采样到很多个包中，所以丢掉其中一些包只是影响到了音质，却能保障流畅性。

而采用 TCP 传输时，出现丢包就一定要重传，重传就会带来延迟。这是 TCP 与生俱来的特点，即使应用层想忽略丢包都没办法。前文说过 TCP 的优点是可靠，有丢包重传机制，这个优点在语音传输时就变成了缺点。通话延迟的后果很严重，比如你在语音聊天时对女神说，“这是我的头像，牛吧？”如果在“头”和“像”之间恰好多出一段延迟，对方听上去就可能变成“这是我的头，像～牛吧？”然后给你回一句，“很像！”

MTU 导致的悲剧

MTU 带来的问题实在太多了，但凡做过运维、实施或者技术支持的工程师，或多或少都会遇到。一个典型的 MTU 问题发生在类似图 1 的环境中，即两个子网的 MTU 大小不一样。

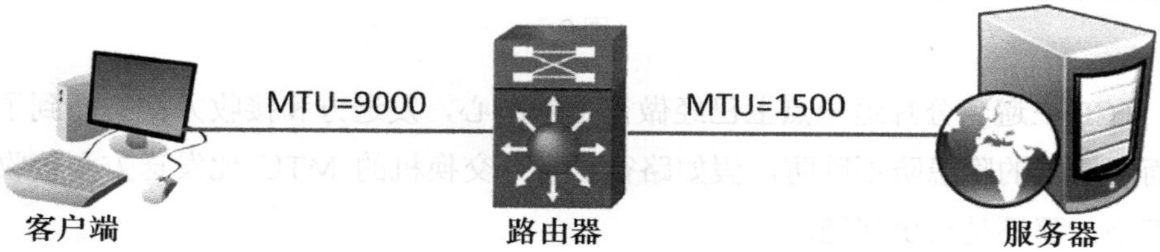
MTU=9000
MTU=1500
客户端
路由器
服务器

图 1

当客户端发给服务器的巨帧经过路由器时，或者被丢包，或者被分片。**这取决于该巨帧是否在网络层携带了 DF（Don't fragment）标志。如果带了就被丢弃，如果没带就被分片。**从 Wireshark 上很容易看到 DF 标志，如图 2 中的方框内所示。分片的情况往往被忽略，因为它只影响一点点性能，大多数时候甚至察觉不出。丢包的情况就无法忽略了，**因为丢包之后再重传多少遍都没用，会一直丢，整个传输就像掉进了黑洞，**所以往往会导致严重的后果。

```
No.  Time          Source   Destination  Protocol  Info
  1  0.000000000   client   server       ICMP      Echo (ping) request  id=0x0001,

⊞ Frame 1: 1514 bytes on wire (12112 bits), 1514 bytes captured (12112 bits) 
⊞ Ethernet II, Src: Universa_50:a9:f6 (44:39:c4:50:a9:f6), Dst: Cisco_e3:a6:8
⊟ Internet Protocol Version 4, Src: 10.32.200.23 (10.32.200.23), Dst: 10.32.1
    Version: 4
    Header Length: 20 bytes
  ⊞ Differentiated Services Field: 0x00 (DSCP 0x00: Default; ECN: 0x00: Not-E
    Total Length: 1500
    Identification: 0x1314 (4884)
  ⊟ Flags: 0x02 (Don't Fragment)
      0... .... = Reserved bit: Not set
      .1.. .... = Don't fragment: Set
      ..0. .... = More fragments: Not set
```

图 2

我有个实验环境恰好就是图 1 这样的，可以来做个实验加深理解。我从客户端给服务器发送了两个 ping 请求，第一个携带 1472 字节，第二个携带 1473 字节，并都用了“-f”参数设置了 DF 标志。命令及结果请看图 3，第一个 ping 成功，第二个则失败了。

```
C:\Windows\system32\cmd.exe
C:\Users\linp1>ping 10.32.106.102 -l 1472 -f -n 1

Pinging 10.32.106.102 with 1472 bytes of data:
Reply from 10.32.106.102: bytes=1472 time=1ms TTL=251

Ping statistics for 10.32.106.102:
    Packets: Sent = 1, Received = 1, Lost = 0 (0% loss),
Approximate round trip times in milli-seconds:
    Minimum = 1ms, Maximum = 1ms, Average = 1ms

C:\Users\linp1>ping 10.32.106.102 -l 1473 -f -n 1

Pinging 10.32.106.102 with 1473 bytes of data:
Reply from 10.32.200.1: Packet needs to be fragmented but DF set.
```

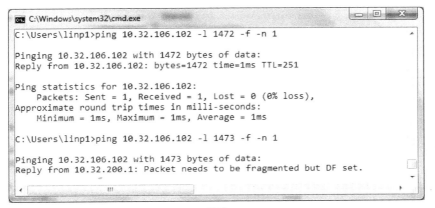

图 3

由于 ICMP 头为 8 字节，IP 头为 20 字节，所以第一个 ping 请求在网络层的长度为 1472+8+20=1500 字节，第二个 ping 请求则为 1473+8+20=1501 字节。我的路由器 MTU 是 1500 字节，不难理解第一个 ping 请求的长度没有超过 MTU，所以可以传输成功；而第二个 ping 请求的长度超过了路由器出口的 MTU，又不允许被切分，所以不能传输成功。在图 3 底部可以看到路由器提示了“Packet needs to be fragmented but DF set”。

这个过程的网络包可以从图 4 中看到，请注意最后一个包是**路由器**回复的“Fragmentation needed”，而不是**服务器**回复的。假如 ping 的时候没有用“-f”设置 DF 标志，那么 1473 字节也是能 ping 成功的，只是在路上会被切分成两个包。

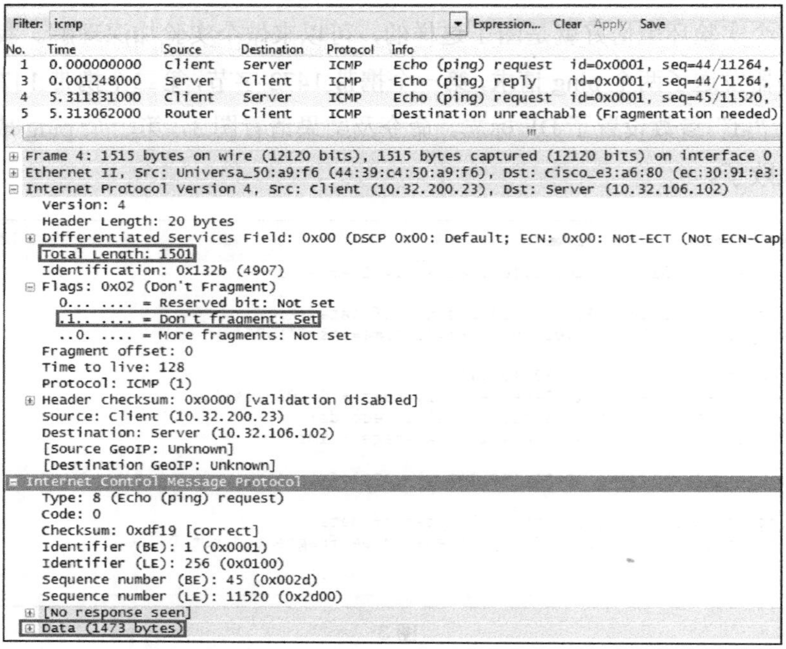
Filter: icmp
Expression... Clear Apply Save
No. Time Source Destination Protocol Info
1 0.000000000 Client Server ICMP Echo (ping) request id=0x0001, seq=44/11264,
3 0.001248000 Server Client ICMP Echo (ping) reply id=0x0001, seq=44/11264,
4 5.311831000 Client Server ICMP Echo (ping) request id=0x0001, seq=45/11520,
5 5.313062000 Router Client ICMP Destination unreachable (Fragmentation needed)
Frame 4: 1515 bytes on wire (12120 bits), 1515 bytes captured (12120 bits) on interface 0
Ethernet II, Src: Universa_50:a9:f6 (44:39:c4:50:a9:f6), Dst: Cisco_e3:a6:80 (ec:30:91:e3:
Internet Protocol Version 4, Src: Client (10.32.200.23), Dst: Server (10.32.106.102)
Version: 4
Header Length: 20 bytes
Differentiated Services Field: 0x00 (DSCP 0x00: Default; ECN: 0x00: Not-ECT (Not ECN-Cap
Total Length: 1501
Identification: 0x132b (4907)
Flags: 0x02 (Don't Fragment)
0... .... = Reserved bit: Not set
.1.. .... = Don't fragment: Set
..0. .... = More fragments: Not set
Fragment offset: 0
Time to live: 128
Protocol: ICMP (1)
Header checksum: 0x0000 [validation disabled]
Source: Client (10.32.200.23)
Destination: Server (10.32.106.102)
[Source GeoIP: Unknown]
[Destination GeoIP: Unknown]
Internet Control Message Protocol
Type: 8 (Echo (ping) request)
Code: 0
Checksum: 0xdf19 [correct]
Identifier (BE): 1 (0x0001)
Identifier (LE): 256 (0x0100)
Sequence number (BE): 45 (0x002d)
Sequence number (LE): 11520 (0x2d00)
[No response seen]
Data (1473 bytes)

图 4

理论说起来很简单，实验做出来也不难，但在生产环境中的症状就没这么明显了，要发现 MTU 问题往往需要一些想象力。我收藏了不少 MTU 相关的案例，在本文挑出三个最有代表性的来分享。

案例 1　用户浏览某些共享目录时客户端会死机，浏览其他目录则不会。

碰到这种症状，恐怕没有人会想到是 MTU 导致的，所以经过长时间徒劳无功的排错之后，工程师不得不抓了个包。这个包是在服务器上抓的（因为客户端死机，根本没法抓），如图 5 所示，服务器回复的包“Seq=193，Len=1460”在持续重传，但客户端一直没有确认，似乎是发生丢包了。从图 5 底部还可以看到这个包携带的信息是该目录的子文件（夹）列表。

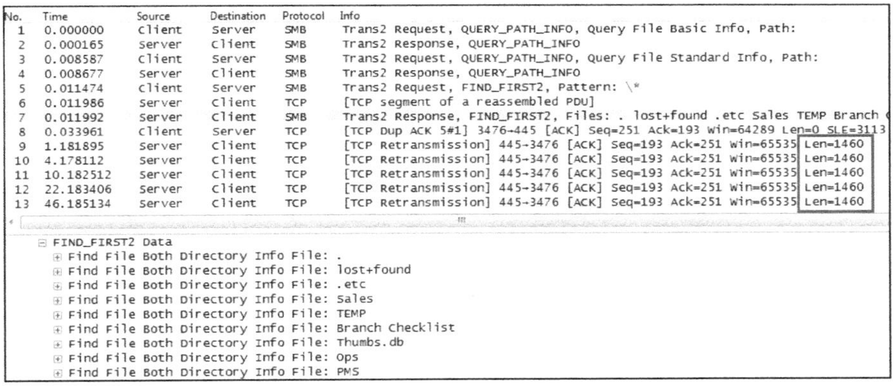
No. Time Source Destination Protocol Info
1 0.000000 client server SMB Trans2 Request, QUERY_PATH_INFO, Query File Basic Info, Path:
2 0.000165 server client SMB Trans2 Response, QUERY_PATH_INFO
3 0.008587 client server SMB Trans2 Request, QUERY_PATH_INFO, Query File Standard Info, Path:
4 0.008677 server client SMB Trans2 Response, QUERY_PATH_INFO
5 0.011474 client server SMB Trans2 Request, FIND_FIRST2, Pattern: *
6 0.011986 server client TCP [TCP segment of a reassembled PDU]
7 0.011992 server client SMB Trans2 Response, FIND_FIRST2, Files: . lost+found .etc Sales TEMP Branch
8 0.033961 client server TCP [TCP Dup ACK 5#1] 3476→445 [ACK] Seq=251 Ack=193 Win=64289 Len=0 SLE=3113
9 1.181895 server client TCP [TCP Retransmission] 445→3476 [ACK] Seq=193 Ack=251 Win=65535 Len=1460
10 4.178112 server client TCP [TCP Retransmission] 445→3476 [ACK] Seq=193 Ack=251 Win=65535 Len=1460
11 10.182512 server client TCP [TCP Retransmission] 445→3476 [ACK] Seq=193 Ack=251 Win=65535 Len=1460
12 22.183406 server client TCP [TCP Retransmission] 445→3476 [ACK] Seq=193 Ack=251 Win=65535 Len=1460
13 46.185134 server client TCP [TCP Retransmission] 445→3476 [ACK] Seq=193 Ack=251 Win=65535 Len=1460
FIND_FIRST2 Data
Find File Both Directory Info File: .
Find File Both Directory Info File: lost+found
Find File Both Directory Info File: .etc
Find File Both Directory Info File: Sales
Find File Both Directory Info File: TEMP
Find File Both Directory Info File: Branch Checklist
Find File Both Directory Info File: Thumbs.db
Find File Both Directory Info File: Ops
Find File Both Directory Info File: PMS

图 5

导致丢包的可能性有很多，我为什么认定是 MTU 导致的呢？推理过程如下。

1. 如果端口被防火墙阻止了也可能丢包，但是会从三次握手时就开始丢，而不是等到浏览目录的时候。

2. 如果网络拥塞也可能丢包，但一段时间后能恢复，而不是这样持续地丢。

3. 丢的那个包携带了 1460 字节（相当于占满了整个 1500 字节的 MTU），算是比较大的。而没被丢弃的 2 号包和 4 号包都携带了很少的字节数，只丢大包的症状说明很可能就是 MTU 导致的。

4. 我用“ping <server_ip> -l 1472 -f”测试，果然失败了。逐渐减小每次 ping 的长度，到了 1400 字节左右才成功，这说明网络上有个设备的 MTU 比较小。

5. 于是把服务器上网卡的 MTU 相应改小，问题果然就消失了。

6. 之所以浏览其他目录没有死机，可能是因为这些目录中的子文件（夹）比较少，凑不满一个大包。

我曾经访问公司内网时出现问题，在抓包里也看到类似于图 5 的症状，后来也是通过修改 MTU 解决的。

案例 2　客户端的 MTU 为 1500 字节，服务器端的 MTU 为 9000 字节，平时

连接正常。运维人员听说两端的 MTU 最好一致，所以把客户端的 MTU 提高到 9000 字节，没想到连接反而出问题了。

虽然该案例听上去不太科学，但如果网络路径上有个设备的 MTU 是 1500 字节，这个问题就真会发生。原先客户端和服务器在三次握手时，双方会“协商”使用一个 1460 字节（MTU-TCP 头-IP 头）的 MSS，所以可以顺利通过那个 MTU 为 1500 的网络设备。如果两端都是 9000 字节了，那三次握手时就会得到 8960 字节的 MSS，因此通不过那个网络设备。

案例 3　无法完成 Kerberos 身份认证，在客户端抓到的包如图 6 所示。

由图 6 可见客户端在持续地向 KDC 发送 TGS-REQ，但是收不到任何回复。本来碰到这种情况最好在 KDC 上也抓个包看看的，但是 KDC 一般不让人登上去。怎么办呢？

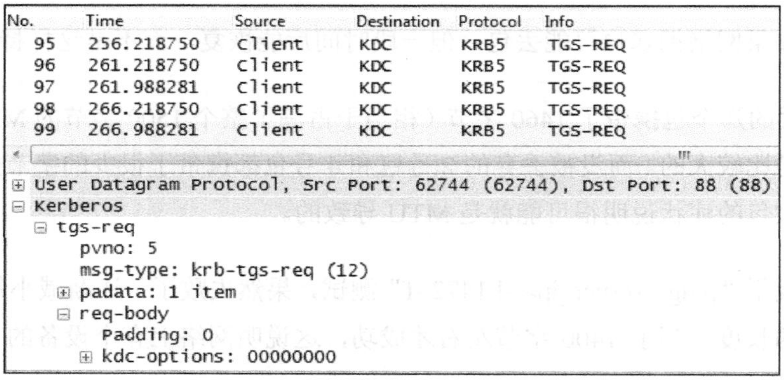
No. Time Source Destination Protocol Info
95 256.218750 Client KDC KRB5 TGS-REQ
96 261.218750 Client KDC KRB5 TGS-REQ
97 261.988281 Client KDC KRB5 TGS-REQ
98 266.218750 Client KDC KRB5 TGS-REQ
99 266.988281 Client KDC KRB5 TGS-REQ
User Datagram Protocol, Src Port: 62744 (62744), Dst Port: 88 (88)
Kerberos
tgs-req
pvno: 5
msg-type: krb-tgs-req (12)
padata: 1 item
req-body
Padding: 0
kdc-options: 00000000

图 6

从这几个网络包里是挖掘不出更多线索了，我们只能推测哪些因素会导致 TGS-REQ 得不到回复。有一个可能是端口被防火墙封掉，但那样的话之前的其他 Kerberos 包（比如 AS-REQ）也得不到回复，不可能走到 TGS-REQ 这一步，因此防火墙可以排除。还有一个可能就是 MTU 导致的丢包了，假如网络路径上有个交换机的 MTU 偏小，大包无法通过就可能出现此症状。仅从 Wireshark 中我们无法判断是客户端发给 KDC 时丢包了，还是 KDC 回复客户端时丢包了,只能先试着把客户端的 MTU 改小一点，问题果然就消失了。其实利用“ping -f -l <字节数>”试探出路径上的最小 MTU 也可以，前提是网络中没有禁用 ICMP。

迎刃而解

有位运维人员跟我讲了一件趣事：他有个客户端连不上某台服务器，但连接其他服务器都没有问题；那台服务器跟其他客户端的通信也很好，唯独遇到这个客户端就不行。这种情况已经不能用排除法来定位根源了，就好像它们天生相克一样。

运维团队已经研究了很多天，还是毫无头绪，于是就在客户端抓了个包给我分析。从图 1 可见，这个连接的确出了问题。具体分析如下。

1. 1 号包和 2 号包是 MAC 地址解析过程。即客户端通过 ARP 广播，获得了服务器的 MAC 地址 00:15:5d（本文只显示 MAC 地址的前半部分）。

2. 3、4、5 号包是客户端向服务器发起的三次握手，此时看起来并没有问题。

3. 6 号包是客户端发给服务器的数据，但由于服务器没有响应，所以在 7 号包重传了一遍。到这一步已经显示出传输问题了。

4. 8 号包又是来自服务器的[SYN, ACK]，表明它是 4 号包的重传。也就是说，从服务器的角度看，4 号包还没有送达客户端，意味着三次握手还没真正完成。

5. 接下来的包仍然是重传，说明它们根本无法正常通信。

No.	Time	Source	Destination	Protocol	Info
1	0.000000	00:60:48	ff:ff:ff:	ARP	Who has 192.168.47.250? Tell 192.168.47.200
2	0.003906	00:15:5d	00:60:48:	ARP	192.168.47.250 is at 00:15:5d
3	0.046875	Client	Server	TCP	51754→389 [SYN] Seq=0 Win=65535 Len=0 MSS=1460 SACK_PERM=1 WS=8
4	0.046875	Server	Client	TCP	389→51754 [SYN, ACK] Seq=0 Ack=1 Win=8192 Len=0 MSS=1460 WS=256
5	0.046875	Client	Server	TCP	51754→389 [ACK] Seq=1 Ack=1 Win=139264 Len=0 TSval=433697 TSecr
6	0.046875	Client	Server	LDAP	bindRequest(1) "<ROOT>" simple
7	1.156250	Client	Server	LDAP	[TCP Retransmission] bindRequest(1) "<ROOT>" simple
8	3.058594	Server	Client	TCP	[TCP Spurious Retransmission] 389→51754 [SYN, ACK] Seq=0 Ack=1
9	3.058594	Client	Server	TCP	[TCP Dup ACK 7#1] 51754→389 [ACK] Seq=15 Ack=1 Win=139264 Len=0
10	4.156250	Client	Server	LDAP	[TCP Retransmission] bindRequest(1) "<ROOT>" simple
11	9.070312	Server	Client	TCP	[TCP Spurious Retransmission] 389→51754 [SYN, ACK] Seq=0 Ack=1

图 1

我们能从这个现象中推理出什么呢？至少可以知道 3 号包能够到达服务器，因此才会有 4 号包的[SYN, ACK]。但是 5 号包却没能到达服务器，因此服务器收不到对 4 号包的确认，不得不选择重传。这就很奇怪了，既然 3 号包可以到达服务器，说明不存在路由交换或者防火墙方面的障碍，为什么 5 号包就到达不了呢？以我过往的经验是无法凭空想象出原因的，只能继续在 Wireshark 中寻找线索，逐个包分析。先看看图 2 中的 3 号包，是从客户端发到服务器的 MAC 地址 00:15:5d，与 ARP 中看到的地址一致。

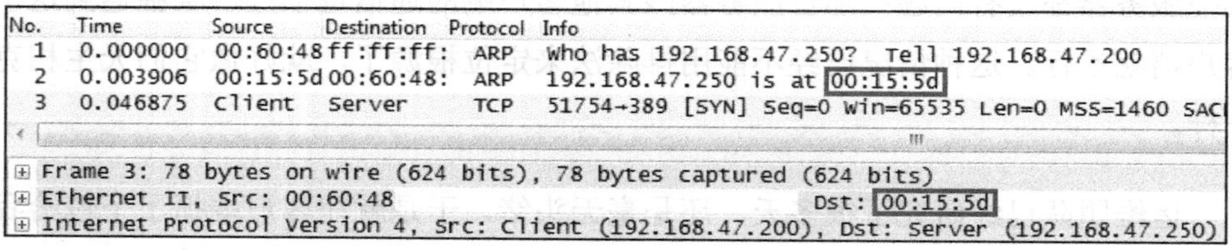
No. Time Source Destination Protocol Info
1 0.000000 00:60:48 ff:ff:ff: ARP Who has 192.168.47.250? Tell 192.168.47.200
2 0.003906 00:15:5d 00:60:48: ARP 192.168.47.250 is at 00:15:5d
3 0.046875 Client Server TCP 51754→389 [SYN] Seq=0 Win=65535 Len=0 MSS=1460 SAC
Frame 3: 78 bytes on wire (624 bits), 78 bytes captured (624 bits)
Ethernet II, Src: 00:60:48 Dst: 00:15:5d
Internet Protocol Version 4, Src: Client (192.168.47.200), Dst: Server (192.168.47.250)

图 2

再看图 3 中 4 号包的详情，竟然是从服务器的 MAC 地址 ec:b1:d7 发出来的，而不是之前看到的那个 00:15:5d。为什么会莫名其妙地出现这个 MAC？它会带来什么影响？目前还不得而知。

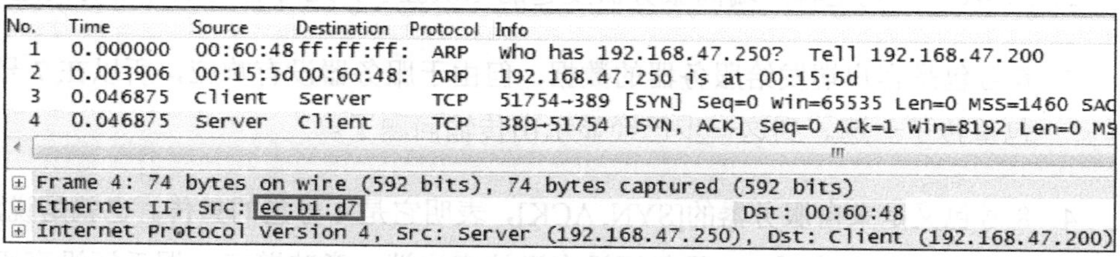
No. Time Source Destination Protocol Info
1 0.000000 00:60:48 ff:ff:ff: ARP Who has 192.168.47.250? Tell 192.168.47.200
2 0.003906 00:15:5d 00:60:48: ARP 192.168.47.250 is at 00:15:5d
3 0.046875 Client Server TCP 51754→389 [SYN] Seq=0 Win=65535 Len=0 MSS=1460 SAC
4 0.046875 Server Client TCP 389→51754 [SYN, ACK] Seq=0 Ack=1 Win=8192 Len=0 MS
Frame 4: 74 bytes on wire (592 bits), 74 bytes captured (592 bits)
Ethernet II, Src: ec:b1:d7 Dst: 00:60:48
Internet Protocol Version 4, Src: Server (192.168.47.250), Dst: Client (192.168.47.200)

图 3

再看图 4 中的 5 号包，客户端把它发到这个新的 MAC 地址 ec:b1:d7 了。难道这就是无法送达的原因吗？我觉得非常有可能。

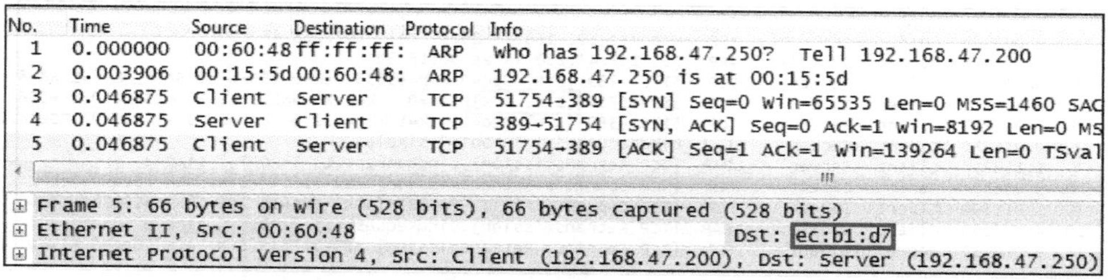
No. Time Source Destination Protocol Info
1 0.000000 00:60:48 ff:ff:ff: ARP Who has 192.168.47.250? Tell 192.168.47.200
2 0.003906 00:15:5d 00:60:48: ARP 192.168.47.250 is at 00:15:5d
3 0.046875 Client Server TCP 51754→389 [SYN] Seq=0 Win=65535 Len=0 MSS=1460 SAC
4 0.046875 Server Client TCP 389→51754 [SYN, ACK] Seq=0 Ack=1 Win=8192 Len=0 MS
5 0.046875 Client Server TCP 51754→389 [ACK] Seq=1 Ack=1 Win=139264 Len=0 TSval
Frame 5: 66 bytes on wire (528 bits), 66 bytes captured (528 bits)
Ethernet II, Src: 00:60:48 Dst: ec:b1:d7
Internet Protocol Version 4, Src: Client (192.168.47.200), Dst: Server (192.168.47.250)

图 4

分析到这里，我们可以作出进一步推理。

1. 服务器上的一个 IP 对应了两个 MAC 地址，其中 00:15:5d 能收包，但不知道为什么没发包；而 ec:b1:d7 能发包却收不到包。我还是第一次看到这样诡异的状况。

2. 客户端的表现也很奇怪。明明能通过 ARP 获得服务器的 MAC 地址（即 00:15:5d），但一看到对方的发来的包里 MAC 有变化（即变成 ec:b1:d7），就立即回复给这个新 MAC。一般的主机都是持续使用缓存在 ARP 表里的那个老 MAC 地址的。

也就是说，这两台设备各自有一个奇怪的特征，单独存在时都不会出问题，但是放到一起就不行了。我们只要纠正其中一方的行为，问题就能解决了。

运维人员最后选择在客户端启用 ARP 表，果然问题就消失了，因为从此客户端只发包给 00:15:5d。不过我最感兴趣的还是那台服务器的配置，为什么一个 IP 会对应两个 MAC 呢？后来终于拿到了配置信息，原来服务器上的多个网卡被绑定成一个 NIC Teaming，类型为 Transmit Load Balancing（TLB）。TLB 的特点就是收包工作只由一个网卡负责，发包工作则分摊给所有网卡，如图 5 所示。也就是说 00:15:5d 既能收也能发，但 ec:b1:d7 只能发不能收，所以当客户端把包回给 ec:b1:d7 的时候就被丢弃了。

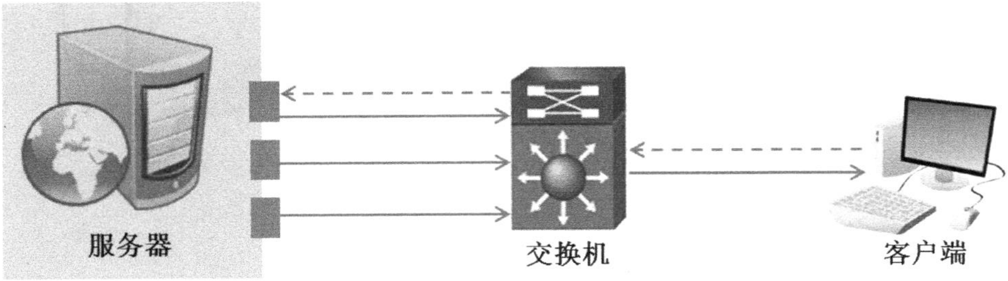
服务器
交换机
客户端

图 5

像这样隐蔽的问题，假如没有 Wireshark 真不知道如何解决。而有了 Wireshark 却显得很简单，即使对配置信息一无所知也能迎刃而解。如果说有什么工具能彻底改善工作体验，我的回答毫无疑问是 Wireshark。

昙花一现的协议

1998 年，在波士顿附近的一座小镇上，几位技术人员被召集到了一起。他们都是存储巨头 EMC 的工程师，目的是找到一个方法来缓解当时网络带宽所形成的性能瓶颈。

今天的年轻人已经难以想象 20 世纪 90 年代的网络带宽是什么样子的。初期连数据中心里的服务器都只有十兆，后来才增加到百兆。而现在一台廉价电脑都已经配千兆卡了，这样对比一下你就能理解当时的网络有多落后。低带宽对个人电脑还不算大问题，但对企业级服务器就是严重的瓶颈了，比如在网络存储上读写大量数据的时候（拓扑见图 1）。想象一下，假如你是当时皮克斯动画工作室的员工，每天要访问动辄 1 GB 以上的视频文件，性能体验该有多糟糕。有什么办法可以解决这个问题呢？

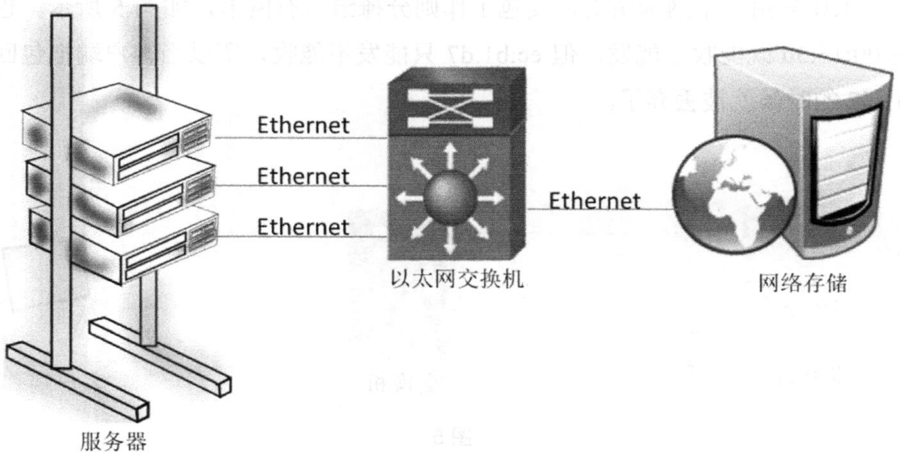
Ethernet
Ethernet
Ethernet
Ethernet
以太网交换机
网络存储
服务器

图 1

以我的创新能力和知识视野，如果参与这个项目估计只能做做流控，尽量使传输性能接近理论最大值。而这个项目组显然更有创意，他们想到了当时带宽已经达到 2 Gbit/s 的 FC（Fibre Channel）。成功的话可以从百兆提升到 2 Gbit/s，增幅的确非常大。

讲到这里就得补充一下网络存储的架构。如图 2 所示[①]，当时的网络存储是用多个硬盘组成 LUN（即一层虚拟的存储设备），然后再在 LUN 上创建文件系统，供以太网上的 NFS 或 CIFS 客户端访问。

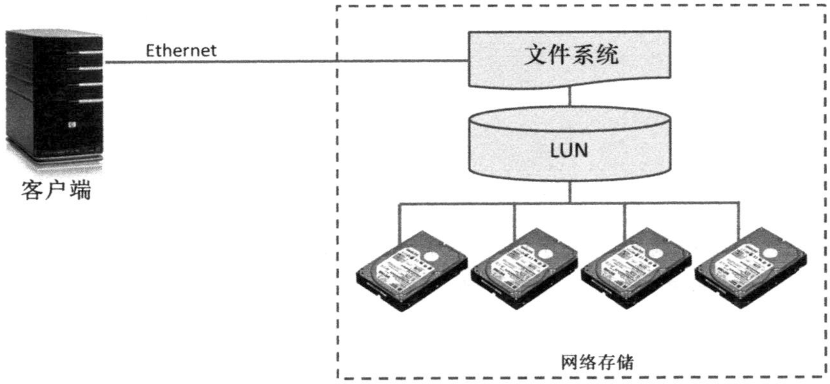
Ethernet
文件系统
LUN
客户端
网络存储

图 2

可惜 FC 有别于以太网，它支持访问 LUN，但不支持访问文件系统。也就是说，我们不能简单地把图 2 的以太网连接替换成 FC。如果把客户端和 LUN 之间用 FC 连接起来，变成图 3 的样子，那么带宽的确能提高好多倍。然而新的问题又来了，客户端是不知道文件存放在 LUN 上的位置的，所以即使连上了也不知道怎么读写。这使我们处于一个两难的境地。

1. 客户端能通过以太网访问文件系统，但是带宽太小了。

2. 客户端能从 FC 访问 LUN，却不知道文件在 LUN 上的存放位置。

① 此图中的客户端相当于图 1 中服务器的角色。

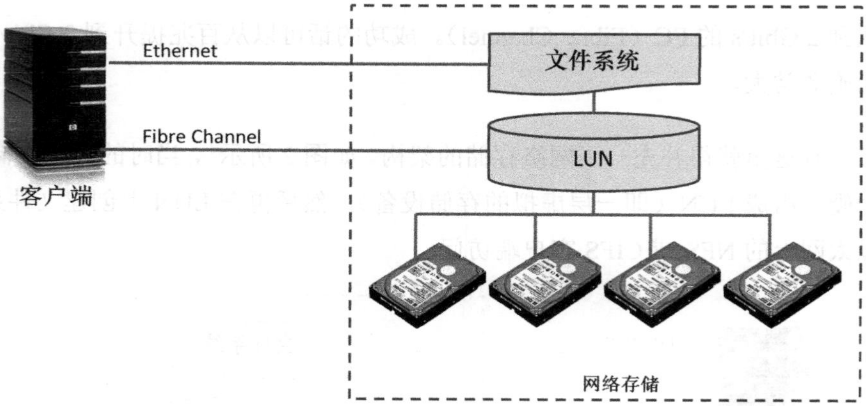
Ethernet
Fibre Channel
客户端
文件系统
LUN
网络存储
图 3

怎么办呢？这个项目组想到了一个办法。他们把以太网和 FC 的优势结合起来。**先通过以太网访问文件系统，获知文件存放在 LUN 上的位置，然后再通过 FC 去 LUN 上读写。**由于文件位置的数据量很小，所以通过小带宽的以太网也能快速完成；而文件内容的数据量很大，FC 的大带宽也能充分发挥优势。根据这个原理，项目组开发了一个叫 FMP（File Mapping Protocol）的网络协议，专门用于客户端向文件系统查询文件的存放位置。图 4 展示了增加 FC 连接后的拓扑，即两种网络协作传输的样子。

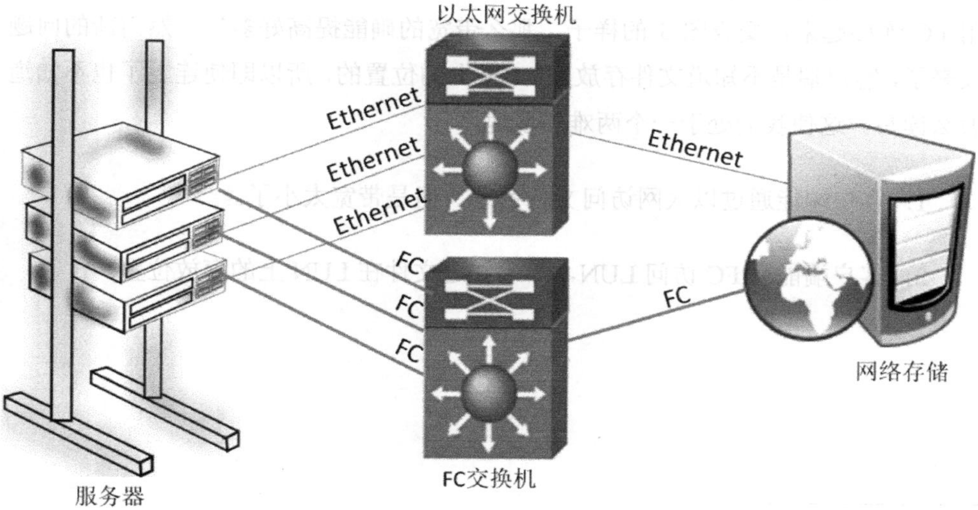
以太网交换机
Ethernet
Ethernet
Ethernet
Ethernet
FC
FC
FC
FC
网络存储
服务器
FC交换机
图 4

访问文件当然不仅是读写内容这么简单，还要操作元数据和避免访问冲突，等等。当时 CIFS 和 NFS 协议在这方面已经很成熟了，所以 FMP 就和它们结合起来使用。**只有当客户端需要读写大块的文件内容时才调用 FMP，然后再通过 FC 访问其文件内容，其他时候照样走 CIFS 和 NFS。**举个例子，如果我们看中了文件系统里一部 10 GB 的电影，那就通过 FMP 获得该电影文件在 LUN 上的存放位置，然后再通过 FC 快速地下载它。如果我们只需要读一个 1 KB 的小文件，那直接通过 CIFS 或 NFS 就行了，因为用了 FC 也不见得能提高多少性能。换句话说，就是用 FMP 拓展了 CIFS 和 NFS，使它们适用于高性能场合。

至今我的电脑中还保存着一份 FMP 网络包。如图 5 所示，Protocol 显示为 FMP，存储服务器通过 GetMap Reply 把文件内容在 LUN 上的位置（Extent）告知客户端。实现起来就这么简单。

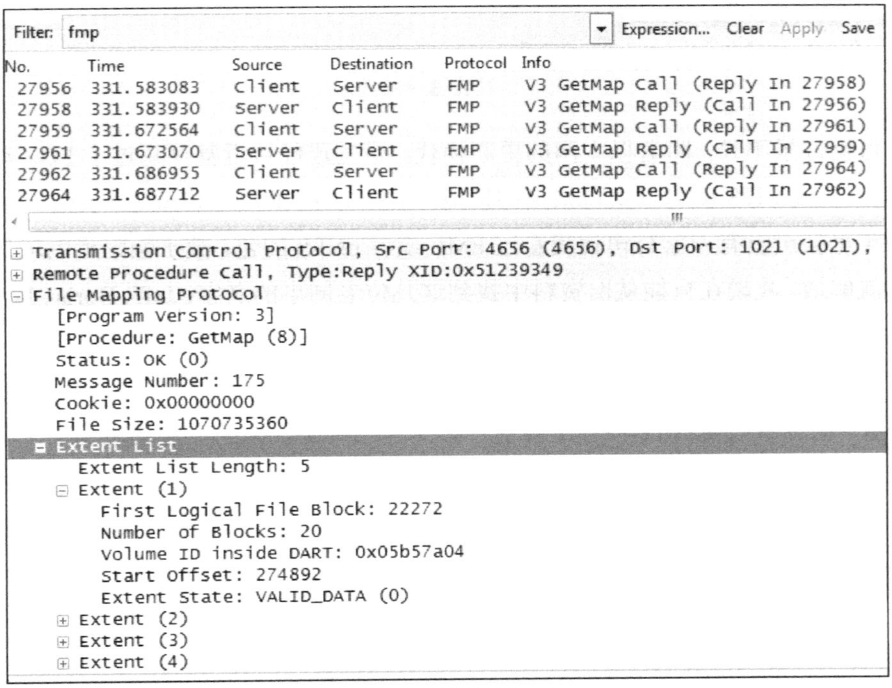
Filter: fmp
Expression... Clear Apply Save
No. Time Source Destination Protocol Info
27956 331.583083 Client Server FMP V3 GetMap Call (Reply In 27958)
27958 331.583930 Server Client FMP V3 GetMap Reply (Call In 27956)
27959 331.672564 Client Server FMP V3 GetMap Call (Reply In 27961)
27961 331.673070 Server Client FMP V3 GetMap Reply (Call In 27959)
27962 331.686955 Client Server FMP V3 GetMap Call (Reply In 27964)
27964 331.687712 Server Client FMP V3 GetMap Reply (Call In 27962)
Transmission Control Protocol, Src Port: 4656 (4656), Dst Port: 1021 (1021),
Remote Procedure Call, Type:Reply XID:0x51239349
File Mapping Protocol
[Program Version: 3]
[Procedure: GetMap (8)]
Status: OK (0)
Message Number: 175
Cookie: 0x00000000
File Size: 1070735360
Extent List
Extent List Length: 5
Extent (1)
First Logical File Block: 22272
Number of Blocks: 20
Volume ID inside DART: 0x05b57a04
Start Offset: 274892
Extent State: VALID_DATA (0)
Extent (2)
Extent (3)
Extent (4)

图 5

FMP 刚面世的时候颇受欢迎，因为性能提升太明显了，连中国最顶尖的科研机构和证券公司都在用它，我刚毕业时还用 Wireshark 帮它们分析过几次 FMP 包。

用我国学术界今年流行的语言来说，这个技术也算是“突破了冯·诺依曼瓶颈的束缚，产生了巨大的国际影响”。后来的 pNFS（即 NFSv4.1）也借用了它的理念，图 6 中的 LAYOUTGET 操作，本质上和图 5 的 GetMap 就是异曲同工。

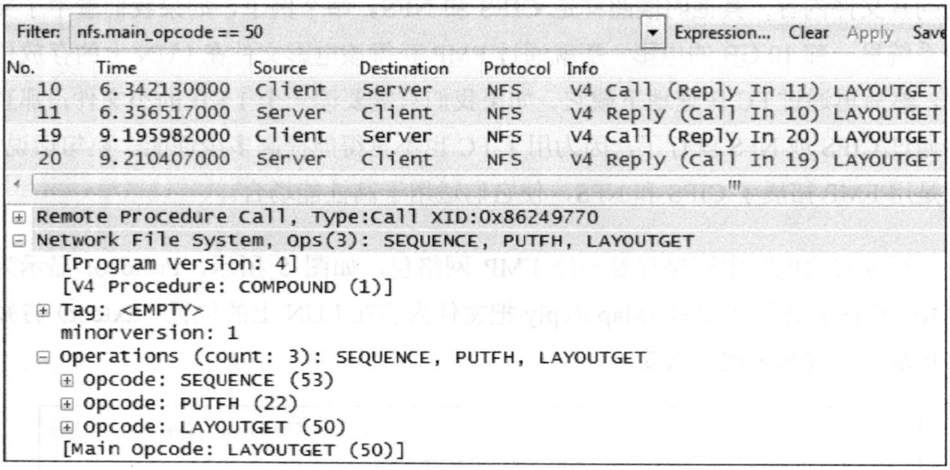
Filter: nfs.main_opcode == 50
Expression... Clear Apply Save
No. Time Source Destination Protocol Info
10 6.342130000 Client Server NFS V4 Call (Reply In 11) LAYOUTGET
11 6.356517000 Server Client NFS V4 Reply (Call In 10) LAYOUTGET
19 9.195982000 Client Server NFS V4 Call (Reply In 20) LAYOUTGET
20 9.210407000 Server Client NFS V4 Reply (Call In 19) LAYOUTGET
Remote Procedure Call, Type:Call XID:0x86249770
Network File System, Ops(3): SEQUENCE, PUTFH, LAYOUTGET
[Program Version: 4]
[V4 Procedure: COMPOUND (1)]
Tag: <EMPTY>
minorversion: 1
Operations (count: 3): SEQUENCE, PUTFH, LAYOUTGET
Opcode: SEQUENCE (53)
Opcode: PUTFH (22)
Opcode: LAYOUTGET (50)
[Main Opcode: LAYOUTGET (50)]

图 6

可惜好景不长，随着以太网的更新换代，带宽已经接近甚至超过了 FC。现在单用 NFS 或 CIFS 就可以实现很高的性能，依赖 FMP 的场景也就越来越少了，过去两年里甚至没有一家公司找我看过 FMP 或者 pNFS 的包。波士顿附近的项目组也早就解散，我现在只能从旧资料中找到这几位老同事的名字：Jeff、Boris、Jason、Peter，还有一位姓 Jiang 的华人。在世界 IT 史上，类似命运的优秀产品还有不少，美好而短暂，就像昙花一现。我写这篇文章并不只是为了缅怀这个我付出过心血的协议，也想借它揭示 IT 界一个普遍规律——网络协议的面世是受市场需求驱使的。我们完全可以根据自己的需要设计一个新协议，不要以为这是遥不可及的事情。不过在这个日新月异的领域中，新的协议可能很快就会老去，而老协议却可以焕发第二春。唯一能青春永驻的，只有 Wireshark 了。

另一种流控

我朋友最近遇到了一桩怪事，他把服务器的网络从千兆改造成万兆，没想到用户纷纷抱怨性能下降。于是他不得不降回千兆，用户们反而感觉性能恢复了。朋友觉得很委屈，不明白是什么原因导致他好心办成了坏事。

改造之后的网络拓扑大体如图 1 所示。交换机和服务器之间从千兆升到万兆了，而客户端和交换机之间维持千兆不变。

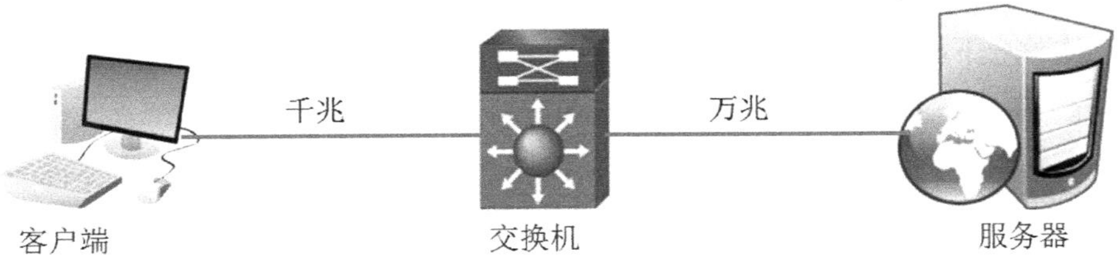
千兆
万兆
客户端
交换机
服务器

图 1

我分析了改造前后的网络包。发现当数据从客户端流向服务器时，两者看不出任何差别。但是当数据从服务器流向客户端时，改造后的重传率明显增加了。我们可以在 Wireshark 上点击 Analyze 菜单，再点击 Expert Info 看到重传统计，如图 2 所示。

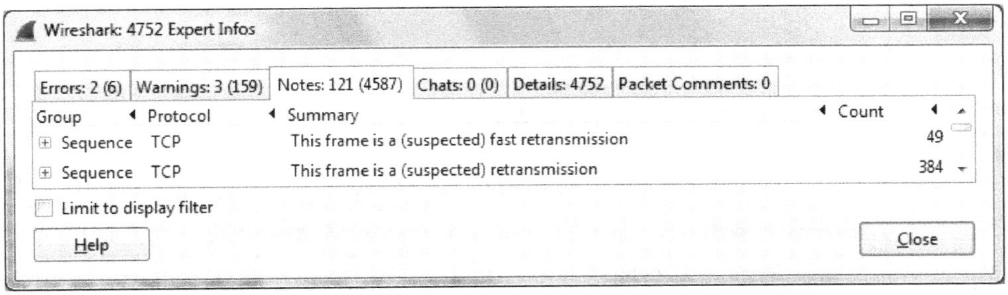
Wireshark: 4752 Expert Infos
Errors: 2 (6)
Warnings: 3 (159)
Notes: 121 (4587)
Chats: 0 (0)
Details: 4752
Packet Comments: 0
Group
Protocol
Summary
Count
Sequence
TCP
This frame is a (suspected) fast retransmission
49
Sequence
TCP
This frame is a (suspected) retransmission
384
Limit to display filter
Help
Close

图 2

这里要补充说明一下，只要很少的丢包重传就足以对性能造成巨大影响。当局域网中的重传率超过 0.1%就值得采取措施了，快速重传和超时重传的影响很不一样，所以这个经验值仅供参考。假如能降低到零当然最好，但实际上 0.01%以下的重传率是很难消除的。

从 Wireshark 看到重传现象之后，接下来的任务就是找出为什么高带宽反而伴随着更多重传了。我的猜测是**换成万兆之后，服务器的发送速度加快了，但由于客户端还是千兆的，一时消化不了这么多，所以数据就拥堵在交换机上。当交换机的缓冲区被占满时，就不得不把包丢掉，从而导致总体性能反而不如改造前。**

网络理论说起来太抽象了，所以我们用图 3 来辅助理解。水龙头相当于服务器，漏斗相当于交换机。改造前的水龙头流速和漏斗的出口流速保持一致，所以虽然不快但也不至于溢出。把水龙头改造变大之后，其流速超过了漏斗出口的流速，因此过了一段时间水就会溢出漏斗。下次你开车堵在下高架的匝道上时，也可以体验一下相同的拥塞原理。

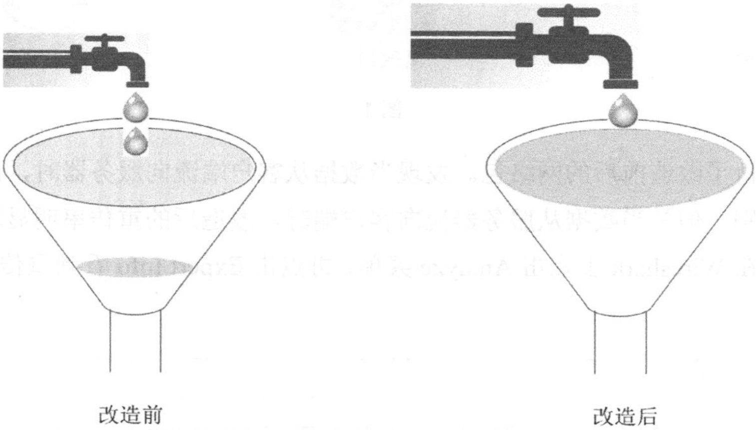
改造前
改造后

图 3

那像我朋友一样把万兆改回千兆就是对的吗？其实也不一定，假如有 10 个客户端同时从服务器下载数据，那在服务器上用万兆网络就很合适，因为这些客户端可以平摊流量，数据就不会拥堵在交换机上。这相当于在漏斗上再挖 9 个出水口，也就不会溢出来了。换句话说，**服务器的带宽本来就应该比客户端大才合理，尤其是在客户端特别多的时候。不过为了避免拥塞，最好设计一种流控机制，允**

许交换机在过载时通知服务器发慢一点，即便暂停传输的效果也会比拥塞丢包好。

IEEE 802.3x 所定义的“暂停帧”（Pause Frame）就实现了这个功能。

- **当交换机的缓冲区即将被填满时，它可以给服务器发一个暂停帧，让它等待一会再发。这样就避免了溢出丢包，从而避免了重传。**交换机在等待时间里会继续把缓冲区的数据传给客户端，使负担得以释放。

- 服务器需要等待的时间长度是由暂停帧指定的 pause_time 指定的。过了等待时间之后，服务器才可以发数据。

- 假如交换机缓冲区里的数据提前消化了，它还可以给服务器发一个 pause_time 为 0 的暂停帧，告诉服务器无需等待了。

我的实验室机器上抓不到暂停帧，因为它太底层了。好在 Wikipedia 上有一个例子，是暂停时间为 65535 quanta 的（每个 quanta 相当于 512 比特时间），如图 4 所示。有兴趣分析这种包的话，也可以到 Wireshark 官网下载示例包。

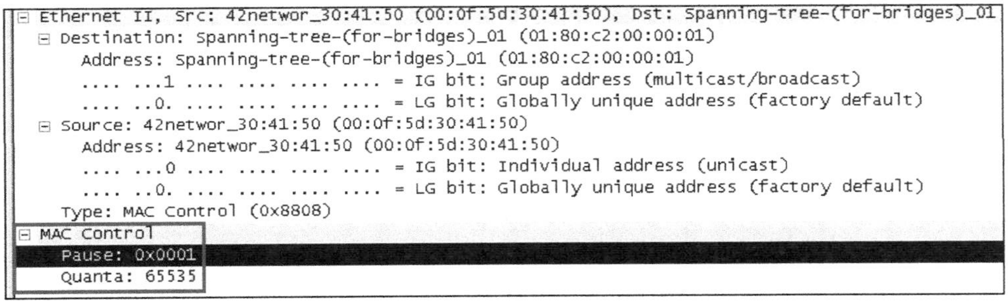
Ethernet II, Src: 42networ_30:41:50 (00:0f:5d:30:41:50), Dst: Spanning-tree-(for-bridges)_01
Destination: Spanning-tree-(for-bridges)_01 (01:80:c2:00:00:01)
Address: Spanning-tree-(for-bridges)_01 (01:80:c2:00:00:01)
....1 .... = IG bit: Group address (multicast/broadcast)
.... ..0. .... = LG bit: Globally unique address (factory default)
Source: 42networ_30:41:50 (00:0f:5d:30:41:50)
Address: 42networ_30:41:50 (00:0f:5d:30:41:50)
....0 .... = IG bit: Individual address (unicast)
.... ..0. .... = LG bit: Globally unique address (factory default)
Type: MAC Control (0x8808)
MAC Control
Pause: 0x0001
Quanta: 65535

图 4

暂停帧的 Destination MAC 地址固定是 01-80-C2-00-00-01，所以在不同的环境中看到相同的地址也不要觉得奇怪。另外，暂停帧可以是双向的，即服务器在必要的时候也可以向交换机请求暂停。

在过去几年里，我在不少生产环境中利用暂停帧解决过性能问题。现在 FCoE（Fibre Channel over Ethernet）技术似乎有发展的势头，它也需要依赖暂停帧来缓解拥塞，所以相信暂停帧的应用会越来越广泛的。记住要在主机和交换机上都相应配好，否则是不会起效的，配置命令请参照厂商提供的手册。

从暂停帧的工作原理可知，它适用于相邻设备间的流控，所以在图 1 这样的环境中可以工作得很好。但是在图 5 的环境中，如果你指望它从客户端一路影响到服务器，那就不现实了。只有 TCP 层的流控，才能立即作用于整个路径。

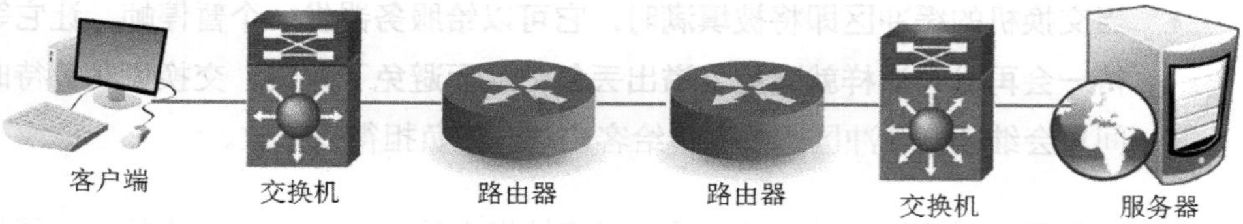
客户端
交换机
路由器
路由器
交换机
服务器

图 5

过犹不及

也许我应该去注册一家公司，专门提供网络分析服务。目前看来生意应该会不错，因为已经有很多人来找我分析网络包了，有的居然还主动要求付费，让我觉得技术员的人生还是有**一点点**希望的。比如最近有个中东公司的远程镜像偏慢，研究了很久都没有进展，因此便寄希望于 Wireshark，抓了个包给我分析。

该环境的网络拓扑如图 1 所示，主数据中心位于中东，需要定时把新数据同步到英国去，常常因为传输太慢而同步超时。

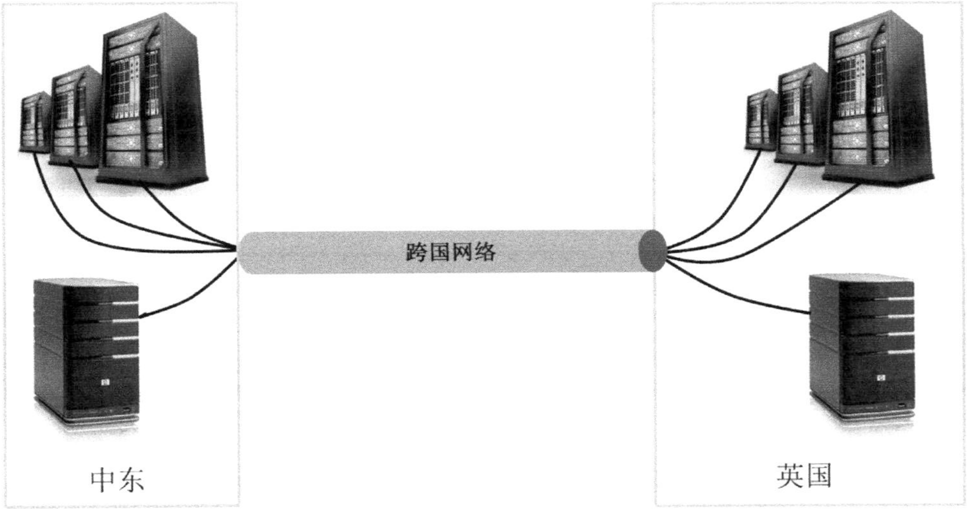
跨国网络
中东
英国

图 1

我用 Wireshark 打开网络包，找到 Analyze→Expert Info 菜单选项，果然看到了图 2 所示的大量重传。由于全部网络包也就十多万个，这个重传比例已经算相当高了。

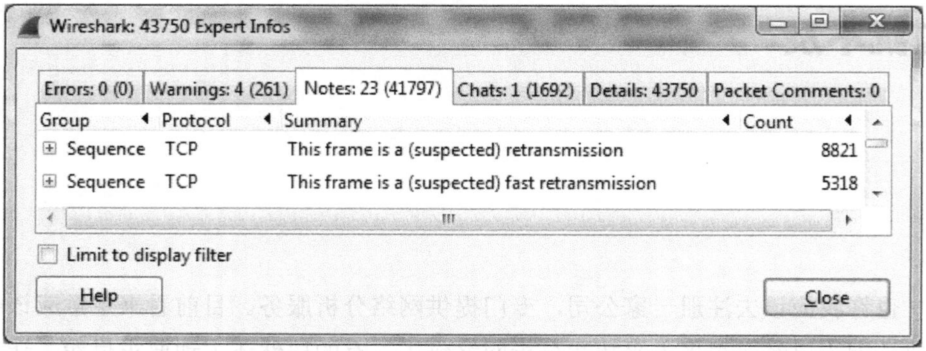
Wireshark: 43750 Expert Infos
Errors: 0 (0)
Warnings: 4 (261)
Notes: 23 (41797)
Chats: 1 (1692)
Details: 43750
Packet Comments: 0
Group
Protocol
Summary
Count
Sequence TCP This frame is a (suspected) retransmission 8821
Sequence TCP This frame is a (suspected) fast retransmission 5318
Limit to display filter
Help
Close

图 2

那导致重传的因素是什么呢？当我点到Statistics→Conversations菜单选项时，图 3 的统计结果似乎给了一些启示——这台服务器竟然用了 50 个 TCP 连接来做数据同步。

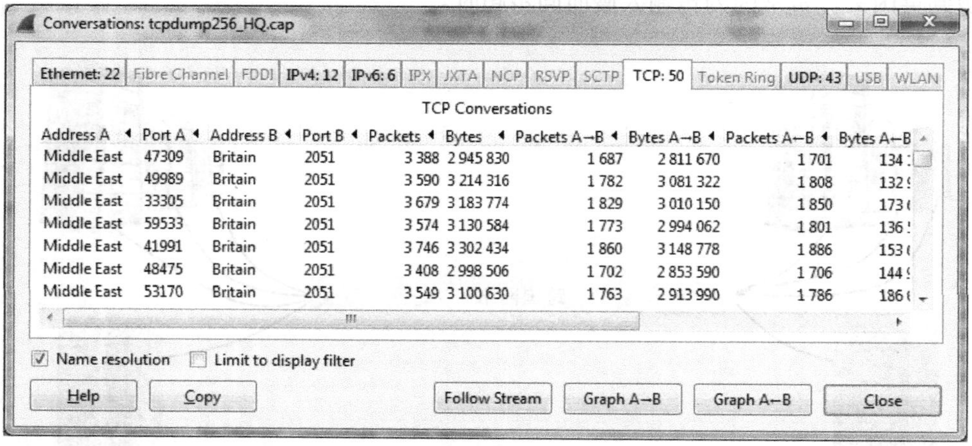
Conversations: tcpdump256_HQ.cap
Ethernet: 22
Fibre Channel
FDDI
IPv4: 12
IPv6: 6
IPX
JXTA
NCP
RSVP
SCTP
TCP: 50
Token Ring
UDP: 43
USB
WLAN
TCP Conversations
Address A Port A Address B Port B Packets Bytes Packets A→B Bytes A→B Packets A←B Bytes A←B
Middle East 47309 Britain 2051 3 388 2 945 830 1 687 2 811 670 1 701
Middle East 49989 Britain 2051 3 590 3 214 316 1 782 3 081 322 1 808
Middle East 33305 Britain 2051 3 679 3 183 774 1 829 3 010 150 1 850
Middle East 59533 Britain 2051 3 574 3 130 584 1 773 2 994 062 1 801
Middle East 41991 Britain 2051 3 746 3 302 434 1 860 3 148 778 1 886
Middle East 48475 Britain 2051 3 408 2 998 506 1 702 2 853 590 1 706
Middle East 53170 Britain 2051 3 549 3 100 630 1 763 2 913 990 1 786
Name resolution
Limit to display filter
Help
Copy
Follow Stream
Graph A→B
Graph A←B
Close

图 3

使用多个 TCP 连接的原因不难理解。因为网络延迟、拥塞和应用层设计等因素，**单个连接无法占满整个物理链路。**比如用某些协议传输一连串字母所命名的小文件时，在链路上可能形成图 4 这样的断断续续的数据流，就像用吸管喝饮料时混进了大量的空气。

H
G
F
E
D
C
B
A

图 4

这个问题的确是可以通过增加一些连接数占满链路来解决。图 5 演示了增加一个连接后的状况（传输的是一连串数字命名的文件），可见相同时间里传输的数据总量增加了。

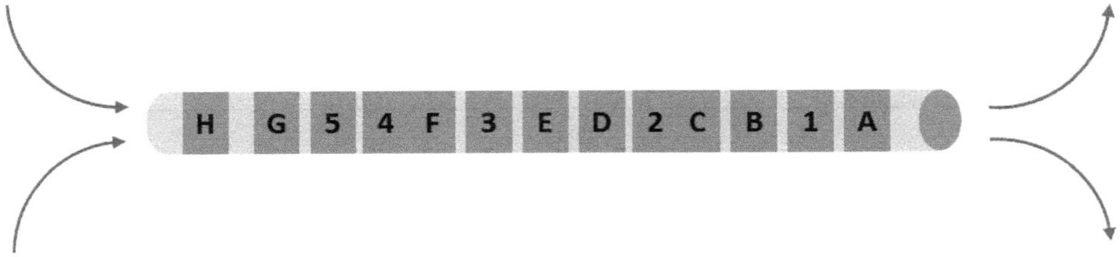
H G 5 4 F 3 E D 2 C B 1 A

图 5

那是不是连接数越多越好呢？从理论上看并非如此。**当连接数多到足以占满整个链路时，再增加连接就没有意义了，甚至可能带来负面效果**。这是由以下原因造成的。

- 多个连接需要更高的资源成本。比如连接的建立和断开，以及维护每个连接需要分配的内存，都会消耗服务器的资源。
- 太多连接抢占同一个链路，有可能会增加丢包率。就像用多辆车来运输货物可以加快速度一样，当车辆多到足以引发交通事故时就适得其反了。说不定图 2 中的丢包就有一部分是过多的连接数导致的。

以上只是理论分析，我决定在实验室中粗略模拟一下。该实验环境中的最大发送窗口是 65535 字节，当我只启用一个 TCP 连接时，“中东”很快就发送了 65535 字节的“在途字节数”，即耗光了发送窗口，因此 Wireshark 提示［TCP window Full］（见图 6）。这种情况下“中东”只好停下来等待“英国”的 Ack，收到 Ack 后才能接着往下传。这也说明了带宽没有被完全利用，应该增加发送窗口或者连接数来补充。当我把连接数增加到 3 个时，果然就不再看到这个提示了。

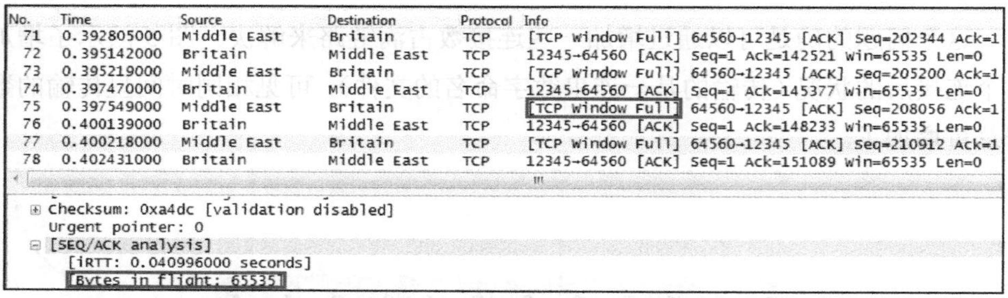
No. Time Source Destination Protocol Info
71 0.392805000 Middle East Britain TCP [TCP Window Full] 64560→12345 [ACK] Seq=202344 Ack=1
72 0.395142000 Britain Middle East TCP 12345→64560 [ACK] Seq=1 Ack=142521 Win=65535 Len=0
73 0.395219000 Middle East Britain TCP [TCP Window Full] 64560→12345 [ACK] Seq=205200 Ack=1
74 0.397470000 Britain Middle East TCP 12345→64560 [ACK] Seq=1 Ack=145377 Win=65535 Len=0
75 0.397549000 Middle East Britain TCP [TCP Window Full] 64560→12345 [ACK] Seq=208056 Ack=1
76 0.400139000 Britain Middle East TCP 12345→64560 [ACK] Seq=1 Ack=148233 Win=65535 Len=0
77 0.400218000 Middle East Britain TCP [TCP Window Full] 64560→12345 [ACK] Seq=210912 Ack=1
78 0.402431000 Britain Middle East TCP 12345→64560 [ACK] Seq=1 Ack=151089 Win=65535 Len=0
Checksum: 0xa4dc [validation disabled]
Urgent pointer: 0
[SEQ/ACK analysis]
[iRTT: 0.040996000 seconds]
[Bytes in flight: 65535]

图 6

注意：Wireshark 提示的 [TCP window Full] 和 [TCP zerowindow] 意义不同，但是有很多人会混淆。前者表示这个包的发送方意识到"在途字节数"已经达到对方所声明的接收窗口，不能再发了；而后者表示这个包的发送方意识到自己的缓存区已经满了，无法接收更多数据。

启用 3 个 TCP 连接时的性能如图 7 所示，为 5.055 Mbit/s，跟理想速度很接近（该公司租用的带宽确实小了点），此时在包里也没有看到重传。

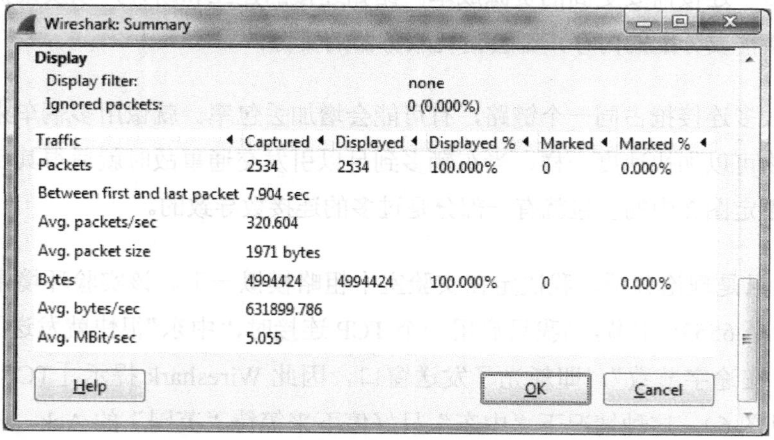
Wireshark: Summary
Display
Display filter: none
Ignored packets: 0 (0.000%)
Traffic Captured Displayed Displayed % Marked Marked %
Packets 2534 2534 100.000% 0 0.000%
Between first and last packet 7.904 sec
Avg. packets/sec 320.604
Avg. packet size 1971 bytes
Bytes 4994424 4994424 100.000% 0 0.000%
Avg. bytes/sec 631899.786
Avg. MBit/sec 5.055
Help
OK
Cancel

图 7

而当连接数增加到 50 个时，就降到了图 8 所示的 4.081 Mbit/s 了，差不多 20% 的幅度，同时也出现不少重传（重传图就不贴出来了）。可见实验结果和我们的理论分析一致。

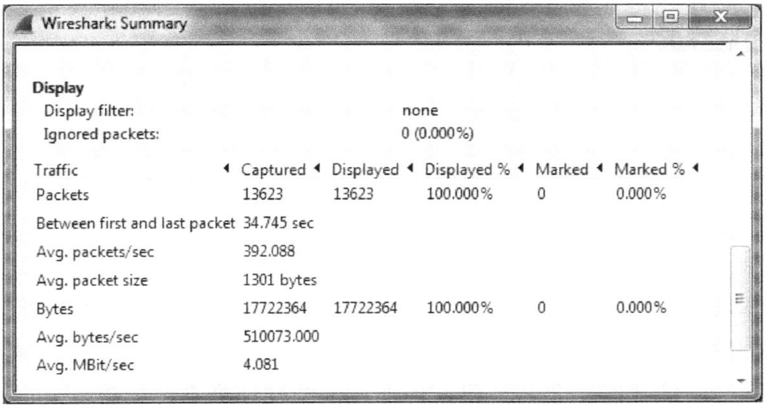
Wireshark: Summary
Display
Display filter: none
Ignored packets: 0 (0.000%)
Traffic Captured Displayed Displayed % Marked Marked %
Packets 13623 13623 100.000% 0 0.000%
Between first and last packet 34.745 sec
Avg. packets/sec 392.088
Avg. packet size 1301 bytes
Bytes 17722364 17722364 100.000% 0 0.000%
Avg. bytes/sec 510073.000
Avg. MBit/sec 4.081

图 8

以上分析，从理论到实验都说明了连接数并非越多越好。那究竟多少是最合适的呢？这和网络带宽、往返时间以及发送窗口都有关系。我没有固定的计算公式，只能一边调节连接数一边观测，测到最佳性能时的那个连接数就是了。本文开头提到的那个“中东-英国”镜像问题，后来也是这样调优的。不过这种调优一般提升幅度有限，对于很多中东土豪公司来说，最直截了当的方式还是购买带宽和加速器。

看到这里，你可能会想起在中国很流行的多线程下载工具，其原理是否也是通过提高链路利用率来提升速度呢？比如家里装了百兆宽带，用单线程下载电影的时候只有 100 KB/s，用了双线程就能接近 200 KB/s 了。这个原理其实和本文所分析的很不一样，**因为它的性能瓶颈并不在链路或者网络协议上，而是服务器给每个连接所设置的速度限额**。要是在服务器上解除了限额，那很可能单线程的性能也可以超过 200 KB/s。

治疗强迫症

作为理性程度排行第二的天蝎座男生，我当然不相信星座学说，更无法理解处女座们为什么宣称自己有强迫症。其实即使是轻度的强迫症都非常痛苦，经常遭受到各种细节的折磨，尤其是我这种连技术领域都逃不过的患者。举个简单的例子，十多年前我第一次编辑网络**共享文件**时就很焦虑，担心其他人也同时在编辑该文件，保存时会发生冲突。这种担忧挥之不去，以至于每次都要把共享文件移到本地硬盘，等编辑好了再移回去。

人们处理焦虑的方式各有不同，有些人喝喝咖啡晒晒太阳就觉得岁月静好了。可惜我就做不到这一点，一定要把细节都理清楚才能治愈，多年下来竟然也“被迫”学了不少知识。比如前面提到的共享文件的保存，如果用 Wireshark 探究一下，会发现满满都是技术含量，设计良好的软件能完全避免我所担心的意外。如果你需要开发一个处理文件的软件，也可以参（shān）考（zhài）这些设计。本文就通过几个简单的实验，分析一下 Notepad、Notepad++和 Microsoft Excel 在保存文件时的不同表现。

Notepad 实验

1. 让小明和小红分别在自己的电脑上用 Notepad 打开同一个共享文件 \\10.32.106.84\nas_share\Home\test\abc.txt。

2. 小明写上一句“我是小明”并保存，然后小红写上一句“我是小红”并保存。

3. 两人都关掉文件之后再打开，发现只有小红写的那句话保存下来了。

从实验结果可见，Notepad 完全没有保护机制，所以虽然两个人都保存成功，但小明保存的内容被小红保存的覆盖了。这种事情遇到一次就会给强迫症患者留下一辈子的阴影。

Notepad++实验

1. 让小明和小红分别在自己的电脑上用 Notepad++打开同一个共享文件 \\10.32.106.84\nas_share\Home\test\abc.txt。

2. 小明写上一句“我是小明”并保存，这时候小红的 NotePad++弹出图 1 所示的提示。

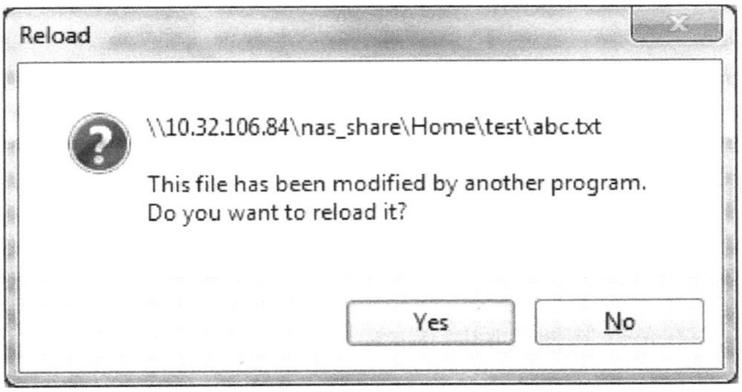
Reload
\\10.32.106.84\nas_share\Home\test\abc.txt
This file has been modified by another program.
Do you want to reload it?
Yes
No

图 1

3. 小红点击 Yes 加载了小明编辑过的内容，再写上一句“我是小红”并保存。

4. 两人都关掉文件之后再打开，发现两句话都被保存下来了。

从实验结果可见，Notepad++有不错的保护机制，所以不会导致数据丢失。那它是怎样实现这个机制的呢？用 Wireshark 看看就知道了。我在小红的电脑上启动抓包，发现当小明点击保存时，文件服务器给小红的电脑发了一个 Notify Response，即通知她文件 abc.txt 被改动了（见图 2 右下角）。Notepad++收到这个 Notify 之后，就可以提示小红重新加载文件内容了。原理就是这么简单。

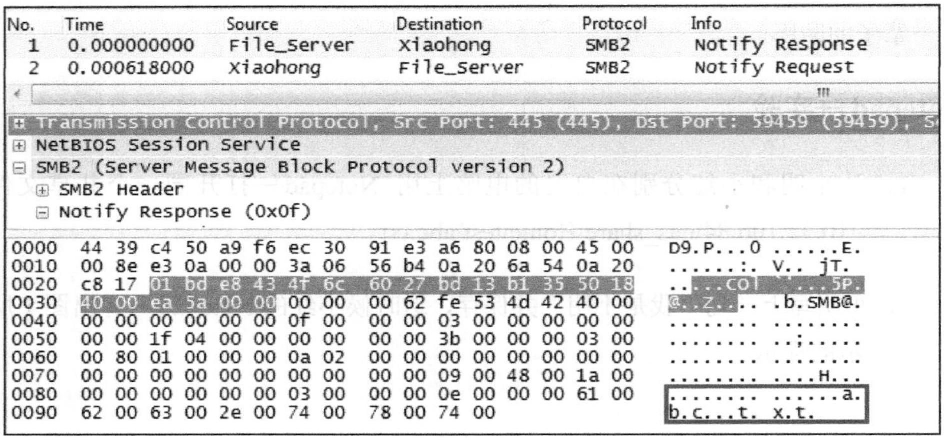
No. Time Source Destination Protocol Info
1 0.000000000 File_Server xiaohong SMB2 Notify Response
2 0.000618000 xiaohong File_Server SMB2 Notify Request
Transmission Control Protocol, Src Port: 445 (445), Dst Port: 59459 (59459), S
NetBIOS Session Service
SMB2 (Server Message Block Protocol version 2)
SMB2 Header
Notify Response (0x0f)
0000 44 39 c4 50 a9 f6 ec 30 91 e3 a6 80 08 00 45 00 D9.P...0 ......E.
0010 00 8e e3 0a 00 00 3a 06 56 b4 0a 20 6a 54 0a 20 ......:. V.. jT.
0020 c8 17 01 bd e8 43 4f 6c 60 27 bd 13 b1 35 50 18 .....COl `...5P.
0030 40 00 ea 5a 00 00 00 00 00 62 fe 53 4d 42 40 00 @..Z.... .b.SMB@.
0040 00 00 00 00 00 00 0f 00 00 00 03 00 00 00 00 00 ....
0050 00 00 1f 04 00 00 00 00 00 00 3b 00 00 00 03 00 ....;.....
0060 00 80 01 00 00 00 0a 02 00 00 00 00 00 00 00 00 ....
0070 00 00 00 00 00 00 00 00 00 00 09 00 48 00 1a 00 ....H...
0080 00 00 00 00 00 00 03 00 00 00 0e 00 00 00 61 00 ....a.
0090 62 00 63 00 2e 00 74 00 78 00 74 00 b.c...t. x.t.

图 2

Excel 实验

1. 让小明在自己的电脑上用 Excel 打开共享文件\\10.32.106.84\nas_share\Home\test\test.xlsx 并编辑。

2. 让小红也打开同一个文件，结果收到了图 3 所示的提示，说明小明把文件锁定了，不允许其他人同时编辑。

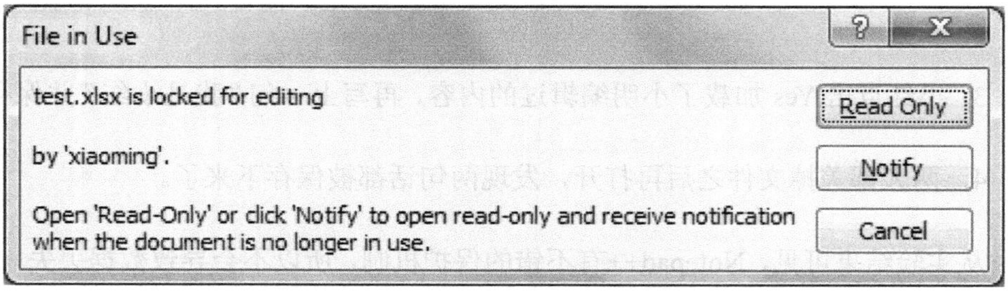
File in Use
test.xlsx is locked for editing
by 'xiaoming'.
Open 'Read-Only' or click 'Notify' to open read-only and receive notification when the document is no longer in use.
Read Only
Notify
Cancel

图 3

由实验结果可见，Excel 的保护机制更加严密且贴心，连谁在编辑该文件都提示出来了。因此小红可以根据提示找到小明，让他赶紧编辑好然后关掉。那么问题来了，Excel 是怎样做到这一切的呢？我在小红的电脑上抓了个包（见图 4），发现她在打开 test.xlsx 时，会尝试创建一个叫~$test.xlsx 的临时文件。而因为该文件已经被其他人创建并锁定，所以小红收到了“STATUS_SHARING_VIOLATION”的报错。接着小红读出~$test.xlsx 的内容，得到了锁定者的名字（见图 4 右下角的 xiaoming）。

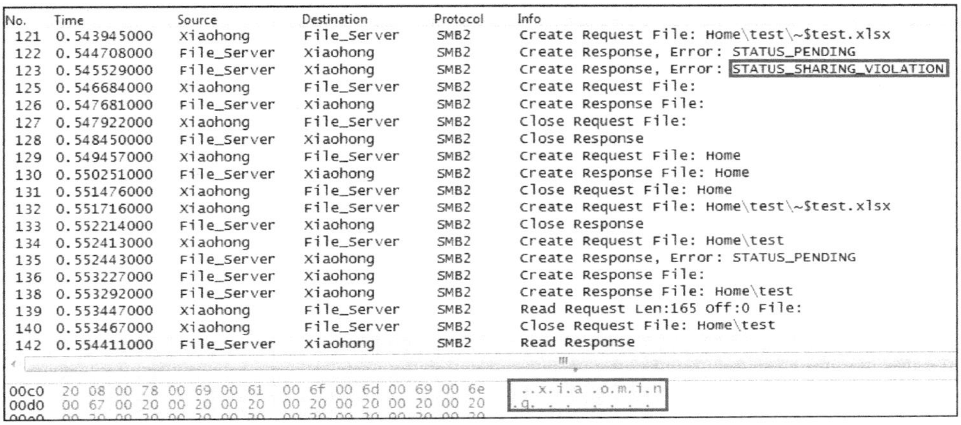
No. Time Source Destination Protocol Info
121 0.543945000 Xiaohong File_Server SMB2 Create Request File: Home\test\~$test.xlsx
122 0.544708000 File_Server Xiaohong SMB2 Create Response, Error: STATUS_PENDING
123 0.545529000 File_Server Xiaohong SMB2 Create Response, Error: STATUS_SHARING_VIOLATION
125 0.546684000 Xiaohong File_Server SMB2 Create Request File:
126 0.547681000 File_Server Xiaohong SMB2 Create Response File:
127 0.547922000 Xiaohong File_Server SMB2 Close Request File:
128 0.548450000 File_Server Xiaohong SMB2 Close Response
129 0.549457000 Xiaohong File_Server SMB2 Create Request File: Home
130 0.550251000 File_Server Xiaohong SMB2 Create Response File: Home
131 0.551476000 Xiaohong File_Server SMB2 Close Request File: Home
132 0.551716000 Xiaohong File_Server SMB2 Create Request File: Home\test\~$test.xlsx
133 0.552214000 File_Server Xiaohong SMB2 Close Response
134 0.552413000 Xiaohong File_Server SMB2 Create Request File: Home\test
135 0.552443000 File_Server Xiaohong SMB2 Create Response, Error: STATUS_PENDING
136 0.553227000 File_Server Xiaohong SMB2 Create Response File:
138 0.553292000 File_Server Xiaohong SMB2 Create Response File: Home\test
139 0.553447000 Xiaohong File_Server SMB2 Read Request Len:165 Off:0 File:
140 0.553467000 Xiaohong File_Server SMB2 Close Request File: Home\test
142 0.554411000 File_Server Xiaohong SMB2 Read Response
00c0 20 08 00 78 00 69 00 61 00 6f 00 6d 00 69 00 6e ..x.i.a .o.m.i.n
00d0 00 67 00 20 00 20 00 20 00 20 00 20 00 20 00 20 .g. . . . . . .

图 4

我在小明的电脑上也抓了包。从图 5 可见的确是他创建了~$test.xlsx 并在里面写上了自己的名字。

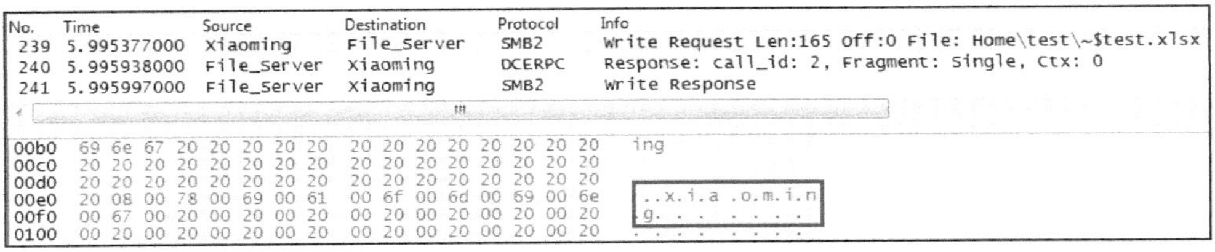
No. Time Source Destination Protocol Info
239 5.995377000 Xiaoming File_Server SMB2 Write Request Len:165 Off:0 File: Home\test\~$test.xlsx
240 5.995938000 File_Server Xiaoming DCERPC Response: call_id: 2, Fragment: Single, ctx: 0
241 5.995997000 File_Server Xiaoming SMB2 Write Response
00b0 69 6e 67 20 20 20 20 20 20 20 20 20 20 20 20 20 ing
00c0 20 20 20 20 20 20 20 20 20 20 20 20 20 20 20 20
00d0 20 20 20 20 20 20 20 20 20 20 20 20 20 20 20 20
00e0 20 08 00 78 00 69 00 61 00 6f 00 6d 00 69 00 6e ..x.i.a .o.m.i.n
00f0 00 67 00 20 00 20 00 20 00 20 00 20 00 20 00 20 .g. . . . . . .
0100 00 20 00 20 00 20 00 20 00 20 00 20 00 20 00 20 . . . .

图 5

分析到这里，我们就知道了 Excel 是怎样防止共享文件被意外覆盖的，因此编辑时再也不用焦虑了。我们还可以根据这个机制设计一些办公室恶作剧。比如说，小明可以在 Excel 的选项窗口中把用户名改成大老板的名字（见图 6 底部），这样其他人打开该文件时就会以为是大老板正在编辑了，只好干等着。

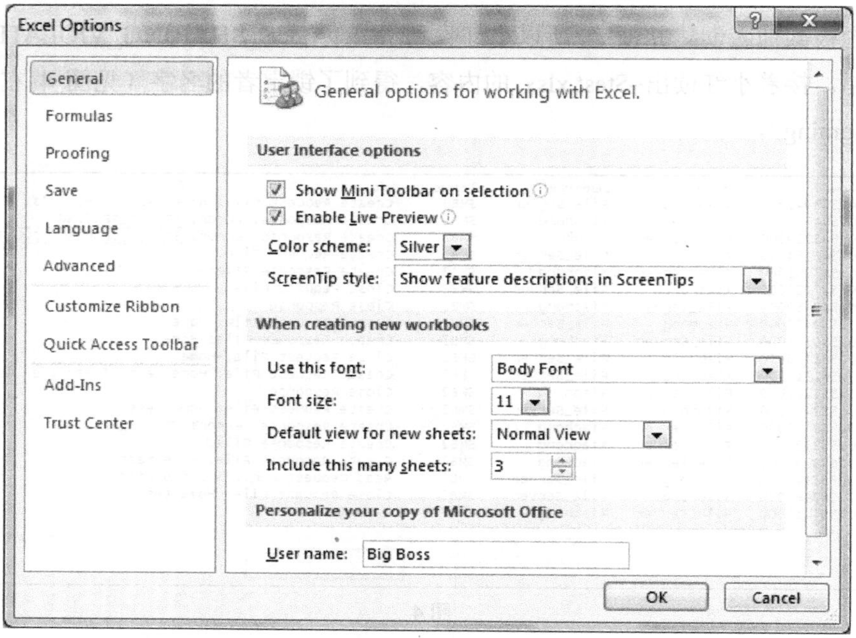
Excel Options
General
Formulas
Proofing
Save
Language
Advanced
Customize Ribbon
Quick Access Toolbar
Add-Ins
Trust Center
General options for working with Excel.
User Interface options
Show Mini Toolbar on selection
Enable Live Preview
Color scheme: Silver
ScreenTip style: Show feature descriptions in ScreenTips
When creating new workbooks
Use this font: Body Font
Font size: 11
Default view for new sheets: Normal View
Include this many sheets: 3
Personalize your copy of Microsoft Office
User name: Big Boss
OK
Cancel

图 6

本文只是 Wireshark 在反向工程上的简单应用。如果你对这方面很感兴趣，完全可以用它来研究其他软件，有些真的可以调查到很深入的程度。

技术与工龄

前几天被卷入了一场辩论，起因是有人说四十岁还在写代码便是人生输家。我当然是站在反方的，这年头坐在电脑面前就可以建设社会，既有成就感还能养家糊口的职业有多少？3W 咖啡馆里那么多怀揣 idea 的创业青年，都只差一个程序员就可以改变世界了，还不够你自豪的吗？不过反方提出的一些论据也很不科学，比如吹嘘自己身边的老工程师有多牛多牛，好像工龄长了都能修炼成仙一样。这一点我在刚毕业时就很不以为然，今天就借一个 Wireshark 案例表达一下我的看法。

这是我刚参加工作不久的事情。当时我还在休假，老板的电话就追杀过来了，说是有位大客户发飙，发来一封措辞极其严厉的邮件，导致我司没有工程师敢再跟他对话了。由于该邮件中贴了很多 Wireshark 截图，所以老板觉得由我来回应好一些。

虽然有被迫出台的感觉，但我还是仔细读了那封邮件。原来事情是这样的：这位客户买了我司最高端的服务器，可是上线后发现性能不太好，于是就投诉了。我司的技术支持认为瓶颈是在网络上，与服务器无关。客户闻之大怒，说自己已经分析过网络包，发现是服务器的缓存太小导致的，因为 TCP 接收窗口最大只有 16 KB（如图 1 方框所示）。

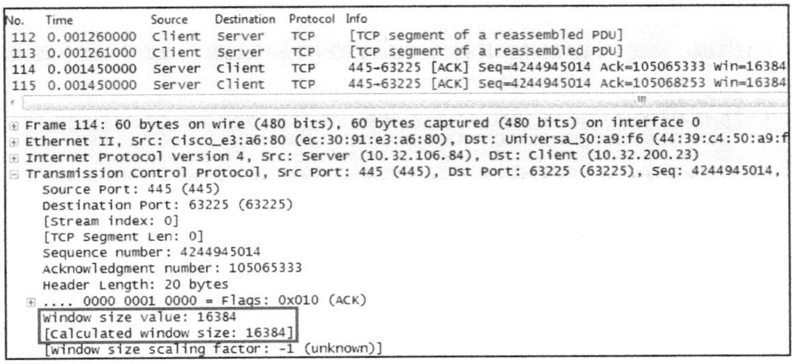
No. Time Source Destination Protocol Info
112 0.001260000 Client Server TCP [TCP segment of a reassembled PDU]
113 0.001261000 Client Server TCP [TCP segment of a reassembled PDU]
114 0.001450000 Server Client TCP 445→63225 [ACK] Seq=4244945014 Ack=105065333 Win=16384
115 0.001450000 Server Client TCP 445→63225 [ACK] Seq=4244945014 Ack=105068253 Win=16384
Frame 114: 60 bytes on wire (480 bits), 60 bytes captured (480 bits) on interface 0
Ethernet II, Src: Cisco_e3:a6:80 (ec:30:91:e3:a6:80), Dst: Universa_50:a9:f6 (44:39:c4:50:a9:f
Internet Protocol Version 4, Src: Server (10.32.106.84), Dst: Client (10.32.200.23)
Transmission Control Protocol, Src Port: 445 (445), Dst Port: 63225 (63225), Seq: 4244945014,
Source Port: 445 (445)
Destination Port: 63225 (63225)
[Stream index: 0]
[TCP Segment Len: 0]
Sequence number: 4244945014
Acknowledgment number: 105065333
Header Length: 20 bytes
.... 0000 0001 0000 = Flags: 0x010 (ACK)
Window size value: 16384
[Calculated window size: 16384]
[Window size scaling factor: -1 (unknown)]

图 1

这个截图果然把技术支持镇住了，因为 Wireshark 是不会骗人的，16 KB 的确是太小了啊。它意味着客户端每发 16 KB 的数据就不得不停下来等待服务器的 Ack，我一台廉价笔记本的接收窗口都不只 64 KB 呢。更糟糕的是，这位在签名档中特意注明了“首席工程师”的客户很不配合，嫌技术支持的资历太浅。整封邮件用词之傲娇，语气之自信，让我等新毕业生望而生畏。说实话，我之前见过的活人中，只有理发师是有首席头衔的。幸好本人脸皮够厚，而且擅长在复杂的纠纷中过滤出纯技术部分。

- 从 Wireshark 可见服务器的 TCP 接收窗口的确很小，这也是客户的论据。
- 接收窗口太小肯定会影响网络性能。
- 当前网络性能的确是很差。

这个推理过程看起来没有问题，我只能从最初始的论据着手研究了——服务器的接收窗口真的很小吗？仔细分析之后，我发现还真不一定。请看图 1 底部的 Wireshark 提示：“window size scaling factor: -1 (unknown)”，我当时也不懂是什么意思，只是觉得有必要搞清楚，查了很多文档后才知道里头大有文章。

在 TCP 协议刚被发明的时代，全世界的带宽都很小，因此不能一口气向网络中发送大量数据。基于这个原因，TCP 头中只给接收窗口预留了 16 个比特，这就意味着它最大只能表示 $2^{16}-1$=65535 字节。随着硬件的革命性进步，网络带宽越来越大，65535 字节已经不够用了。那有什么办法可以扩展接收窗口呢？TCP 头里是肯定没有多余的空间了，所以 RFC 1323 提供了一个有创意的方案，就是**在三次握手时双方都把一个叫“Window Scale”的值告知对方。对方收到后会把这个值当作 2 的指数，算出来的值再作为接收窗口的系数。有了这个系数就可以把接收窗口扩展好多倍了。**

理论说起来有点复杂，我们举个实际的例子，图 2 是三次握手的过程，服务器在 2 号包中声明它的 Window Scale 为 3，于是客户端收到后就把 3 作为 2 的指数，算得 2^3 等于 8。在此后的传输过程中，客户端收到服务器所声明的接收窗口就会自动乘以 8。比如在接下来的 3569 号包中（见图 3），服务器声明其接收窗口为 16384，那客户端就知道其真实的接收窗口应该是 16384×8=131072，从而突破了 65535 的限制。Wireshark 也是根据三次握手里看到的 Window Scale 值帮我们计算的，然后在括号中提示出来（注意，当你在 Wireshark 里看到一个括号，那往往意味着其内容是附加提示，而不是网络包本身的内容）。

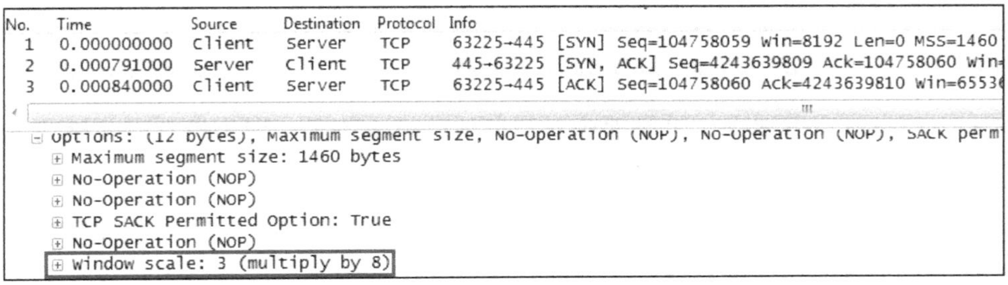
No. Time Source Destination Protocol Info
1 0.000000000 Client Server TCP 63225→445 [SYN] Seq=104758059 Win=8192 Len=0 MSS=1460
2 0.000791000 Server Client TCP 445→63225 [SYN, ACK] Seq=4243639809 Ack=104758060 Win
3 0.000840000 Client Server TCP 63225→445 [ACK] Seq=104758060 Ack=4243639810 Win=6553
Maximum segment size: 1460 bytes
No-Operation (NOP)
No-Operation (NOP)
TCP SACK Permitted Option: True
No-Operation (NOP)
Window scale: 3 (multiply by 8)

图 2

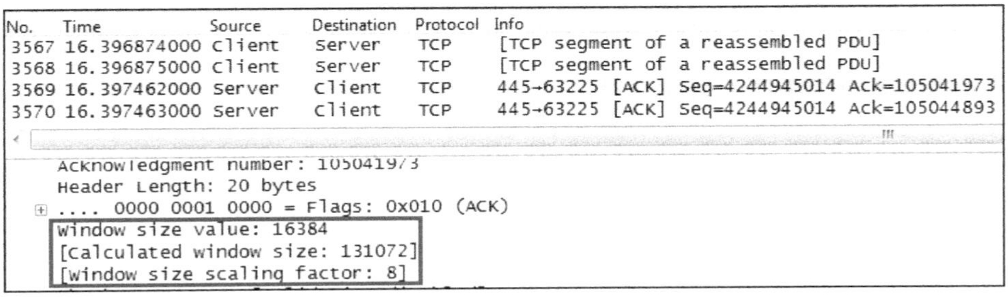
No. Time Source Destination Protocol Info
3567 16.396874000 Client Server TCP [TCP segment of a reassembled PDU]
3568 16.396875000 Client Server TCP [TCP segment of a reassembled PDU]
3569 16.397462000 Server Client TCP 445→63225 [ACK] Seq=4244945014 Ack=105041973
3570 16.397463000 Server Client TCP 445→63225 [ACK] Seq=4244945014 Ack=105044893
Header Length: 20 bytes
.... 0000 0001 0000 = Flags: 0x010 (ACK)
Window size value: 16384
[Calculated window size: 131072]
[Window size scaling factor: 8]

图 3

于是问题来了，**如果在三次握手之后才开始抓包会怎么样？不难想象，因为 Wireshark 无从知晓 Window Scale 的值，所以就无法计算出系数，只好显示出没有系数时的大小，**图 1 中的“window size scaling factor: -1 (unknown)”正好提示了这种情况。这也说明图 1 显示的“window size value: 16384”是因为 Wireshark 只看到了这个值，但不意味着真实的接收窗口就是 16384 字节。客户听了这些分析后恍然大悟，完全忘记我是刚毕业的，很配合地去查他的网路瓶颈了，最后果然发现问题根源和服务器无关。可见只要技术研究得足够深入，资历都可以当作浮云。

现在的我已经不会因为工龄受到歧视了，有些客户甚至要叫我叔叔，但类似遭遇还是会发生在年轻的同事身上。这也不是中国特有的问题，似乎东方文化都特别重视工龄。有一次请日本同事吃饭，才知道他们出电梯时竟然要以“社龄”为顺序，由入职早的“前辈”走在前面。幸好我也算老人了，否则就显得很不礼貌。

也许这也算是对经验的一种尊重吧，但我觉得没必要重视成这样，更不应该歧视新人。**工龄的确可以累积经验，但不一定能提高多少技能**，就像你花足够多的时间也可以把相对论背诵下来，但物理水平不会因此提高多少。我见到过最兢兢业业的老工程师，简直就是一个活体知识库，遇到很多问题都能在笔记本中翻出解决方案来。可是遇到新问题他就解决不了，因为没有深入钻研问题的习惯，对工具（比如 Wireshark）也不感兴趣。假如这位工程师和一个喜欢动脑筋的应届生应聘同一职位，我会毫不犹豫地选择应届生，**因为专业知识容易补，钻研精神却很难养成**，很可能一年后两个人的水平就差不多，再过一年就被反超了。何况工龄长的人也不一定就经验丰富。在一个职位呆了很多年的人，有可能是因为爱岗敬业，也可能是因为实在太弱了，一直想跳槽却没成功（我又暴露刻薄的本性了）。

如何科学地推卸责任

作为一名高尚的工程师，我们当然要勇于承担责任，这几乎是业内第一美德。不过只需承担自己的那部分就够了，不要把别人的也扛到身上，让真正的责任方来承担才最科学。

然而划分责任并不容易。现在一套 IT 系统往往涉及多个厂商的产品，比如 Oracle 的数据库装在了 EMC 的存储上，然后用 Cisco 的网络设备来做远程镜像。项目签收时各家销售都很开心，但等到出问题时就轮到售后头疼了。比如数据库的远程镜像老是同步不了，底层原因又不是一眼就能看出来的，这种情况应该由谁来负责呢？假设故障点是在网络上，那让 Oracle 的工程师来排查反而耽误时间了，难不成每次事故都要组织大会诊吗？还好有了 Wireshark，划分责任就简单多了，只要抓包分析就行。本文分享的便是这样一个案例。

我司做容灾产品的售后部门最近接到一个投诉，说远程镜像死活建不起来。技术支持工程师非常尽职，仔细地检查了所有配置，发现都是对的；又测试了网络连接，也都 ping 得通——总之看上去似乎什么都是好的，但就是建不起来。一般远程镜像的网络环境不会很复杂，就是通过层层路由，把数据从生产服务器复制到灾备服务器上，如图 1 所示。

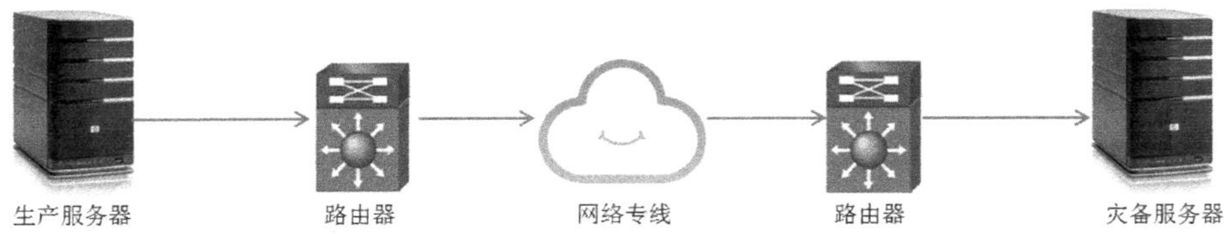
生产服务器
路由器
网络专线
路由器
灾备服务器

图 1

怎么办呢？你可能会觉得凡是林沛满分享的案例都是先抓个包，然后英明神武地用 Wireshark 解决掉了（希望没有给各位留下这样自吹自擂的印象）。不过这次却有点狼狈，我的确在**生产服务器**上抓了包，但是并没有看出原因。截图见图 2，生产环境（Prod_Server）的部分数据包发到灾备服务器（DR_Server）之后，收到了大量的 RST（即 RESET）回复，说明被拒绝了。

No.	Time	Source	Destination	Protocol	Info
24	3.042969	Prod_Server	DR_Server	TCP	54395→8888 [ACK] Seq=46613 Ack=291 Win=139
25	3.042969	DR_Server	Prod_Server	TCP	8888→54395 [ACK] Seq=291 Ack=32133 Win=209
26	3.042969	Prod_Server	DR_Server	TCP	54395→8888 [ACK] Seq=55301 Ack=291 Win=139
27	3.042969	DR_Server	Prod_Server	TCP	8888→54395 [ACK] Seq=291 Ack=36477 Win=209
28	3.042969	Prod_Server	DR_Server	TCP	54395→8888 [ACK] Seq=63989 Ack=291 Win=139
29	3.046875	DR_Server	Prod_Server	TCP	8888→54395 [RST] Seq=291 Win=262144 Len=0
30	3.046875	DR_Server	Prod_Server	TCP	8888→54395 [RST] Seq=291 Win=262144 Len=0
31	3.046875	DR_Server	Prod_Server	TCP	8888→54395 [RST] Seq=291 Win=262144 Len=0
32	3.046875	DR_Server	Prod_Server	TCP	8888→54395 [RST] Seq=291 Win=262144 Len=0
33	3.046875	DR_Server	Prod_Server	TCP	8888→54395 [RST] Seq=291 Win=262144 Len=0
34	3.046875	DR_Server	Prod_Server	TCP	8888→54395 [RST] Seq=291 Win=262144 Len=0

图 2

客户斩钉截铁，“你看一目了然吧，Wireshark 上带 RST 标志的包明显都是从灾备服务器发出来的，所以就是你们的设备有问题，应该由你们来负责。”我对他的推理无力反驳，的确应该到灾备服务器上检查配置和日志。这可把我们的技术支持急坏了，因为他在灾备服务器上完全查不出问题。

我们似乎走进了一条死胡同。Wireshark 把原因指向了灾备，但我们在灾备上又没有发现问题。走投无路之际，我只好从头再梳理一遍，看看有没有漏掉什么。最后还真让我想到一个可能性——虽然在生产服务器上看到了 RST 包，但这并不能证明该包一定就是从灾备发过来的。假如是网络路径上的某个设备伪装成灾备发的，那就不算我们的责任啦，应该在两边的服务器上**同时抓包**才能判断。技术支持工程师也没有更好的办法，只好照办了，喜讯也很快传来：灾备那边果然没有发过 RST 包，客户在铁证面前也认同了我们的观点。这责任推卸得堪称完美。

既然和我司无关，我也就不再关注这件事情了。没想到几天后和同事吃饭时，听说这案子还没有了结。仔细打听了一下，原来客户不知道怎样定位发 RST 的那台设备，所以问题还是解决不了。帮人帮到底，能否用 Wireshark 来辅助定位呢？我们研究了一下，发现还是可以的：根据 RFC 1812，一个网络包的 TTL 每减去 1 就意味着它经过一次路由。接下来我们再看图 3，RST 包的 TTL 为 62。由于 TTL 的初始值一般为 64，那就说明很可能是距离生产服务器两跳（64−62=2）的那台设备发出来的。客户只需翻出网络拓扑图，就能大概知道是哪台设备了。

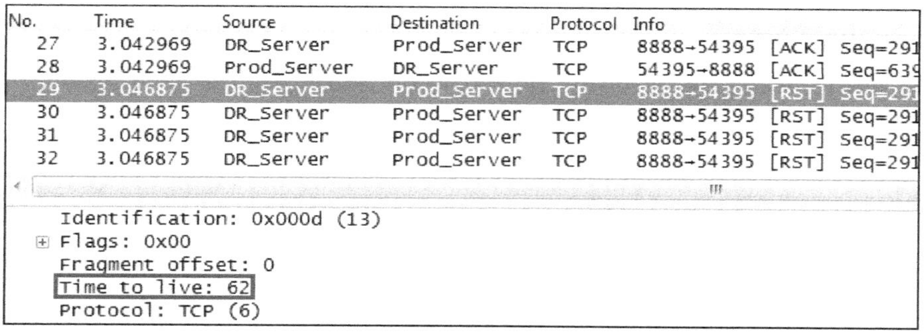
No. Time Source Destination Protocol Info
27 3.042969 DR_Server Prod_Server TCP 8888→54395 [ACK] Seq=291
28 3.042969 Prod_Server DR_Server TCP 54395→8888 [ACK] Seq=639
29 3.046875 DR_Server Prod_Server TCP 8888→54395 [RST] Seq=291
30 3.046875 DR_Server Prod_Server TCP 8888→54395 [RST] Seq=291
31 3.046875 DR_Server Prod_Server TCP 8888→54395 [RST] Seq=291
32 3.046875 DR_Server Prod_Server TCP 8888→54395 [RST] Seq=291
Identification: 0x000d (13)
Flags: 0x00
Fragment offset: 0
Time to live: 62
Protocol: TCP (6)

图 3

这个案子就此结束了，说破了似乎很简单，但是刚遇到时确实很迷茫。事实上当我想到 TTL 的时候，已经意识到刚开始的建议是不对的，没必要两边同时抓包，直接对比生产服务器上抓到的正常包和 RST 包就行了。正常包的 TTL 请见图 4，说明生产服务器和灾备服务器之间跨了 6 跳。

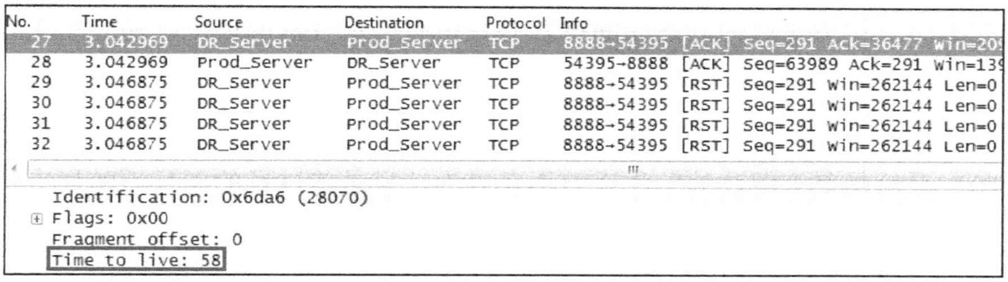
No. Time Source Destination Protocol Info
27 3.042969 DR_Server Prod_Server TCP 8888→54395 [ACK] Seq=291 Ack=36477
28 3.042969 Prod_Server DR_Server TCP 54395→8888 [ACK] Seq=63989 Ack=291
29 3.046875 DR_Server Prod_Server TCP 8888→54395 [RST] Seq=291 Win=262144 Len=0
30 3.046875 DR_Server Prod_Server TCP 8888→54395 [RST] Seq=291 Win=262144 Len=0
31 3.046875 DR_Server Prod_Server TCP 8888→54395 [RST] Seq=291 Win=262144 Len=0
32 3.046875 DR_Server Prod_Server TCP 8888→54395 [RST] Seq=291 Win=262144 Len=0
Identification: 0x6da6 (28070)
Flags: 0x00
Fragment offset: 0
Time to live: 58

图 4

这个技巧还可以运用到其他的场景中，比如前几天有朋友说百度的 JS 被劫持来攻击 GitHub，我立即告诉他可以抓包看 TTL。后来该方法被国外一些技术人员证实时，这位朋友简直惊呆了，以为我有多厉害。其实我是先花了很多时间在这个案子上才琢磨出来的。套用一句有点腻的心灵鸡汤，就是“台上一分钟，台下十年功。”

一个面试建议

在应聘一个技术职位之前，做好充分的准备无疑能大大提高成功率。这里所说的准备并不是指押题，因为有经验的面试官往往准备了海量的题库，押中的概率太低。比如我有位同事的题库里有上百道题，内容涵盖了编程、操作系统、网络、存储……每次他就抽出十道来问，连合作多年的我都猜不出他下一次会问哪些。

那究竟应该准备什么呢？以我个人的招聘经验，最值得花时间的就是总结自己过去的工作成果，因为这在面试官心目中有举足轻重的地位。从一个人过去的工作经历中，能看出他的责任心、钻研精神、技术视野、交流能力，等等，比知识储备更有价值。比如很多美国的面试官喜欢问，“你在工作中遇到过什么棘手事情吗？最后是怎么解决的？”千万不要以为这只是走过场的题目而随便应付。事实上这就是你发挥的最好机会，正确的表现应该是作沉思状，稍等片刻再回答，“我处理过不少有挑战性的问题，比如有关 xxx 的，不知道您对这方面是否感兴趣？”这个回答会显得你拿得出手的东西有很多，xxx 只是其中之一。也不用担心面试官会对它不感兴趣，此刻他们正伪装成无所不知的上帝，无论你说什么，他们都会显出很懂的样子，“Wow，这是很知名的技术，我很想听听。”于是你事先准备好的材料就可以拿出来显摆了，要牢记以下几点：

- **问题描述要引人入胜**。确保这个棘手的问题是再笨的面试官都能听懂的，比如服务器访问拒绝、网络性能下降，等等。同时又必须足够诡异，比如同样配置的两台服务器表现完全不同。你多看几期《走近科学》，就能理解这个技巧有多重要，无论多普通的事情都要描述得绘声绘色。只要勾起了面试官的好奇心，他们就会在不知不觉中和你站到一起，而不是居高临下地审问。

- **抓住互动的机会**。面试官们往往会忍不住点评一下，甚至秀一下知识，这是技术人员的通病。要抓住这个机会把他拉进来讨论，你可以这样附和，“对对对，我当时的看法和您一样，但是……”一起探索同一个问题非常有助于拉近你们的心理距离。

- **拒绝浮夸。**真实的内容才可能让有经验的面试官信服。假如让对方意识到有添油加醋的成分，肯定会大大减分。

- **分享技术。**这些案例一定要有技术含量，比如最终在 Wireshark 中发现某个异常现象，再结合协议细节找到了根本原因。这样可以让面试官在学习到新知识的同时，也感受到你的钻研精神。**如果他第一次见面就能从你这里学到有价值的知识，自然会希望以后能跟你一起工作。即使该知识对他没什么实际价值，能跟一个有钻研精神和分享精神的人合作也是令人愉悦的。**

以我自己为例，我多年前应聘一个心仪的职位时，最后一轮的面试官是个美国 geek，提问角度刁钻无比，因此我大多没有回答出来，现场写的程序也出错了。最后他估计也不抱希望了，象征性地让我讲讲工作中解决过的棘手问题，我当时很不识相地说，“我遇到过不少关于 TCP 协议的，不知道您是否有兴趣听听？”没想到这哥们说，“噢，我的博士论文就是和 TCP 协议有关的，很想听听你对这方面的见解。”我立即懵了，屋漏偏逢连夜雨，吹牛碰到老熟人，只好硬着头皮讲了一个亲身经历过的性能优化案例。神奇的是这个案例竟然改变了面试结果，正因为他很懂 TCP，所以对这个问题很感兴趣，也能体会我在优化过程中的努力。最后甚至站起来跟我讨论了很多细节，在白板上画了一个模型图跟我探讨。到了面试结束时还意犹未尽，跟我说了一句意味深长的话，“剩下的问题等你来上班继续聊。”我就知道 offer 到手了。几周后我第一天上班，他果然来找我聊天，其中有一句话我至今还记得，“虽然你当时有很多问题没答出来，但是最后那个案例体现了很好的钻研精神，让我意识到之前问你的题目没有选对。”面试官们真正重视的是什么，由此可见一斑。

这些道理听上去很简单，然而当你着手准备面试材料的时候，可能会发现没什么拿得出手的。这又是什么原因呢？不是因为你平时碌碌无为，而更可能是因为没有总结的习惯，时间一长都忘了。**这就是坚持写技术博客的价值之一，能用自己的语言表达出来才算真正理解并且记住了。**写作能强迫思考，对于真正有技术含量的东西，你会在写作过程中加深理解，从此就忘不掉了；而技术含量不高的东西，你写个开头自然会停笔，从此忘掉也无所谓。不仅技术上如此，其他学科也一样，年轻的时候阅读国学经典，每篇都让人觉得顿悟了人生。但如果试着把感受写成文章，就会发现所谓的顿悟只是一碗心灵鸡汤。

生活中的 Wireshark

129

Wireshark 不只应用于企业级数据中心。在高度依赖于网络的现代生活中，Wireshark 也有广阔的用武之地，尤其是当前越来越流行的手机应用。这一部分介绍了如何在家中搭建一个环境来抓取手机上的 WiFi 网络包，分析了微博和微信等不同 App 的网络行为，揭露了家庭宽带如何被恶意劫持等。这一部分技术含量不一定很高，但是比较有趣。

假宽带真相

央视的【每周质量报告】做过一期关于网络的节目，叫“假宽带真相”。大意是说某些运营商的带宽远远达不到其承诺的标准，360 的测速软件也“有明显的设计缺陷”，所以测出的结果远高于真实带宽。

难得有个业内大新闻，我当然不会错过，当即就用 Wireshark 验证了一下。这一试才知道，原来网络测速包含了不少有意思的知识点，所以便写出来和大家分享。

我家当时用的是中国电信的 10M 宽带，从官网测到的结果如图 1 所示，下载速度达到 1235KB/秒，差不多是 10M 了。在不同时间段测试都是一样的结果，所以应该是可信的。

宽带助手
宽带测速
网页测速
接入带宽测试
带宽测试结果：未知
本次测试数值：平均1235KB/秒，约为9.6M带宽。
重新测速
同时测试上传速率
下载速度
0 2M 4M 8M 12M 20M 30M
0 0.5M 1M 2M 4M 8M 10M
上传速度
下载速度
平均值：1235KB/秒
峰　值：1419KB/秒
上传速度
平均值：271KB/秒
峰　值：333KB/秒
查看带宽换算表
中国电信上海客服

图 1

注意：中国特色的宽带服务是以下载速度为计算标准的，其实上传速度慢很多，上下行带宽严重不对等。这就是为什么会在图 1 中看到上传速度只有 2M。本文不关注这一点，所以只分析下载速度。

这个速度究竟是怎样测出来的呢？我用 Wireshark 抓了个包，且看下面的详细分析。

点击 Wireshark 的 Statistics 菜单，再点击 Conversations 选项，可以得到图 2 所示的窗口。从中可见测速过程中用到了 5 个 TCP 连接在下载。因为端口号是 80，所以应用层协议应该是 HTTP。

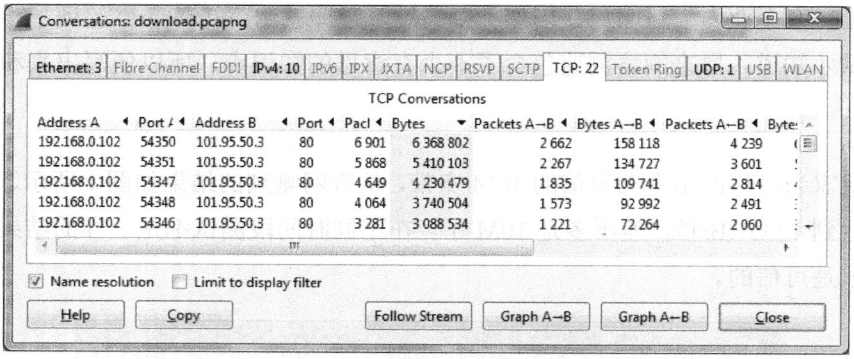
Conversations: download.pcapng
Ethernet: 3
Fibre Channel
FDDI
IPv4: 10
IPv6
IPX
JXTA
NCP
RSVP
SCTP
TCP: 22
Token Ring
UDP: 1
USB
WLAN
TCP Conversations
Address A
Address B
Bytes
Packets A→B
Bytes A→B
Packets A←B
192.168.0.102 54350 101.95.50.3 80 6 901 6 368 802 2 662 158 118 4 239
192.168.0.102 54351 101.95.50.3 80 5 868 5 410 103 2 267 134 727 3 601
192.168.0.102 54347 101.95.50.3 80 4 649 4 230 479 1 835 109 741 2 814
192.168.0.102 54348 101.95.50.3 80 4 064 3 740 504 1 573 92 992 2 491
192.168.0.102 54346 101.95.50.3 80 3 281 3 088 534 1 221 72 264 2 060
Name resolution
Limit to display filter
Help
Copy
Follow Stream
Graph A→B
Graph A←B
Close

图 2

为什么要选择5个连接，而不是更多或者更少呢？其实连接数的选取很有讲究。之所以不用单个连接，是因为一个连接不可能时刻都在传输，有很多原因会导致它不得不短暂停滞。当某一个连接停滞时，其它的连接还可以继续传输，这样就能最大限度地利用带宽。在《固定宽带接入速率测试方法》通信行业标准中，也明确规定了“测试中使用的线程数量为 N（N≥4）”。

图 3 是其中一个连接的 Time/Sequence Number 坐标图，我是在 Wireshark 中点击 Statistics →TCP StreamGraph→Time-Sequence Graph（Stevens）菜单来生成它的。

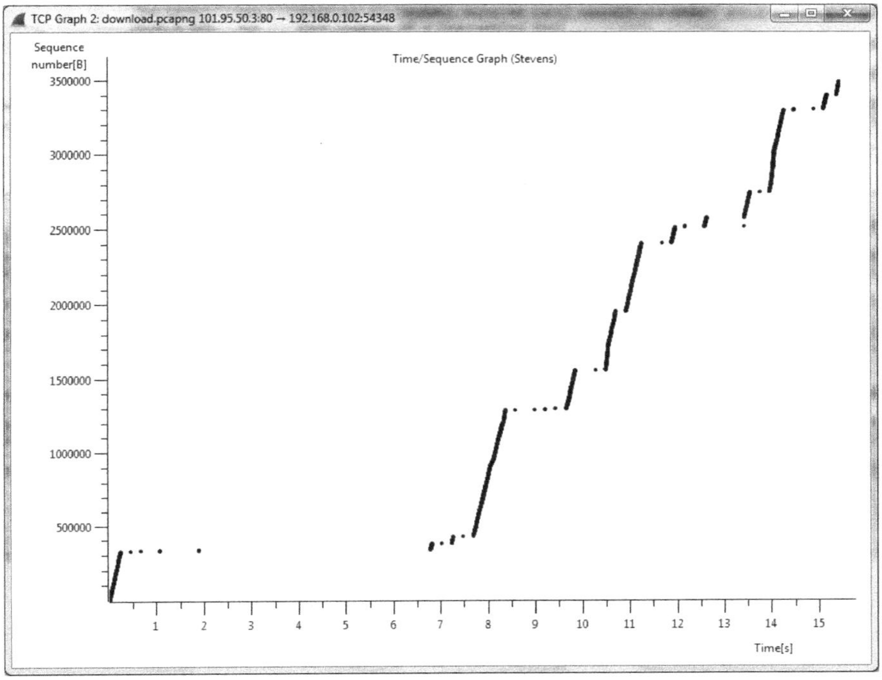
TCP Graph 2: download.pcapng 101.95.50.3:80 → 192.168.0.102:54348
Time/Sequence Graph (Stevens)
Sequence number[B]
3500000
3000000
2500000
2000000
1500000
1000000
500000
1
2
3
4
5
6
7
8
9
10
11
12
13
14
15
Time[s]

图 3

对这个连接而言，传输过程中遭遇了多次停滞，比如最严重的是 0.3～7.8 秒之间，Sequence 值几乎没有增长。还好其他 TCP 连接在这段时间里仍在正常传输，所以带宽一点都没有浪费。之所以没有用更多的连接数，是因为多到一定程度就没有意义了，甚至会影响 TCP 的拥塞控制效果。我用 iPerf 测试过的，详情可见本书的《过犹不及》一文。究竟用多少个连接数最好，这是需要测试的，估计技术人员测下来的最佳连接数是 5。随着百兆家庭带宽的普及，相信我们以后会看到更多的连接数。

再回到 Wireshark 的主界面。如图 4 所示，在下载测试开始之前，客户端是用一个 GET 方法查到下载源的，即 http://101.95.50.3/test.img。直接用 IP 的办法不错，因为不会受到 DNS 查询时间的影响。

No.	Time	Source	Destination	Protocol	Info
9	0.300174000	192.168.0.102	218.1.60.39	HTTP	GET /speed/PluginAccessLimit.do?method=acquire&uip=KD10230
10	0.304187000	218.1.60.39	192.168.0.102	TCP	[TCP Dup ACK 8#1] 80→54345 [ACK] Seq=266 Ack=1558 Win=8704
11	0.304189000	218.1.60.39	192.168.0.102	TCP	80→54345 [ACK] Seq=266 Ack=3138 Win=11520 Len=0
12	0.327770000	218.1.60.39	192.168.0.102	HTTP	HTTP/1.1 200 OK (application/json)

```
⊟ Object
  ⊟ Member Key: "id"
      String value: 6585031
  ⊟ Member Key: "url"
      String value: http://101.95.50.3/test.img
```

图 4

获知下载源之后，就可以建立 5 个 TCP 连接下载了。图 5 是其中的一个连接，从 Time 一栏可见响应速度相当快，GET 请求发出去 3.1 毫秒后（即 16 号包和 18 号包之间的时间差）就开始收到数据了。这是因为 101.95.50.3 位于上海电信的机房中，离我家不远。而且这应该是一台专门用来提供测速的服务器，很可能被全面优化过了。不过再怎么优化都不算作弊，电信承诺的 10M 本来就是理想状态下的带宽。看来央视曝光的假带宽问题没有发生在我身上。

No.	Time	Source	Destination	Protocol	Info
13	0.420906000	192.168.0.102	101.95.50.3	TCP	54346→80 [SYN] Seq=0 Win=8192 Len=0 MSS=1460 WS=4 SACK_PE
14	0.424337000	101.95.50.3	192.168.0.102	TCP	80→54346 [SYN, ACK] Seq=0 Ack=1 Win=14600 Len=0 MSS=1412
15	0.424425000	192.168.0.102	101.95.50.3	TCP	54346→80 [ACK] Seq=1 Ack=1 Win=66364 Len=0
16	0.426084000	192.168.0.102	101.95.50.3	HTTP	GET /test.img?q=0.2612285758368671 HTTP/1.1
17	0.428562000	101.95.50.3	192.168.0.102	TCP	80→54346 [ACK] Seq=1 Ack=415 Win=15744 Len=0
18	0.429200000	101.95.50.3	192.168.0.102	TCP	[TCP segment of a reassembled PDU]
19	0.429270000	101.95.50.3	192.168.0.102	TCP	[TCP segment of a reassembled PDU]
20	0.429299000	192.168.0.102	101.95.50.3	TCP	54346→80 [ACK] Seq=415 Ack=2825 Win=66364 Len=0
21	0.429380000	101.95.50.3	192.168.0.102	TCP	[TCP segment of a reassembled PDU]
22	0.429520000	101.95.50.3	192.168.0.102	TCP	[TCP segment of a reassembled PDU]
23	0.429545000	192.168.0.102	101.95.50.3	TCP	54346→80 [ACK] Seq=415 Ack=5649 Win=66364 Len=0
24	0.429638000	101.95.50.3	192.168.0.102	TCP	[TCP segment of a reassembled PDU]
25	0.429809000	101.95.50.3	192.168.0.102	TCP	[TCP segment of a reassembled PDU]

图 5

注意：高带宽并不意味着上什么网都快。影响性能体验的因素很多，除了带宽，还有跨运营商、跨区域和服务器性能等。就算你家里有 100M 宽带，靠 VPN 连到国外网站看视频也可能很卡。

那作为第三方的 360 测速软件是否真的“有明显的设计缺陷”呢？我下载到了两个 360 测速软件，先来看第一个。如图 6 所示，测出来的带宽为 8M，略低于电信官网的宣称值。

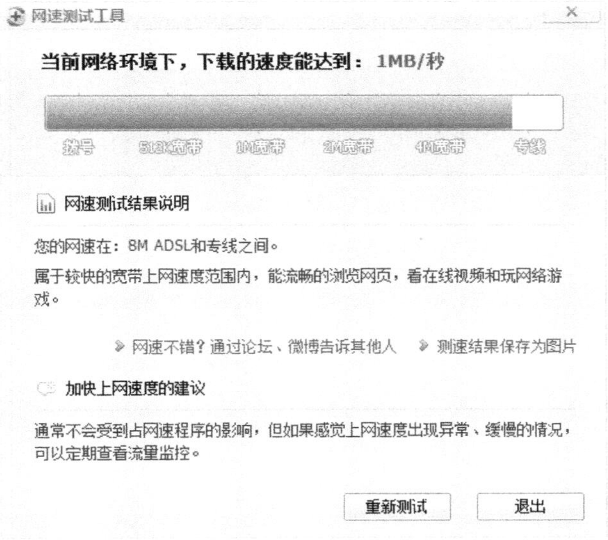
网速测试工具
当前网络环境下，下载的速度能达到：1MB/秒
拨号
512K宽带
1M宽带
2M宽带
4M宽带
专线
网速测试结果说明
您的网速在：8M ADSL和专线之间。
属于较快的宽带上网速度范围内，能流畅的浏览网页，看在线视频和玩网络游戏。
网速不错？通过论坛、微博告诉其他人
测速结果保存为图片
加快上网速度的建议
通常不会受到占网速程序的影响，但如果感觉上网速度出现异常、缓慢的情况，可以定期查看流量监控。
重新测试
退出

图 6

于是再用 Wireshark 分析。从图 7 可见，360 测速软件也选择了 5 个 TCP 连接来下载，端口号也是 80，与电信的方式如出一辙。原理是一模一样，差别只是服务器的响应速度，电信服务器为 3.1 毫秒，360 服务器则是 4.9 毫秒，这也许就是结果略有不同的原因。具体网络包和图 5 很像，为了不浪费篇幅我就不贴出来了。

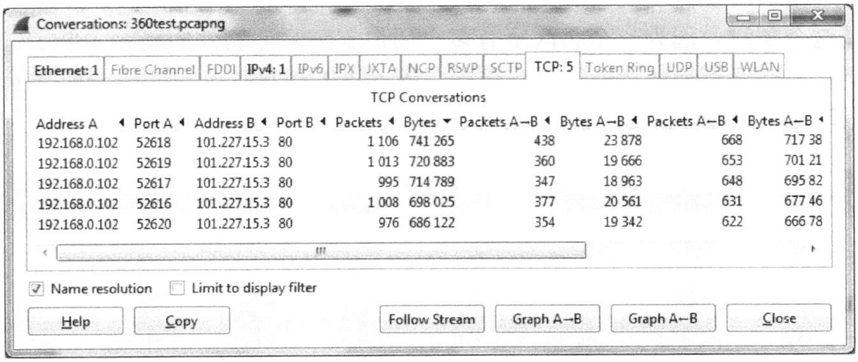
Conversations: 360test.pcapng
Ethernet: 1
Fibre Channel
FDDI
IPv4: 1
IPv6
IPX
JXTA
NCP
RSVP
SCTP
TCP: 5
Token Ring
UDP
USB
WLAN
TCP Conversations
Address A	Port A	Address B	Port B	Packets	Bytes	Packets A→B	Bytes A→B	Packets A←B	Bytes A←B
192.168.0.102	52618	101.227.15.3	80	1 106	741 265	438	23 878	668	717 38
192.168.0.102	52619	101.227.15.3	80	1 013	720 883	360	19 666	653	701 21
192.168.0.102	52617	101.227.15.3	80	995	714 789	347	18 963	648	695 82
192.168.0.102	52616	101.227.15.3	80	1 008	698 025	377	20 561	631	677 46
192.168.0.102	52620	101.227.15.3	80	976	686 122	354	19 342	622	666 78
Name resolution
Limit to display filter
Help
Copy
Follow Stream
Graph A→B
Graph A←B
Close

图 7

从这个工具看，360 测速软件并不存在央视所说的“明显的设计缺陷”，否则电信官网也算设计缺陷。于是我决定试一下另一个 360 测速工具。从图 8 可见，其结果接近 10M。

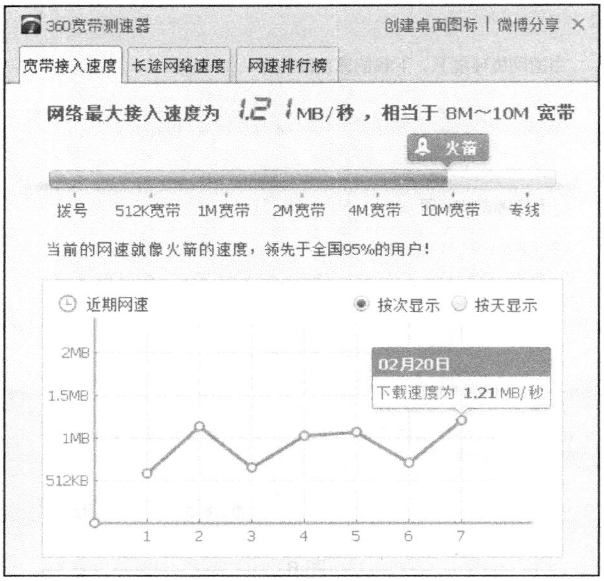
360宽带测速器
创建桌面图标 | 微博分享
宽带接入速度
长途网络速度
网速排行榜
网络最大接入速度为 1.21 MB/秒，相当于 8M~10M 宽带
火箭
拨号
512K宽带
1M宽带
2M宽带
4M宽带
10M宽带
专线
当前的网速就像火箭的速度，领先于全国95%的用户！
近期网速
按次显示
按天显示
2MB
1.5MB
1MB
512KB
02月20日
下载速度为 1.21 MB/秒
1
2
3
4
5
6
7

图 8

再用 Wireshark 分析。从图 9 可见，这次除了 HTTP 下载，还有不少数据是通过 P2SP 的，传输层走的是 UDP 协议。央视的专家估计也看到这个现象，所以认为这是一个设计缺陷，说“这种 P2SP 测速方法，它会去选择一些同样安装了这款软件的其他的连接节点来进行测速，只要其中有一个节点，它是在这个用户同一个小区宽带的子网里面，它的这个链路质量就非常好，网速就非常快”。我有点怀疑这个猜测，因为一个小区里有多个用户安装测速软件的概率太低了。我自己测了几次的结果都差不多，假如真有一个节点在我们小区里，应该能从图 9 的统计表中看出这个“作弊”IP 的流量。

Conversations: 360test_new.pcapng

Ethernet: 5 | Fibre Channel | FDDI | IPv4: 378 | IPv6 | IPX | JXTA | NCP | RSVP | SCTP | TCP: 84 | Token Ring | UDP: 353 | USB

UDP Conversations

Address A	Port A	Address B	Port B	Pacl	Bytes	Packets A→B	Bytes A→B	Packets A←B	Byt
106.118.175.90	61487	192.168.0.102	10102	591	529 147	401	513 221	190	
192.168.0.102	10102	182.200.188.88	10100	468	462 142	133	11 230	335	
192.168.0.102	10102	113.26.217.39	10100	465	453 782	138	11 849	327	
14.208.249.79	10106	192.168.0.102	10102	265	232 417	172	224 463	93	
192.168.0.102	10102	113.69.20.255	1948	273	231 636	186	224 613	87	
42.92.132.89	10640	192.168.0.102	10102	240	218 815	162	212 164	78	
180.111.109.197	10102	192.168.0.102	10102	198	196 174	57	4 603	141	

图 9

综上所述，**360 测速软件还是有节操的，它体现的是模拟现实的网速，包括 HTTP（浏览网页和刷微博之类的）和 P2SP（比如迅雷下载）。运营商提供的测速也没有作弊，不过它体现的是一个接近理想状况的网速。**那为什么央视说有些宽带不达标，但 360 测速软件却给出很高的带宽呢？我认为这不是 P2SP 导致的，而是因为这些运营商侦查到 360 正在测速，于是立即劫持，转变成在**限速点**之内测速了。如果真是这样，那也是运营商的问题，不能怪测速工具。由于我没抓到这种包，所以就不多作评论。

最后声明一下，我写这篇文章的目的不是给上海电信做广告或者为 360 正名，只是想借助这个话题演示一下 Wireshark 的应用场景。几乎所有和网络相关的问题都可以用 Wireshark 来探索学习，有时候稍微分析一下就能看得很远。我对带宽缺斤短两也不在乎，因为从来不下载电影或者美剧。网络的安全和通畅才是我最重视的，可惜这两点并不容易享受到。

手机抓包

我很久以前就想在手机上抓包了。因为随着移动 App 的流行（见图 1），手机的流量越来越大，值得研究的技术问题也会越来越多。像我这样还未融入现代社会的大叔，每个月都能用掉几百兆流量，那些摩登青年的流量之大可想而知。

图 1

不过作为晚期拖延症患者，我迟迟没有付诸行动，直到有一天手机上的某个 App 莫名其妙地耗掉了近百兆流量，才不得不动手。我先打了个电话给中国移动，客服人员说，“我们最近收到很多例类似的报告了，原因还没有查明。”好吧，看来只能由我自己来查了，顺便搭建一个可以在手机上抓包的环境。

一番研究之后，我大概知道了业内人士都是怎么抓包的。

- 多数开发人员用 Fiddler 和 Charles 来抓，包括安卓和 iPhone。可惜它们都是针对 Web 的，不能满足我的全部需求。
- 有人说设个 HTTP 代理就可以在电脑上抓了，不过我感兴趣的协议不只是 HTTP。

- 有一些现成的安卓抓包工具，但需要 root 才能装。iOS 上的工具则没有找到。

- 搜到了一款叫 tPacketCapture 的工具，号称无需 root 也能抓，可是我的安卓测试机上不了 Google Play。

真没想到手机抓包这么麻烦，相比之下电脑抓包实在太方便了，只要装个 Wireshark 就行，分分钟搞定。那有没有办法用 Wireshark 来抓手机上的包呢？这个问题让我想起了大学寝室的网络拓扑，当时我们寝室四个人只共享一个对外的网口，所以就在我的电脑上装了两个网卡，网卡 1 对外，网卡 2 和室友们的电脑连在一个交换机上，如图 2 所示。

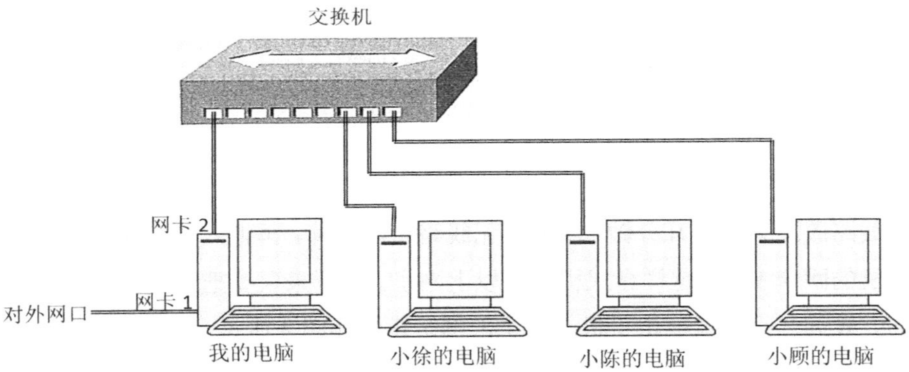
交换机
网卡 2
网卡 1
对外网口
我的电脑
小徐的电脑
小陈的电脑
小顾的电脑

图 2

这样室友们的对外流量就是通过我的“网卡 2→网卡 1”出去了，理论上只要在我的网卡上抓包，就能知道哪位室友在和女神聊 QQ，哪位室友在祝楼主好人一生平安了（兄弟们饶命，我就说说而已，没有真抓过）。**假如把我家的网络拓扑也改成这样，让手机也通过我的电脑上网，不就可以用 Wireshark 抓到手机连 WiFi 时的包了吗？**当前我家的网络拓扑如图 3 所示，手机的网络包都通过无线路由器出去了，我得改造一下，让它们走一台已经淘汰不用的台式机。

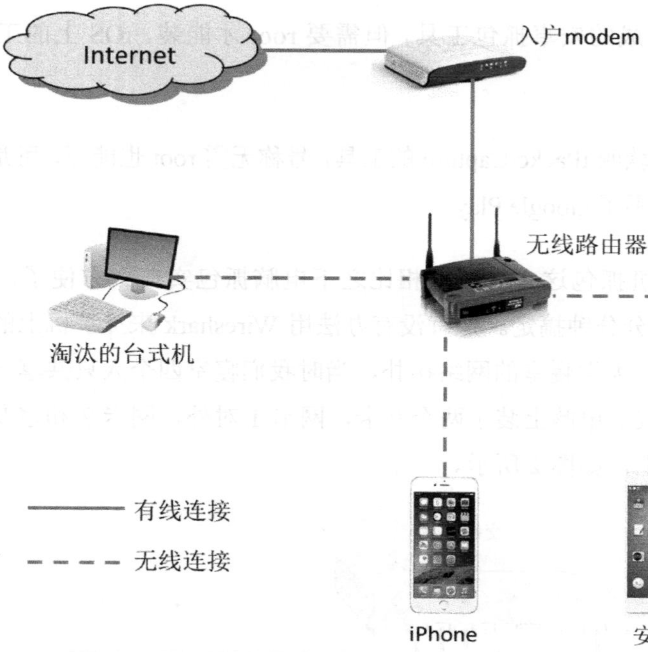
Internet
入户modem
无线路由器
淘汰的台式机
有线连接
无线连接
iPhone
安卓

图 3

线路改造只花了几分钟：我先把无线路由器撤掉，再把入户 modem 直接连到台式机的**网卡 1** 上，这样台式机就可以上网了。接下来只要把台式机的**网卡 2**（无线的）设为热点，就能供手机上网了。网络拓扑如图 4 所示。

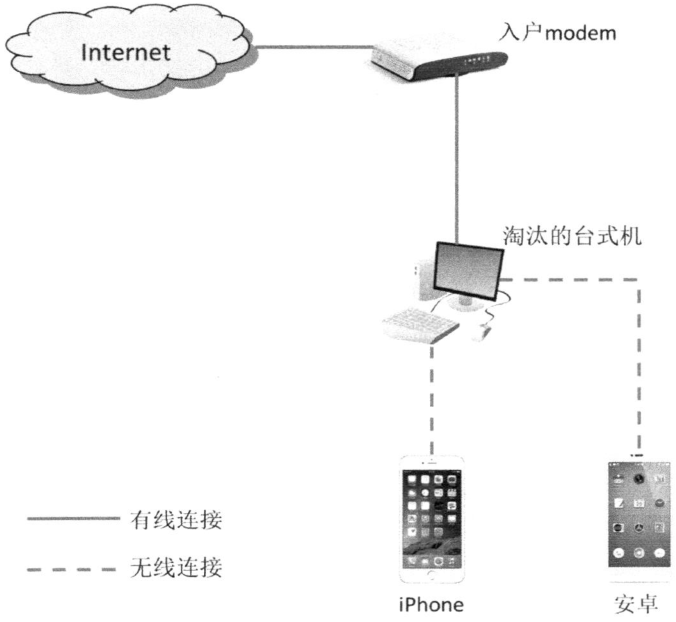
Internet
入户modem
淘汰的台式机
有线连接
无线连接
iPhone
安卓

图 4

接下来的配置过程复杂一点，但也说不上很难。

1．执行图 5 的命令，将台式机的无线网络设成热点。

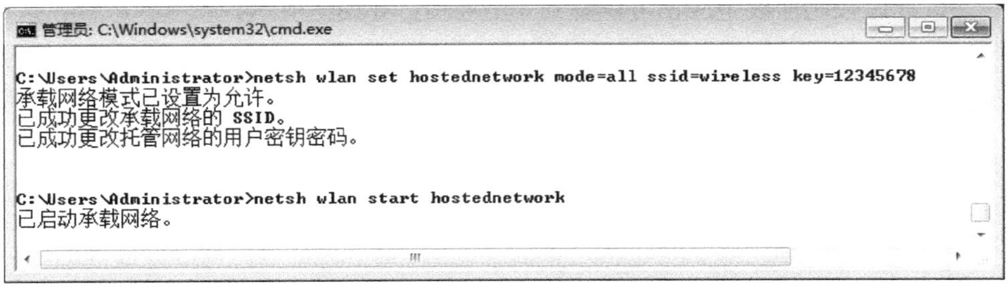
管理员: C:\Windows\system32\cmd.exe
C:\Users\Administrator>netsh wlan set hostednetwork mode=all ssid=wireless key=12345678
承载网络模式已设置为允许。
已成功更改承载网络的 SSID。
已成功更改托管网络的用户密钥密码。
C:\Users\Administrator>netsh wlan start hostednetwork
已启动承载网络。

图 5

2．把台式机的网卡 1 共享给无线网络，如图 6 所示。

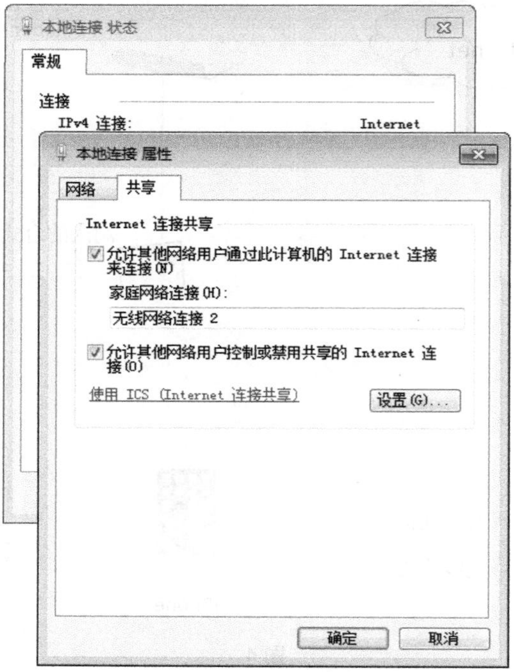
本地连接 状态
常规
连接
IPv4 连接:
Internet
本地连接 属性
网络
共享
Internet 连接共享
允许其他网络用户通过此计算机的 Internet 连接来连接(N)
家庭网络连接(H):
无线网络连接 2
允许其他网络用户控制或禁用共享的 Internet 连接(O)
使用 ICS (Internet 连接共享)
设置(G)...
确定
取消

图 6

3. 此时控制面板中应该可以看到 4 个连接，如图 7 所示。

控制面板\网络和 Internet\网络连接
搜索 网络连接
组织
本地连接
网络, 共享的
Realtek RTL8168D/8111D 系列...
本地连接 2
网络电缆被拔出
TAP-Windows Adapter V9
无线网络连接
未连接
DW1501 Wireless-N WLAN Ha...
无线网络连接 2
wireless
Microsoft Virtual WiFi Minipor...

图 7

4. 在手机上扫到热点，输入密码就连上了，如图 8 所示。

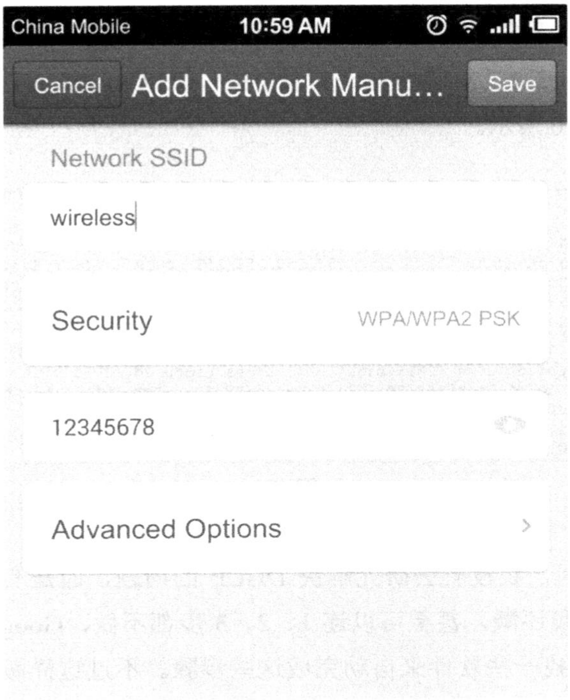
China Mobile
10:59 AM
Cancel
Add Network Manu...
Save
Network SSID
wireless
Security
WPA/WPA2 PSK
12345678
Advanced Options

图 8

5. 在台式机上打开 Wireshark，从 Capture Interfaces 可以看到 4 个连接，勾上我们感兴趣的无线网络就可以了，本地连接没必要抓。注意有些老版本的 Wireshark 是抓不到无线网络包的，你也许需要升级到最新版本。

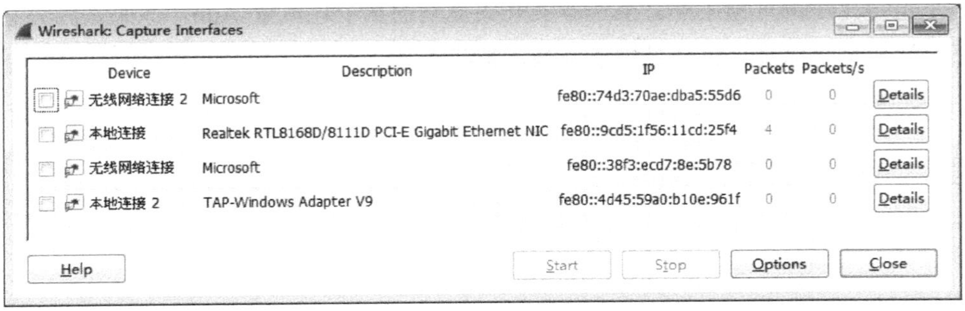
Wireshark: Capture Interfaces
Device
Description
IP
Packets
Packets/s
无线网络连接 2
Microsoft
fe80::74d3:70ae:dba5:55d6
0
0
Details
本地连接
Realtek RTL8168D/8111D PCI-E Gigabit Ethernet NIC
fe80::9cd5:1f56:11cd:25f4
4
0
Details
无线网络连接
Microsoft
fe80::38f3:ecd7:8e:5b78
0
0
Details
本地连接 2
TAP-Windows Adapter V9
fe80::4d45:59a0:b10e:961f
0
0
Details
Help
Start
Stop
Options
Close

图 9

以上步骤仅供参考，因为在不同的环境中，即使严格遵循这些步骤也有失败的可能，比如有些无线网卡天生就不支持当热点。我还遇到过一个问题，就是在第 4 步时手机一直连不上，抓包看到它发了很多 DHCP 请求给台式机，但是没有得到回复，如图 10 所示。

No.	Time	Source	Destination	Protocol	Info
950	97.044089000	0.0.0.0	255.255.255.255	DHCP	DHCP Discover - Transaction
953	100.052233000	0.0.0.0	255.255.255.255	DHCP	DHCP Discover - Transaction
957	109.057178000	0.0.0.0	255.255.255.255	DHCP	DHCP Discover - Transaction
1035	125.056014000	0.0.0.0	255.255.255.255	DHCP	DHCP Discover - Transaction
1055	157.064822000	0.0.0.0	255.255.255.255	DHCP	DHCP Discover - Transaction
1060	160.075296000	0.0.0.0	255.255.255.255	DHCP	DHCP Discover - Transaction

```
⊞ Frame 950: 342 bytes on wire (2736 bits), 342 bytes captured (2736 bits) on interface 0
⊟ Ethernet II, Src: d0:df:9a:cf:88:30 (d0:df:9a:cf:88:30), Dst: ff:ff:ff:ff:ff:ff (ff:ff:ff:ff
  ⊞ Destination: ff:ff:ff:ff:ff:ff (ff:ff:ff:ff:ff:ff)
  ⊞ Source: d0:df:9a:cf:88:30 (d0:df:9a:cf:88:30)
    Type: IP (0x0800)
```

图 10

为了节省时间，我没有去研究解决 DHCP 的问题，而是在手机上人工配置了 IP。如果你比我还懒，甚至可以连 1、2、3 步都不做，Google 一下“无线网卡+WiFi 热点”，找一些软件来自动完成这些步骤。不过这样做可能遇到流氓软件，安全性不能保证。

这次网络改造非常值得，因为从此家里每个手机的网络包都可以用 Wireshark 抓到了，使我更有动力去研究手机网络。比如我想知道手机开机后的第一个网络动作是什么，抓个包就一目了然。从图 11 可见，它先通过 DNS 查询 NTP 服务器的 IP 地址，然后就发 NTP 包去同步时间了。这就是为什么手机时间用不着调整，但是走得比江诗丹顿还准。至于本文开头提到的那个耗流量 App，原来是因为它不停地刷某个网页，估计是中了木马，被我删掉了。

No.	Time	Source	Destination	Protocol	Info
4	0.086701000	Android	public1.alidns.com	DNS	Standard query 0xbbc7 A asia.pool.ntp.org
5	0.095904000	public1.alidns.com	Android	DNS	Standard query response 0xbbc7 A 194.27.44.55
6	0.100035000	Android	asia.pool.ntp.org	NTP	NTP Version 3, client
31	3.546978000	asia.pool.ntp.org	Android	NTP	NTP Version 3, server

图 11

微博为什么会卡

不知道为什么，我的微博有时候会很卡，比如刷新时会一直 Loading（见图 1）。这不只是我的个人感受，很多网友都抱怨过。而装在同一个手机上的微信，连的也是同一个 WiFi，却没有这个症状。虽然这个问题出现的并不频繁，但假如我是微博的开发人员，肯定要把原因找出来。

China Mobile
2:23 PM
林沛满
Loading
Last Updated:03-09 14:11

图 1

当我的手机抓包环境搭好时，第一个想解决的问题就是这个。我随意发了一条微博，虽然没有碰到卡顿，但还是把包抓下来了。开头几个网络包如图 2 所示。

No.	Time	Source	Destination	Protocol	Info
1	0.000000000	Android	DNS_Server	DNS	Standard query 0x917c A api.weibo.cn
3	0.009664000	DNS_Server	Android	DNS	Standard query response 0x917c CNAME weibo.cn
4	0.011417000	Android	weibo.cn	TCP	48658→80 [SYN] Seq=0 Win=14600 Len=0 MSS=1460 S
7	0.044534000	weibo.cn	Android	TCP	80→48658 [SYN, ACK] Seq=0 Ack=1 Win=14600 Len=(
8	0.045467000	Android	weibo.cn	TCP	48658→80 [ACK] Seq=1 Ack=1 Win=14720 Len=0

图 2

我又发了一条测试私信，可惜也没有卡顿。开头几个网络包如图 3 所示。

No.	Time	Source	Destination	Protocol	Info
1	0.000000000	Android	DNS_Server	DNS	Standard query 0x860b A ps.im.weibo.cn
2	0.009506000	DNS_Server	Android	DNS	Standard query response 0x860b A 180.149.134.252
3	0.011703000	Android	ps.im.weibo.cn	TCP	42555→8080 [SYN] Seq=0 Win=14600 Len=0 MSS=1460 S
4	0.040482000	ps.im.weibo.cn	Android	TCP	8080→42555 [SYN, ACK] Seq=0 Ack=1 Win=14600 Len=0
5	0.041463000	Android	ps.im.weibo.cn	TCP	42555→8080 [ACK] Seq=1 Ack=1 Win=14720 Len=0

图 3

虽然两次都没有重现问题，但是从网络包可见，微博的工作方式严重依赖 DNS。它在调用任何功能之前都要先向 DNS 服务器查询，得到提供该功能的服务器 IP，然后再建立 TCP 连接。最神奇的是它不会缓存查询结果，所以需要频繁地重复查询 DNS。我才抓了两分钟包，竟然就看到了上百个查询，这会不会就是微博卡顿的原因呢？我又抓了一个发微信的包作对比，如图 4 所示。

No.	Time	Source	Destination	Protocol	Info
1	0.000000000	Android	14.17.52.137	TCP	37613→80 [SYN] Seq=0 Win=14000 Len=0 M
2	0.033016000	14.17.52.137	Android	TCP	80→37613 [SYN, ACK] Seq=0 Ack=1 Win=14
3	0.034825000	Android	14.17.52.137	TCP	37613→80 [ACK] Seq=1 Ack=1 Win=1792000

图 4

果然，微信客户端直接就和一个 IP 地址建立了连接。不管这个 IP 是写在配置文件中的，还是之前就存在手机的缓存里的，这至少说明了微信不像微博那样依赖 DNS。

为了进一步验证这个猜测，我故意把手机上的 DNS 服务器配成一个不存在的地址。不出所料，微信还是能照常工作，但微博就再也刷不出来了。之前我手机上配的 DNS 服务器位于美国，可能有时候跨国连接不稳定，所以导致了微博的卡顿现象。考虑到这一点，我尝试配了一个国内的 DNS（见图 5），果然从此再也没卡过了，刷起来异常流畅。

Static IP Address
IP Address
192.168.0.128
Gateway
192.168.0.1
Network Prefix Length
24
DNS
223.5.5.5

图 5

当你看到这篇文章的时候，也许这个问题已经被新浪解决了，因为我已经向微博的技术人员反馈过（或者他们早已经知道）。相信解决起来也不复杂，只要像微信一样缓存 IP 就可以了。据我所知，苹果的 App Store 和小米电视也遭遇过 DNS 导致的性能问题，所以**相信还有很多设备或者程序可以利用 Wireshark 来优化，只要把使用过程的包都抓下来，说不定就能发现值得改进的地方。**

最后再补充一个小发现。我发的微博内容是“capture test, will delete it soon.”，

分享范围设成“仅自己可见”。没想到在 Wireshark 上直接就看到了明文（见图 6 底部），发私信就没有这个问题。因此我们连公共 WiFi 发微博的时候，还是要小心一点。不要以为设成“分组可见”或者“仅自己可见”就够私密了，其实在 Wireshark 上都能看到。

No.	Time	Source	Destination	Protocol	Info
36	0.097649000	weibo.cn	Android	TCP	80→48658 [ACK] Seq=1 Ack=1538 Win=19968 Len=0
37	0.099154000	Android	weibo.cn	TCP	[TCP segment of a reassembled PDU]
38	0.099310000	Android	weibo.cn	HTTP	POST /2/statuses/send?uicode=10000017&c=android
39	0.100289000	weibo.cn	Android	TCP	80→48658 [ACK] Seq=1 Ack=1703 Win=21248 Len=0
40	0.100330000	weibo.cn	Android	TCP	80→48658 [ACK] Seq=1 Ack=1913 Win=22656 Len=0

⊟ Line-based text data: text/plain
capture test\357\274\214will delete it soon.

图 6

寻找 HttpDNS

这几年互联网行业有多火？假如有块陨石掉进创业园区，说不定能砸到两位互联网架构师；要是没学会几句互联网黑话，你都不好意思说自己是搞 IT 的。不久前就有位架构师在技术群里讨论鹅厂（黑话，即腾讯公司）的 HttpDNS，令我自惭形秽，因为这个词我从来没有听说过。

为了掩饰自己的孤陋寡闻，我悄悄做了点功课，发现这技术还挺有趣的。而要学习它，就得从最传统的 DNS 开始说起。

我们都知道上网的时候需要先把域名解析成 IP 地址，比如我在浏览器中输入 www.qq.com 再按回车，就会通过 DNS 查询到该域名所对应的 IP，然后再与之建立连接。但是很多人并不知道，DNS 的解析结果是很智能的。对于同一个域名，上海电信的用户一般会解析到属于上海电信的 IP 地址；北京联通的用户一般会解析到属于北京联通的 IP 地址。请看下面两个关于 www.qq.com 的不同解析结果。

上海电信用户解析到了 101.226.129.158（见图 1）。经查证，该 IP 属于上海电信[①]。

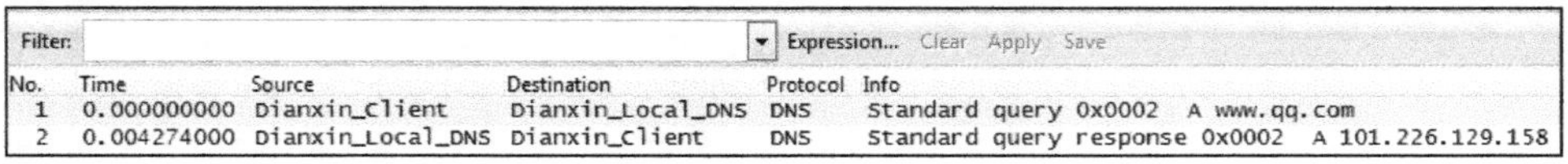
Filter:
Expression... Clear Apply Save
No. Time Source Destination Protocol Info
1 0.000000000 Dianxin_Client Dianxin_Local_DNS DNS Standard query 0x0002 A www.qq.com
2 0.004274000 Dianxin_Local_DNS Dianxin_Client DNS Standard query response 0x0002 A 101.226.129.158

图 1

北京联通用户解析到了 61.135.157.156（见图 2）。经查证，该 IP 属于北京联通。

---

① 有很多网站可以查询 IP 地址的地理位置，本文采用的信息源是 www.ipip.net。

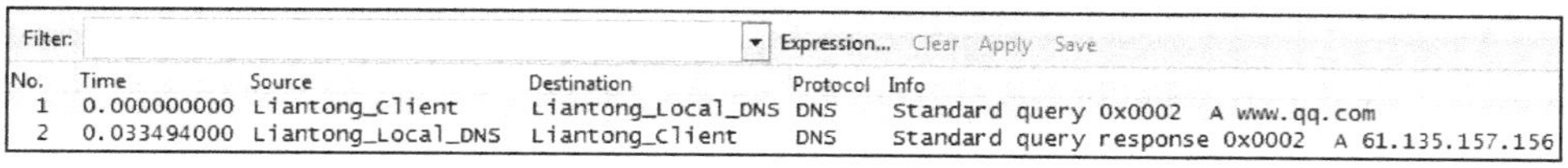
Filter:
Expression... Clear Apply Save
No. Time Source Destination Protocol Info
1 0.000000000 Liantong_client Liantong_Local_DNS DNS Standard query 0x0002 A www.qq.com
2 0.033494000 Liantong_Local_DNS Liantong_client DNS Standard query response 0x0002 A 61.135.157.156

图 2

这个智能技术是怎样实现的呢？原来 **DNS 支持 GSLB（Global Server Load Balance，全局负载均衡），能根据 DNS 请求所包含的源地址返回最佳结果，从而匹配同地区、同运营商的 IP，使用户体验到最好的性能。**图 3 演示了这个解析过程。

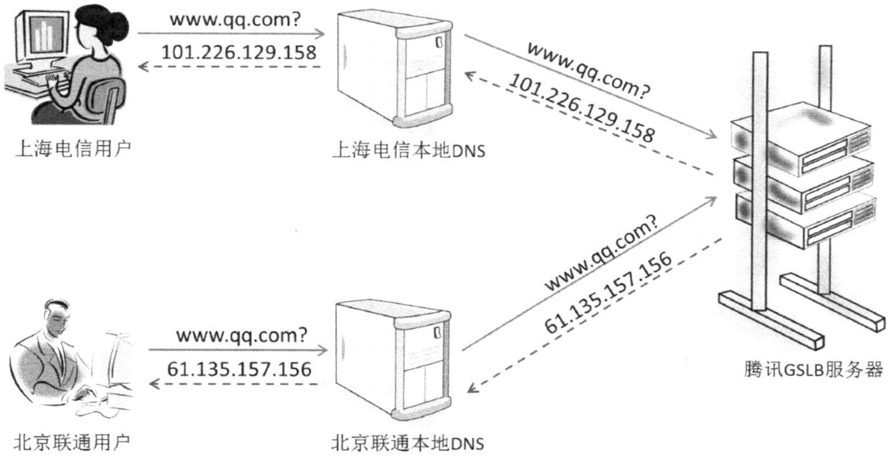
www.qq.com?
101.226.129.158
上海电信用户
上海电信本地DNS
www.qq.com?
101.226.129.158
www.qq.com?
61.135.157.156
腾讯GSLB服务器
www.qq.com?
61.135.157.156
北京联通用户
北京联通本地DNS

图 3

不过这个机制并非完美，比如当用户自己配错 DNS 服务器的时候就可能出问题。**图 3 的腾讯 GSLB 服务器其实并不是通过用户的地址来判断该返回什么 IP 的，而是根据 DNS 服务器的地址来判断的。假如上海电信用户偏偏要配一个北京联通的 DNS 地址，那它发送 DNS 查询时，就是由北京联通转给 GSLB 的，因此会解析到属于北京联通的 IP 地址。**由于中国的跨运营商网络一向是瓶颈，所以用户体验会很糟糕。还有些用户配的是在美国的 DNS 服务器 8.8.8.8，那就可能解析到一个位于美国的 IP 地址（启用了谷歌扩展协议的客户端除外），网速就更差了。根据公众号“鹅厂网事”的说法，他们遭遇的 GSLB 问题还有很多，比如劫持什么的，本文就不一一列举了。

那鹅厂的解决方式是什么呢？就是本文开头提到的 HttpDNS。**它允许手机上的 App 直接查询腾讯自家的 HttpDNS 服务器，因此能根据用户的地址来判断应该返回什么 IP，从而跳过传统 DNS 的影响。**换句话说，就是腾讯觉得用传统 DNS 不靠谱，所以自己做了一套解析方式，只不过这套方式是走 HTTP 协议的，图 4 演示了这个过程。

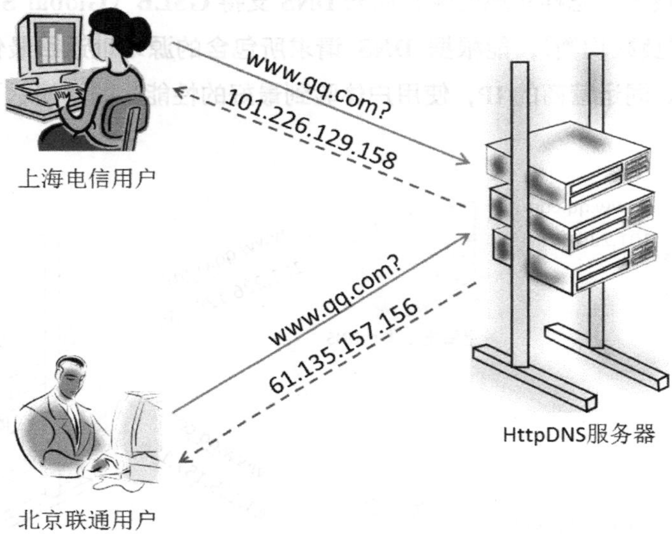
www.qq.com?
101.226.129.158
上海电信用户
www.qq.com?
61.135.157.156
北京联通用户
HttpDNS服务器

图 4

从原理上看，HttpDNS 是科学的，不过得多花些钱去部署。根据“鹅厂网事”的宣传，似乎在内部已经推广了：

“HttpDNS 已在腾讯内部接入了多个业务，覆盖数亿用户，并已持续稳定运行超过一年时间。而接入了 HttpDNS 的业务在用户访问体验方面都有了非常大的提升……国内最大的 public DNS 服务商 114DNS 在受到腾讯 DNS 的启发下，也推出了 HttpDNS 服务……”

这个宣传听上去非常吸引人。去年发生过一次全国性的 DNS 瘫痪，当时鹅厂的几个应用（比如 QQ 和微信）都能正常使用，似乎就是一个有力的佐证。连鹅厂的竞争对手似乎也加入了宣传，比如淘宝的官方微博发过一条消息，称“手机淘宝使用专为移动设计的方案”不会受到 DNS 瘫痪的影响。当时也有圈内牛人出来解释，说这意味着手淘也开始用上 HttpDNS 了。总而言之，如果你对技术圈的八卦消息感兴趣，一定会觉得 HttpDNS 已经快颠覆 DNS 了。

事实真的如此吗？我一直有些怀疑，理由如下。

- 电脑上很多应用程序也依赖 DNS 解析，而且在电脑上很容易配错 DNS 服务器，理论上出问题的概率更大，为什么就不部署 HttpDNS？而手机上的 DNS 地址一般是运营商自动分配的，出问题的概率小，为什么反而要部署？
- 即便运营商分配的 DNS 有问题，那也可以通过行政手段来解决，何必要为此大动干戈呢？
- 国外的互联网公司也会遇到这类问题，为什么它们就没有采用 HttpDNS？
- 传统 DNS 基于 UDP 查询的速度很快，而 HttpDNS 肯定是基于 TCP 的，那还会浪费 3 次握手和 4 次挥手的时间。
- HttpDNS 如果不加密，那也很容易被劫持；如果加密了，解析效率又会大受影响。

总之有太多难以解释的疑问了，我越琢磨就越想看看 HttpDNS 的庐山真面目。为了解开这个谜题，我在搭好手机抓包环境之后，就设计了一系列实验来寻找这个传说中的新技术。

实验 1

1. 启动 Wireshark 抓包。
2. 登录手机淘宝。
3. 停止抓包并分析。

Wireshark 截屏见图 5。这个结果令我大失所望，原来手淘老老实实地用传统 DNS 查询到了服务器 d.taobaocdn.com 的 IP 地址，然后就三次握手了。也就是说，它并没有用到 HttpDNS。

No.	Time	Source	Destination	Protocol	Info
1	0.000000000	Android	DNS	DNS	Standard query 0x6123 A d.taobaocdn.com
2	0.009048000	DNS	Android	DNS	Standard query response 0x6123 CNAME d.taobaocdn.com.
3	0.010750000	Android	d.taobaocdn.com	TCP	45134→80 [SYN] Seq=0 Win=14600 Len=0 MSS=1460 SACK_PE
4	0.016174000	d.taobaocdn.com	Android	TCP	80→45134 [SYN, ACK] Seq=0 Ack=1 Win=14480 Len=0 MSS=14
5	0.017097000	Android	d.taobaocdn.com	TCP	45134→80 [ACK] Seq=1 Ack=1 Win=14656 Len=0 TSval=1205

图 5

那淘宝官方微博宣称的“专为移动设计的方案”是什么呢？我又做了个实验。

实验 2

1. 登录手机淘宝。

2. 然后故意把手机上的 DNS 服务器改错，发现手淘还能用。

3. 退出手淘，再次登录，就再也登不上去了。

可见这所谓的方案只不过是在登录之后缓存 IP 而已，并不是用 HttpDNS 取代 DNS。既然手淘不行，我决定在手机上装个鹅厂的 QQ 试试。这一次我故意从一开始就配错 DNS。

实验 3

1. 在手机上配个无效的 DNS，然后开始 Wireshark 抓包。

2. 登录手机 QQ。

3. 停止抓包并分析。

Wireshark 截图如图 6 所示。手机发了几个传统的 DNS 查询都没有得到响应，然后竟然就和 IP 地址 113.108.90.53 三次握手了。这个 IP 从何而来？应该就是来自 HttpDNS 了吧？然而在 Wireshark 中用尽各种 Filter 和 Find 都找不到相应的包。难不成这个 IP 是安装 QQ 时就存在配置文件中的？我从 IP 库中查到它位于 1500 公里外的深圳市，应该不会是高度智能的 HttpDNS 解析出来的。

No.	Time	Source	Destination	Protocol	Info
231	41.944338000	Android	wrong_DNS	DNS	Standard query 0xf3cf A msfwifi.3g.qq.com
232	41.944542000	Android	wrong_DNS	DNS	Standard query 0xe9df A configsvr.msf.3g.qq.com
233	42.463699000	Android	wrong_DNS	DNS	Standard query 0x3e39 A monitor.uu.qq.com
237	45.945841000	Android	wrong_DNS	DNS	Standard query 0xbb54 A strategy.beacon.qq.com
238	46.943161000	Android	wrong_DNS	DNS	Standard query 0xf403 A monitor.uu.qq.com
239	46.969910000	Android	113.108.90.53	TCP	34777→8080 [SYN] Seq=0 Win=14600 Len=0 MSS=1460 SACK_PERM=1
240	47.010944000	113.108.90.53	Android	TCP	8080→34777 [SYN, ACK] Seq=0 Ack=1 Win=5400 Len=0 MSS=1350 S
241	47.012451000	Android	113.108.90.53	TCP	34777→8080 [ACK] Seq=1 Ack=1 Win=14720 Len=0

图 6

三个实验结果都和预想的不同，真令人心情复杂，难道技术圈的传闻并不可靠？反正时间都花了这么多了，我索性再做一个实验，彻底搞清楚 QQ 的工作方式。

实验 4

1．在手机上配一个正确的 DNS，然后开始 Wireshark 抓包。

2．登录手机 QQ。

3．停止抓包再分析。

Wireshark 截图如图 7 所示。QQ 老老实实地用传统 DNS 查到 IP，然后就三次握手了。可见它首选的就是传统 DNS，只有当 DNS 查询失败，它才直接用（可能存在配置文件里的）IP 来登录，根本没有用到 HttpDNS。

No.	Time	Source	Destination	Protocol	Info
10	0.978862000	Android	DNS	DNS	Standard query 0xf044 A msfwifi.3g.qq.com
11	0.989012000	DNS	Android	DNS	Standard query response 0xf044 A 113.108.16.66
12	0.990810000	Android	msfwifi.3g.qq.com	TCP	40188→8080 [SYN] Seq=0 Win=14600 Len=0 MSS=1460
26	1.030616000	msfwifi.3g.qq.com	Android	TCP	8080→40188 [SYN, ACK] Seq=0 Ack=1 Win=5400 Len=(
27	1.031460000	Android	msfwifi.3g.qq.com	TCP	40188→8080 [ACK] Seq=1 Ack=1 Win=14720 Len=0

图 7

一系列实验做下来，我竟然没有找到传说中的 HttpDNS。鹅厂宣传的“多个业务”究竟指的是哪些，我也不得而知。不过既然连 QQ 和手淘都没在用，我怀疑世界上本来就没多少知名 App 在用它。即便有，我也没有动力再去寻找了。当然做了这些实验也不是一无所获，至少理清楚了几个知名 App 在域名解析上的行为差异。

- **新浪微博：** 一旦出现 DNS 问题就不能用，无论是否已经登录，因为它不缓存 IP。详细实验过程请看前一篇。

- **手机淘宝**：一旦出现 DNS 问题就无法登录，但是登录后再出 DNS 问题就不怕了，因为它有缓存 IP。

- **手机 QQ**：出现 DNS 问题时也能用，因为它可以直接用（可能存在配置文件里的）IP，因此受 DNS 瘫痪的影响最小。

注意：我只是描述了当前观察到的现象，并不是说某个 App 比其他的更先进。而且互联网界变化很快，说不定等你看到这篇文章时，这些 App 的行为又有所不同，甚至真的用上 HttpDNS 了，到时候抓包才知道。

这件事也促使我重新审视技术圈的信息传播。有段子说，**“美国研究机构发现，人们很容易对‘美国研究机构发现’开头的报道信以为真。”**同样地，当 IT 大厂慷慨地分享一项技术时，当圈内大牛热情地跟着传播时，我们就会本能地觉得高大上起来。而真实情况如何，却只有自己做实验才知道。小马过河，方知深浅。

谁动了我的网络

作为中国网民，我们享有学习网络知识的天然优势，这是很多老外一辈子都不敢奢望的。还记得刚学会上网的时候，某知名搜索网站突然就连不上了，有位学长说这是域名被封，直接连 IP 就可以了，还帮我修改了 hosts 文件。于是我沿着这个方向研究，很快就理解了 DNS 协议。在实践中学到的本领，比捧着课本背诵的不知道高到哪里去。

又过了一阵，竟然连 IP 都连不上了。我在探索过程中，又学会了 HTTP 代理和 VPN 等科学上网技术。就这样，十几年下来身经百战，不知不觉中掌握了很多网络技术，每天都能到外网和同行们谈笑风生。现在回忆起来，我的知识真没多少是刻意去学的，而是在和网络问题斗争时被动学会的。被虐久了还得了斯德哥尔摩综合症，去年到国外出差了一个月，便觉得食不知味，因为根本找不到学习的机会。回到国内赶紧打开浏览器，Duang~~立即弹出运营商推送的广告。还是那个熟悉的味道，回家的温馨顿时涌上心头。

本文要讲述的也是一个颇有中国特色的网络技术，其实很多人都遇到过，但没有去深究。最早向我反馈的是一位细心的网友，他在打开 www.17g.com 这个游戏网站时，有一定概率会加载出其他网站的游戏，比如 xunlei 的。他觉得很好奇，便采取了一些措施来排查。

1. 一开始怀疑是电脑中毒，于是在同网络下的其他电脑上测试，症状还是一样。

2. 其他地区的网友（包括我）打开这个网站时没有发现相同问题。

3. 他怀疑是当地运营商（哪家运营商我就不说了）搞的鬼，于是换了个宽带，果然就没问题了。

这位网友很生气，想知道运营商究竟对他的网络做了什么手脚，所以抓了个出问题时的包来找我。**我刚开始以为很简单，肯定是运营商的 DNS 劫持，即故意在收到 DNS 查询时回应一个假的 IP 地址，从而导致客户端加载错误的广告页面。**于是我打开网络包，用 dns 作了过滤，发现 www.17g.com 被解析到了 IP 地址 123.125.29.243（它还有一个别名叫 w3.dpool.sina.com.cn，见图 1）。可是经过进一步测试验证，发现这个 IP 地址竟然是对的，并没有被劫持。

Filter: dns　Expression... Clear Apply Save

No.	Time	Source	Destination	Protocol	Info
1	0.000000000	Client	DNS_Server	DNS	Standard query 0xcdd8 A www.17g.com
2	0.001818000	DNS_Server	Client	DNS	Standard query response 0xcdd8 CNAME w3.dpool.sina.com.cn A 123.125.29.243

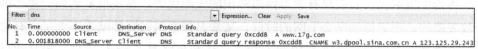

图 1

既然不是 DNS 劫持，那又是什么原因导致的呢？可惜这位网友抓包的时候电脑上开了太多应用，所以干扰包很多，无法采用暴力方式来分析（就是指不过滤，用肉眼把所有包都一一看过的分析方式）。如果用“ip.addr eq 123.125.29.243”过滤则得到图 2 的结果，似乎平淡无奇，只是显示有些包乱序了，但不知道这意味着什么。后来我才知道这就是线索之一，具体原因后面会讲到。

Filter: ip.addr eq 123.125.29.243　Expression... Clear Apply Save

No.	Time	Source	Destination	Protocol	Info
3	2.466565000	Client	w3.dpool.sina.com.cn	TCP	58578→80 [SYN] Seq=0 Win=8192 Len=0 MSS=1460 WS=
4	2.486628000	w3.dpool.sina.com.cn	Client	TCP	80→58578 [SYN, ACK] Seq=0 Ack=1 Win=14600 Len=0
5	2.486716000	Client	w3.dpool.sina.com.cn	TCP	58578→80 [ACK] Seq=1 Ack=1 Win=65700 Len=0
6	2.487789000	Client	w3.dpool.sina.com.cn	TCP	[TCP segment of a reassembled PDU]
7	2.487807000	Client	w3.dpool.sina.com.cn	HTTP	GET /game?game_id=1 HTTP/1.1
8	2.491232000	w3.dpool.sina.com.cn	Client	TCP	80→58578 [ACK] Seq=1 Ack=1461 Win=2102400 Len=0
9	2.491663000	w3.dpool.sina.com.cn	Client	TCP	80→58578 [PSH, ACK] Seq=1 Ack=1461 Win=2102400 L
10	2.492354000	Client	w3.dpool.sina.com.cn	TCP	58578→80 [FIN, ACK] Seq=1595 Ack=558 Win=65140 L
11	2.507937000	w3.dpool.sina.com.cn	Client	TCP	80→58578 [ACK] Seq=1 Ack=1595 Win=17536 Len=0
12	2.508130000	w3.dpool.sina.com.cn	Client	TCP	80→58578 [ACK] Seq=1 Ack=1 Win=14720 Len=0 SLE=1
13	2.508153000	Client	w3.dpool.sina.com.cn	TCP	[TCP Dup ACK 10#1] 58578→80 [ACK] Seq=1596 Ack=5
26	2.739402000	w3.dpool.sina.com.cn	Client	TCP	[TCP Previous segment not captured] 80→58578 [AC
27	2.739403000	w3.dpool.sina.com.cn	Client	TCP	80→58578 [FIN, ACK] Seq=4381 Ack=1595 Win=17536
28	2.739439000	Client	w3.dpool.sina.com.cn	TCP	[TCP Dup ACK 10#2] 58578→80 [ACK] Seq=1596 Ack=5
29	2.739474000	Client	w3.dpool.sina.com.cn	TCP	[TCP Dup ACK 10#3] 58578→80 [ACK] Seq=1596 Ack=5
30	2.739608000	w3.dpool.sina.com.cn	Client	TCP	[TCP Out-Of-Order] [TCP segment of a reassembled
31	2.739637000	Client	w3.dpool.sina.com.cn	TCP	[TCP ACKed unseen segment] 58578→80 [RST, ACK] S
32	2.739970000	w3.dpool.sina.com.cn	Client	TCP	[TCP Out-Of-Order] [TCP segment of a reassembled

图 2

由于这是我第一次分析劫持包，所以不得要领，当晚分析到凌晨都没有弄明白。第二天早上只好到技术群求援了，一位在运营商工作的朋友给我科普了 HTTP 劫持的几种方式。其中有一种引起了我的注意，其大概工作方式如图 3 所示，实线箭头表示正常的网络包，虚线箭头表示运营商做的手脚。

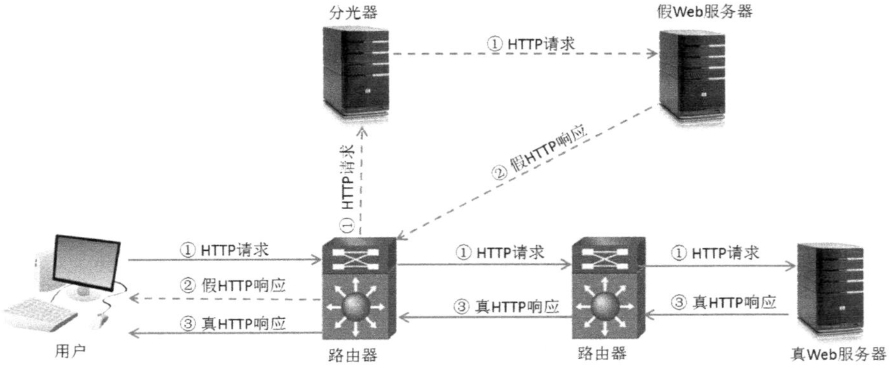
分光器
假Web服务器
① HTTP请求
② 假HTTP响应
① HTTP请求
用户
① HTTP请求
② 假HTTP响应
③ 真HTTP响应
路由器
① HTTP请求
③ 真HTTP响应
路由器
① HTTP请求
③ 真HTTP响应
真Web服务器

图 3

注意：这只是简单的示意图，不完全等同于真实过程。

在正常情况下，用户发出的 HTTP 请求（即图中的①）经过层层路由才能到达真实的 Web 服务器，然后真实的 HTTP 响应（即图中的③）又经过层层路由才能回到用户端。而**在做了手脚的网络中，运营商可以在路由器上复制 HTTP 请求，再交给假的 Web 服务器。然后赶在真实的 HTTP 响应之前，把假的 HTTP 响应（即图中的②）送达用户**。这个抢先应答会导致用户在收到真实的 HTTP 响应时，以为是无效包而丢弃。

根据这个工作原理，我们能否推测出假的 HTTP 响应有什么特征呢？如果能，那就能据此过滤出关键包了。我首先考虑到的是网络层的特征：**因为假 Web 服务器是抢先应答的，所以它发出的包到达用户时，TTL（Time to Live）可能和真实的包不一样**。那要怎么知道真实的 TTL 应该是多少呢？考虑到 3 次握手发生在 HTTP 劫持之前，所以我们可以假定参与 3 次握手的那台服务器是真的，从图 4 可见其 TTL 为 54。

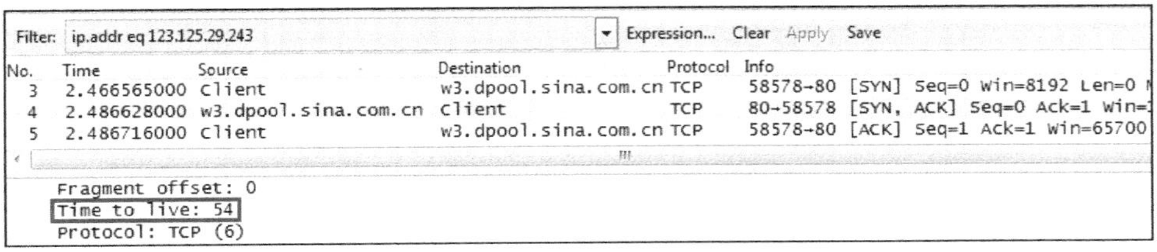
Filter: ip.addr eq 123.125.29.243
Expression... Clear Apply Save
No. Time Source Destination Protocol Info
3 2.466565000 Client w3.dpool.sina.com.cn TCP 58578→80 [SYN] Seq=0 Win=8192 Len=0
4 2.486628000 w3.dpool.sina.com.cn Client TCP 80→58578 [SYN, ACK] Seq=0 Ack=1
5 2.486716000 Client w3.dpool.sina.com.cn TCP 58578→80 [ACK] Seq=1 Ack=1 Win=65700
Fragment offset: 0
Time to live: 54
Protocol: TCP (6)

图 4

接下来就要动手过滤出假的包了。根据其源地址同样为 123.125.29.243，但

TTL 不等于 54 的特征，我用“(ip.srceq 123.125.29.243) && !(ip.ttl == 54)”过滤，得到图 5 的两个包，即 8 号包和 9 号包。看看右下角显示了什么信息？这不正是我要寻找的假页面“src=http://jump.niu.xunlei.com:8080/6zma2a”吗？

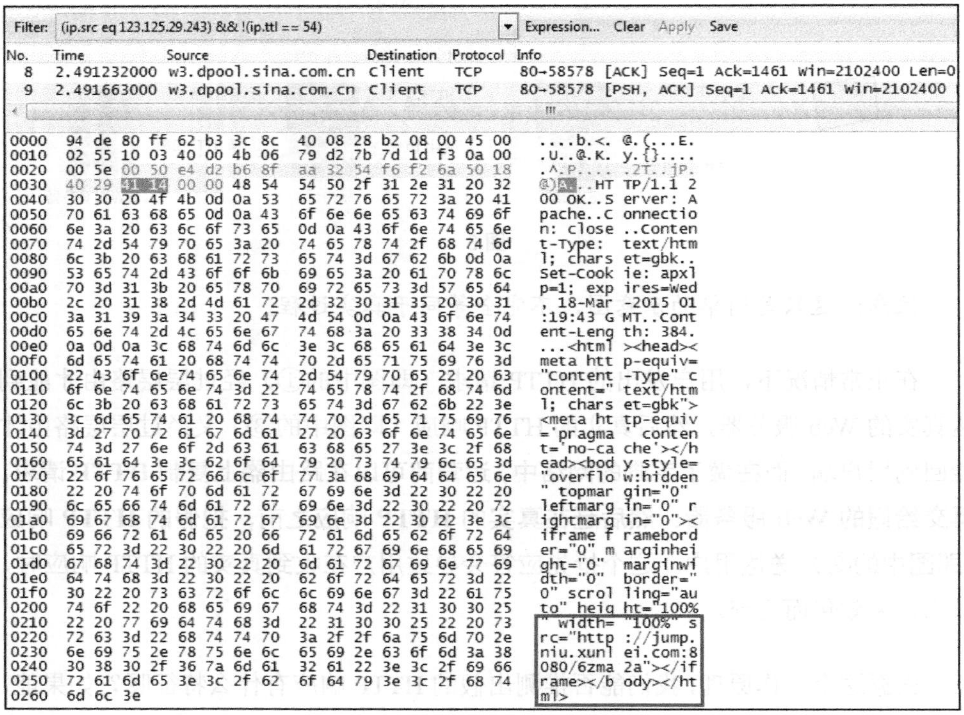
Filter: (ip.src eq 123.125.29.243) && !(ip.ttl == 54)
Expression... Clear Apply Save
No. Time Source Destination Protocol Info
8 2.491232000 w3.dpool.sina.com.cn client TCP 80→58578 [ACK] Seq=1 Ack=1461 Win=2102400 Len=0
9 2.491663000 w3.dpool.sina.com.cn client TCP 80→58578 [PSH, ACK] Seq=1 Ack=1461 Win=2102400
0000 94 de 80 ff 62 b3 3c 8c 40 08 28 b2 08 00 45 00 ....b.<. @.(...E.
0010 02 55 10 03 40 00 4b 06 79 d2 7b 7d 1d f3 0a 00 .U..@.K. y.{}....
0020 00 5e 00 50 e4 d2 b6 8f aa 32 54 f6 f2 6a 50 18 .^.P.... .2T..jP.
0030 40 29 41 14 00 00 48 54 54 50 2f 31 2e 31 20 32 @)A...HT TP/1.1 2
0040 30 30 20 4f 4b 0d 0a 53 65 72 76 65 72 3a 20 41 00 OK..S erver: A
0050 70 61 63 68 65 0d 0a 43 6f 6e 6e 65 63 74 69 6f pache..C onnectio
0060 6e 3a 20 63 6c 6f 73 65 0d 0a 43 6f 6e 74 65 6e n: close ..Conten
0070 74 2d 54 79 70 65 3a 20 74 65 78 74 2f 68 74 6d t-Type: text/htm
0080 6c 3b 20 63 68 61 72 73 65 74 3d 67 62 6b 0d 0a l; chars et=gbk..
0090 53 65 74 2d 43 6f 6f 6b 69 65 3a 20 61 70 78 6c Set-Cook ie: apxl
00a0 70 3d 31 3b 20 65 78 70 69 72 65 73 3d 57 65 64 p=1; exp ires=Wed
00b0 2c 20 31 38 2d 4d 61 72 2d 32 30 31 35 20 30 31 , 18-Mar -2015 01
00c0 3a 31 39 3a 34 33 20 47 4d 54 0d 0a 43 6f 6e 74 :19:43 G MT..Cont
00d0 65 6e 74 2d 4c 65 6e 67 74 68 3a 20 33 38 34 0d ent-Leng th: 384.
00e0 0a 0d 0a 3c 68 74 6d 6c 3e 3c 68 65 61 64 3e 3c ...<html ><head><
00f0 6d 65 74 61 20 68 74 74 70 2d 65 71 75 69 76 3d meta htt p-equiv=
0100 22 43 6f 6e 74 65 6e 74 2d 54 79 70 65 22 20 63 "Content -Type" c
0110 6f 6e 74 65 6e 74 3d 22 74 65 78 74 2f 68 74 6d ontent=" text/htm
0120 6c 3b 20 63 68 61 72 73 65 74 3d 67 62 6b 22 3e l; chars et=gbk">
0130 3c 6d 65 74 61 20 68 74 74 70 2d 65 71 75 69 76 <meta ht tp-equiv
0140 3d 27 70 72 61 67 6d 61 27 20 63 6f 6e 74 65 6e ='pragma ' conten
0150 74 3d 27 6e 6f 2d 63 61 63 68 65 27 3e 3c 2f 68 t='no-ca che'></h
0160 65 61 64 3e 3c 62 6f 64 79 20 73 74 79 6c 65 3d ead><bod y style=
0170 22 6f 76 65 72 66 6c 6f 77 3a 68 69 64 64 65 6e "overflo w:hidden
0180 22 20 74 6f 70 6d 61 72 67 69 6e 3d 22 30 22 20 " topmar gin="0"
0190 6c 65 66 74 6d 61 72 67 69 6e 3d 22 30 22 20 72 leftmarg in="0" r
01a0 69 67 68 74 6d 61 72 67 69 6e 3d 22 30 22 3e 3c ightmarg in="0"><
01b0 69 66 72 61 6d 65 20 66 72 61 6d 65 62 6f 72 64 iframe f ramebord
01c0 65 72 3d 22 30 22 20 6d 61 72 67 69 6e 68 65 69 er="0" m arginhei
01d0 67 68 74 3d 22 30 22 20 6d 61 72 67 69 6e 77 69 ght="0" marginwi
01e0 64 74 68 3d 22 30 22 20 62 6f 72 64 65 72 3d 22 dth="0" border="
01f0 30 22 20 73 63 72 6f 6c 6c 69 6e 67 3d 22 61 75 0" scrol ling="au
0200 74 6f 22 20 68 65 69 67 68 74 3d 22 31 30 30 25 to" heig ht="100%
0210 22 20 77 69 64 74 68 3d 22 31 30 30 25 22 20 73 " width= "100%" s
0220 72 63 3d 22 68 74 74 70 3a 2f 2f 6a 75 6d 70 2e rc="http ://jump.
0230 6e 69 75 2e 78 75 6e 6c 65 69 2e 63 6f 6d 3a 38 niu.xunl ei.com:8
0240 30 38 30 2f 36 7a 6d 61 32 61 22 3e 3c 2f 69 66 080/6zma 2a"></if
0250 72 61 6d 65 3e 3c 2f 62 6f 64 79 3e 3c 2f 68 74 rame></b ody></ht
0260 6d 6c 3e ml>

图 5

这个发现令我信心大增，有种拨云见日的感觉。再往下看几个包，果然发现了和 jump.niu.xunlei.com 的新连接。接着这个连接又把页面跳转到了“http://niu.xunlei.com/actives/welcome1426……”上（见图 6）。跳来跳去地非常难以追寻。

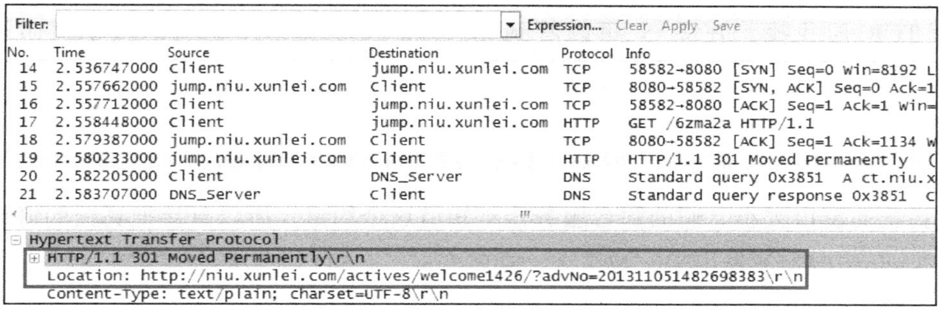
Filter:
Expression... Clear Apply Save
No. Time Source Destination Protocol Info
14 2.536747000 client jump.niu.xunlei.com TCP 58582→8080 [SYN] Seq=0 Win=8192
15 2.557662000 jump.niu.xunlei.com client TCP 8080→58582 [SYN, ACK] Seq=0 Ack=1
16 2.557712000 client jump.niu.xunlei.com TCP 58582→8080 [ACK] Seq=1 Ack=1 Win=
17 2.558448000 client jump.niu.xunlei.com HTTP GET /6zma2a HTTP/1.1
18 2.579387000 jump.niu.xunlei.com client TCP 8080→58582 [ACK] Seq=1 Ack=1134
19 2.580233000 jump.niu.xunlei.com client HTTP HTTP/1.1 301 Moved Permanently
20 2.582205000 client DNS_Server DNS Standard query 0x3851 A ct.niu.x
21 2.583707000 DNS_Server client DNS Standard query response 0x3851
Hypertext Transfer Protocol
HTTP/1.1 301 Moved Permanently\r\n
Location: http://niu.xunlei.com/actives/welcome1426/?advNo=201311051482698383\r\n
Content-Type: text/plain; charset=UTF-8\r\n

图 6

再后面的包就没必要分析了，以上证据已经足以向工信部投诉。据说投诉后运营商解决起问题来还挺爽快的，百度曾经上诉某运营商的劫持案件也获赔了。商场上的黑暗故事，就不在本书里展开讨论了，我们还是继续关注技术问题吧。

在这个案例中，万一真假网络包的 TTL 恰好一样，还有什么办法可以找出假的包吗？仔细想想还是有的。比如服务器每发送一个包，就会对其网络层的 Identification 作加 1 递增。由于 4 号包的 Identification 为 4078（见图 7），那它的下一个包，也就是 8 号包的 Identification 就大概是 4079 了（或者略大一些）。可是从图 8 可见，它的 Identification 一下子跳到了 55872，这也是一个被劫持的明显的特征。

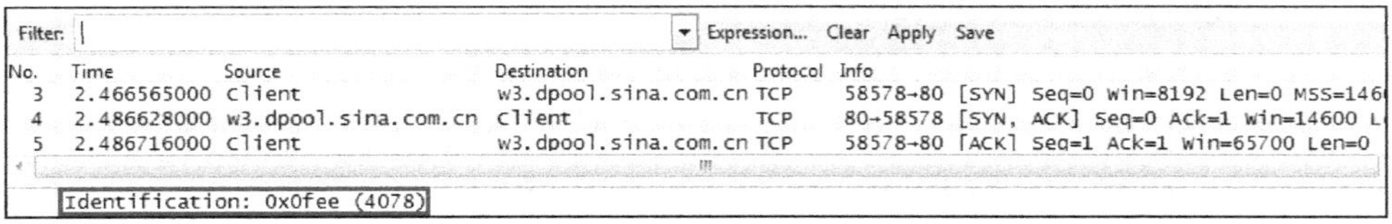
Filter:
Expression... Clear Apply Save
No. Time Source Destination Protocol Info
3 2.466565000 client w3.dpool.sina.com.cn TCP 58578→80 [SYN] Seq=0 Win=8192 Len=0 MSS=146
4 2.486628000 w3.dpool.sina.com.cn client TCP 80→58578 [SYN, ACK] Seq=0 Ack=1 Win=14600 L
5 2.486716000 client w3.dpool.sina.com.cn TCP 58578→80 [ACK] Seq=1 Ack=1 Win=65700 Len=0
Identification: 0x0fee (4078)

图 7

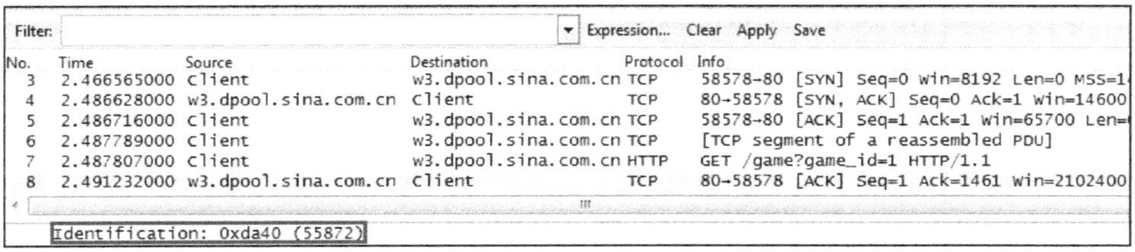
Filter:
Expression... Clear Apply Save
No. Time Source Destination Protocol Info
3 2.466565000 client w3.dpool.sina.com.cn TCP 58578→80 [SYN] Seq=0 Win=8192 Len=0 MSS=1
4 2.486628000 w3.dpool.sina.com.cn client TCP 80→58578 [SYN, ACK] Seq=0 Ack=1 Win=14600
5 2.486716000 client w3.dpool.sina.com.cn TCP 58578→80 [ACK] Seq=1 Ack=1 Win=65700 Len=
6 2.487789000 client w3.dpool.sina.com.cn TCP [TCP segment of a reassembled PDU]
7 2.487807000 client w3.dpool.sina.com.cn HTTP GET /game?game_id=1 HTTP/1.1
8 2.491232000 w3.dpool.sina.com.cn client TCP 80→58578 [ACK] Seq=1 Ack=1461 Win=2102400
Identification: 0xda40 (55872)

图 8

那万一运营商技术高超，把 TTL 和 Identification 都给对上号了，我们还有什么特征可以找吗？还是有的！刚刚介绍的两个特征都在网络层，接下来我们可以到 TCP 层找找。在图 5 可以看到 8 号和 9 号这两个假冒的包都声明了“win=2102400”，表示服务器的接收窗口是 2102400 字节。对比一下其他网络包，你会发现这个数字大得出奇。为什么会这样呢？这是因为真正的 Web 服务器在和客户端建立 3 次握手时，约好了它所声明的接收窗口要乘以 128（见图 9）才是真正的窗口大小。假的那台服务器不知道这个约定，所以直接把真正的窗口值（win=16425）发出来，被这么一乘就变成了 16425×128=2102400 字节，大得夸张。

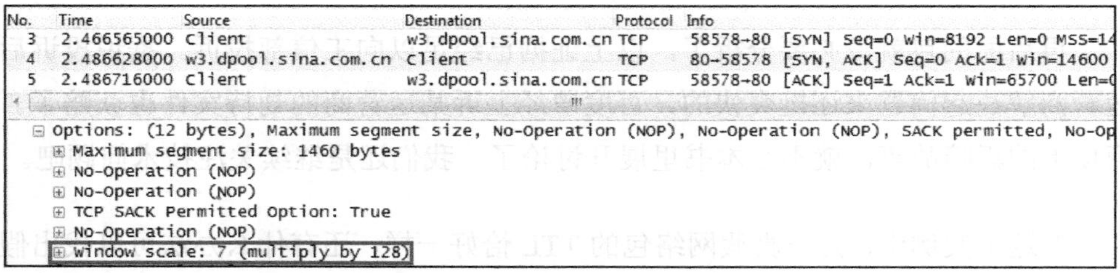
No. Time Source Destination Protocol Info
3 2.466565000 Client w3.dpool.sina.com.cn TCP 58578→80 [SYN] Seq=0 Win=8192 Len=0 MSS=14
4 2.486628000 w3.dpool.sina.com.cn Client TCP 80→58578 [SYN, ACK] Seq=0 Ack=1 Win=14600
5 2.486716000 Client w3.dpool.sina.com.cn TCP 58578→80 [ACK] Seq=1 Ack=1 Win=65700 Len=0
Options: (12 bytes), Maximum segment size, No-Operation (NOP), No-Operation (NOP), SACK permitted, No-Op
Maximum segment size: 1460 bytes
No-Operation (NOP)
No-Operation (NOP)
TCP SACK Permitted Option: True
No-Operation (NOP)
Window scale: 7 (multiply by 128)

图 9

这个特征在本案例中非常明显，但不是每个 TCP 连接被劫持后都会表现出来的。假如 3 次握手时没有声明图 9 所示的 Window Scale 值，那就无此特征了。

其实我在一开始还提到了另一个现象，即图 2 中 Wireshark 提示的［TCP Previous segment not captured］和［TCP Out-of-Order］，意味着存在乱序。为什么会有这些提示呢？这是因为假服务器伪造的包抢先到达，增加了 Seq 号，因此等到真服务器发出的包到达时，Seq 号已经对不上了。Wireshark 还没有智能到能判断真假包的程度，只能根据 Seq 号的大小提示乱序了。

总而言之，在理解了劫持原理之后，我们便能推理出假包的特征，然后再根据这些特征过滤出关键包。但不是所有特征都能在每次劫持中体现出来的，比如接收窗口的大小就很可能是正常的，所以一定要逐层认真分析。这还只是众多劫持方式中的一种，如果采用了其他方式，那么在包里看到的现象又会有所不同。等我下次遇到了，再写一篇跟大家分享。

一个协议的进化

互联网行业日新月异，几年前估计连马云都预想不到今天的网络规模。从打车、订餐、抢购手机到付款理财，几乎无孔不入。与之不相称的是，互联网所依赖的基础协议——HTTP 却一直没有更新。知道现在最通用的 HTTP 1.1 是什么时候出现的吗？20 世纪末！那时候我还是林家庄跑得最快的少年，现在下个楼梯都能感觉肚子上的脂肪在跳跃。

那是什么使得 HTTP 1.1 青春永驻呢？是因为它的设计特别有前瞻性吗？可惜答案是否定的。当今网络的两个特征，导致 HTTP 1.1 已经成为性能瓶颈[①]：

- 现在网络的带宽比 20 世纪大得多，家庭带宽普遍在 10 兆以上，有些运营商甚至提供 200 兆的家庭套餐。
- 每个页面的内容远比 20 世纪的丰富，比如包含了更多小图片。类似 www.qq.com 这样还不算炫目的网站，光打开首页就能触发一百多个 GET 请求，但每个 GET 的数据量都不大。

这两个特征和 HTTP 1.1 有什么冲突呢？我们先从一个简单的例子开始说起。图 1 显示的是一个典型的网页打开过程，客户端只和服务器建立了一个 TCP 连接，然后从服务器上依次 GET 了三个资源，每个的数据量都很小，3 个包就能完成，即 1-3，4-6，7-9。

① 本文所说的性能，指的是浏览网页或者刷微博之类的小流量场景，不包括下载电影这样的大流量场景。

No.	Time	Source	Destination	Protocol	Info
1	0.000000000	Client	Server	HTTP	GET /interface/getsub?callback=customOrder&para=%7B%22busi_id%2
3	0.078748000	Server	Client	HTTP	HTTP/1.1 200 OK (text/html)
4	0.107910000	Client	Server	HTTP	GET /qhome/uinterest?num=4&callback=contentInit&random=0.260833
6	0.151834000	Server	Client	HTTP	HTTP/1.1 200 OK (text/html)
7	0.179456000	Client	Server	HTTP	GET /newalgorithm/groupnews?callback=entCallback&channel=ent&ra
9	0.225205000	Server	Client	HTTP	HTTP/1.1 200 OK (text/html)

图 1

从这个包里面可以看出不少问题。

1. 客户端不是多个 GET 请求一起发出的，而是先发出一个请求，等收到响应之后才发出下一个请求。这样假如前一个操作发生了丢包，就会直接影响到后续的操作，成为“线头阻塞”（Head of Line［HOL］Blocking）。

2. 即使没有丢包，每个 GET 至少也要耗费一个 RTT（往返时间）。因此采用这种**非并发**的方式时，上百个 GET 所耗费的时间总量就非常可观。

3. 这种工作方式导致同时发出的包数太少，所以 TCP 窗口再大也派不上用场。这就相当于带宽被浪费了，家里办个 200M 带宽和 10M 带宽的上网体验差不多。想象一下六车道马路上总共跑着 3 辆车，你就能理解这种浪费了。

4. 还有一个副作用，就是包数太少会凑不起触发快速重传所必需的 3 个 Dup Ack，因此一丢包就只能等待超时重传，效率大打折扣。

图 1 演示的还只是明文传输的情况，如果要加密传输还会出现更严重的延迟。图 2 是一个 HTTP 1.1 加密传输过程，由于 HTTP 协议本身是明文传输的，所以用到了 TLS 来加密。

No.	Time	Source	Destination	Protocol	Info
1	0.000000000	Client	Server	TCP	57422→443 [SYN] Seq=2414288222 Win=8192 Len=0 MSS=1460 WS=4 SACK_PER
2	0.088498000	Server	Client	TCP	443→57422 [SYN, ACK] Seq=2346460516 Ack=2414288223 Win=65535 Len=0 M
3	0.088617000	Client	Server	TCP	57422→443 [ACK] Seq=2414288223 Ack=2346460517 Win=66364 Len=0
4	0.091404000	Client	Server	TLSv1.2	Client Hello
5	0.178971000	Server	Client	TLSv1.2	Server Hello
6	0.179328000	Server	Client	TCP	443→57422 [ACK] Seq=2346460517 Ack=2414288447 Win=6592 Len=0
7	0.179360000	Client	Server	TCP	57422→443 [ACK] Seq=2414288447 Ack=2346461885 Win=64996 Len=0
8	0.179674000	Server	Client	TLSv1.2	Continuation Data
9	0.179712000	Client	Server	TCP	57422→443 [ACK] Seq=2414288447 Ack=2346461885 Win=64996 Len=0 SLE=23
10	0.180481000	Server	Client	TLSv1.2	Continuation Data
11	0.180531000	Client	Server	TCP	57422→443 [ACK] Seq=2414288447 Ack=2346464621 Win=66364 Len=0
12	0.180678000	Server	Client	TLSv1.2	Continuation Data
13	0.180789000	Server	Client	TLSv1.2	Continuation Data
14	0.180822000	Client	Server	TCP	57422→443 [ACK] Seq=2414288447 Ack=2346466709 Win=66364 Len=0
15	0.183432000	Client	Server	TLSv1.2	Client Key Exchange, Change Cipher Spec, Encrypted Handshake Message
16	0.272740000	Server	Client	TLSv1.2	Change Cipher Spec, Encrypted Handshake Message
17	0.473554000	Client	Server	TCP	57422→443 [ACK] Seq=2414288789 Ack=2346466784 Win=66288 Len=0
18	0.520483000	Server	Client	TLSv1.2	Change Cipher Spec, Encrypted Handshake Message
19	0.520554000	Client	Server	TCP	57422→443 [ACK] Seq=2414288789 Ack=2346466784 Win=66288 Len=0 SLE=23
20	0.644898000	Client	Server	TLSv1.2	Application Data
21	0.734305000	Server	Client	TLSv1.2	Application Data
22	0.734499000	Server	Client	TLSv1.2	Application Data

图 2

这个过程可以分解成下面三步。

1．前 3 个包是三次握手过程，完成时刻是 0.0886 秒。

2．接下来的 4～19 号包是 TLS 握手过程，完成时刻是 0.5206 秒。

3．20～22 号包是真正的 HTTP 传输过程，完成时刻是 0.7345 秒。

不难看出，真正传输有效数据的是第三步，而它所耗费的时间在整个连接中的比例却并不高，大多时间是被前两步用掉了。最近有人在倡导所有网站都加密，恐怕没有意识到这样做会给网速带来多少影响。

既然单个连接不能并行发送 HTTP 请求，那能不能同时建立很多个连接呢？也不可以的，定义了 HTTP 1.1 的 RFC 2616 明确把最大连接数限制为 2 个，原文如下：

Clients that use persistent connections SHOULD limit the number of simultaneous connections that they maintain to a given server. A single-user client SHOULD NOT maintain more than 2 connections with any server.（使用长连接的客户端应当限制和某一台服务器的同时连接数。单用户客户端不能和任意一台服务器同时保持两个以上的连接。）

综合以上分析，我们可以得到一个结论，即 HTTP **协议所导致的网络延迟才是影响上网体验的主要因素，而不是带宽**。那有没有改进的办法呢？的确有一些优化措施，比如大多数网站会让客户端与**多台服务器**建立并发的 TCP 连接。图 3 是我在打开国外某购物网站时的 HTTP 包，看上去似乎高效了很多，至少可以向多台服务器并行发送 GET 了。**不过这个方案也不完美，因为每个新建的 TCP 连接都会处于慢启动状态中，传输效率很低。而过了慢启动阶段，速度终于变快了，数据却已经传完了。**再说也不是每个网站都愿意承担多台服务器的成本。

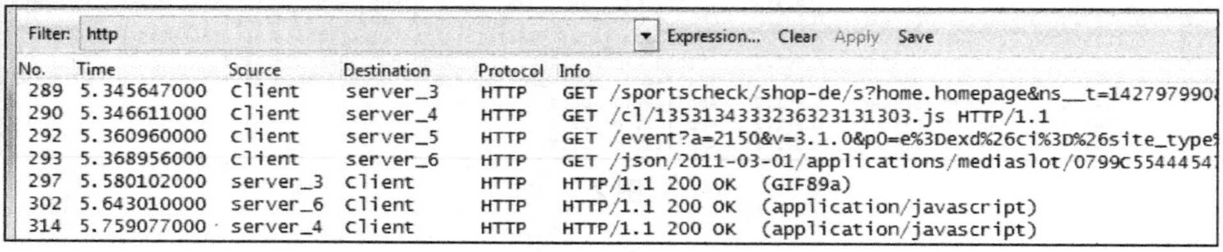
Filter: http
Expression... Clear Apply Save
No. Time Source Destination Protocol Info
289 5.345647000 Client server_3 HTTP GET /sportscheck/shop-de/s?home.homepage&ns__t=14279799
290 5.346611000 Client server_4 HTTP GET /cl/135313433323632313130 3.js HTTP/1.1
292 5.360960000 Client server_5 HTTP GET /event?a=2150&v=3.1.0&p0=e%3Dexd%26ci%3D%26site_type
293 5.368956000 Client server_6 HTTP GET /json/2011-03-01/applications/mediaslot/0799C5544454
297 5.580102000 server_3 Client HTTP HTTP/1.1 200 OK (GIF89a)
302 5.643010000 server_6 Client HTTP HTTP/1.1 200 OK (application/javascript)
314 5.759077000 server_4 Client HTTP HTTP/1.1 200 OK (application/javascript)

图 3

还有一个优化技术叫 Pipelining，可惜它也受到一些限制，比如代理服务器不支持等。那有没有办法可以彻底地解决这些问题呢？我脑洞大开地想象一下，也许符合以下需求的协议才可以：

- 它不需要三次握手和加密握手，能够节省多个往返时间；
- 它没有慢启动过程，所以不会一开始就传得很慢；
- 它能并行发送请求和响应，即支持“多路复用”（Multiplexing）。

也就是说，当前的一个 HTTP 连接和理想中的差距大概如图 4 所示。同样是 3 个操作，理想中的模型处理起来会快得多。

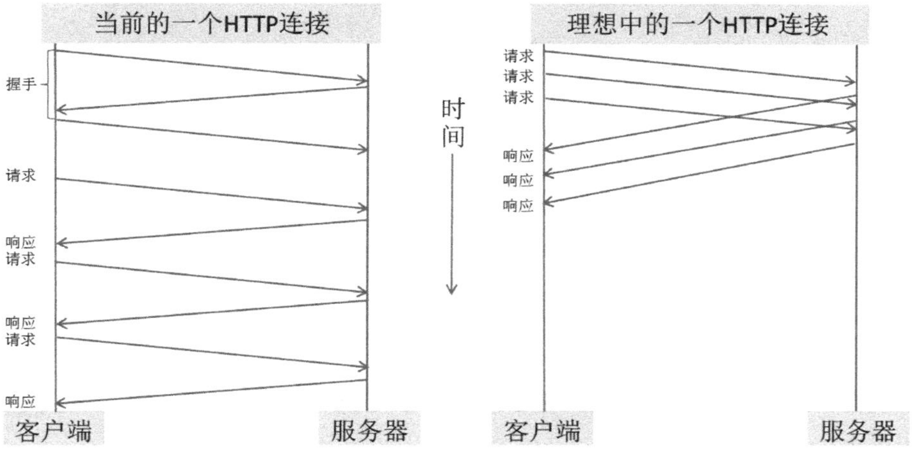
当前的一个HTTP连接
握手
请求
响应
请求
响应
请求
响应
客户端
服务器
时间
理想中的一个HTTP连接
请求
请求
请求
响应
响应
响应
客户端
服务器

图 4

要完美实现这些需求，恐怕现有的 HTTP 和 TCP 机制都要被抛弃，得重新设计一套全新的协议才行。这在技术上也不是没有可能，说不定 Google 和 Microsoft 之类的公司就有这样的实力，但是在商业上完全不可行——在当前如此庞大的网络规模面前，谁也没有实力去推动所有网站、运营商和客户端做出改变。不要说 TCP 了，就连 HTTP 层的升级都会遇到不少阻力，因此只能采用向下兼容、逐步改进的办法。

近几年就有一些业内先锋尝试了不同的解决方案。其中最出色的是 Google 推出的 SPDY 协议，它只是在 HTTP 和 TCP 之间增加了一层，从而支持多路复用等功能（即在一个 TCP 连接里并行处理多个 HTTP 请求），很容易得到现有网站和客户端的支持。目前几乎所有主流浏览器都支持 SPDY，比如在 Chrome 上可以通过“chrome://flags”启用它，如图 5 底部所示。国外的主流网站也都支持 SPDY，比如 Facebook、Wordpress、YouTube 和 Twitter 等，可惜这些网站我们都没有条件测试。SPDY 的多路复用解决了本文开头提到的不少问题，比如带宽施展不开、丢包时难以触发快速重传等。经过几年的实验，SPDY 终于在 2015 年“进化”到 HTTP 2.0。

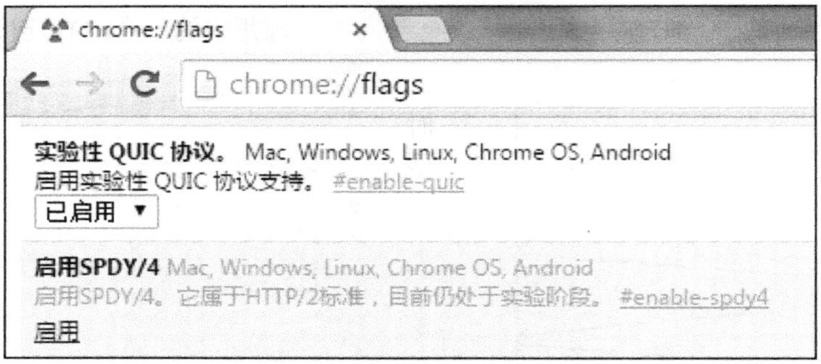
chrome://flags
chrome://flags
实验性 QUIC 协议。 Mac, Windows, Linux, Chrome OS, Android
启用实验性 QUIC 协议支持。 #enable-quic
已启用
启用SPDY/4 Mac, Windows, Linux, Chrome OS, Android
启用SPDY/4。它属于HTTP/2标准，目前仍处于实验阶段。 #enable-spdy4
启用

图 5

现在（2015 年 5 月份）HTTP 2.0 的 RFC 还没有出来。不过在其草稿中，已经明确表示“An HTTP/2.0 connection is an application level protocol running on top of a TCP connection”。只要它还是基于 TCP 的，就还有改进的空间，因为 TCP 三次握手和慢启动的负面影响仍然存在。怎么改进呢？如果你观察足够仔细，还会在图 5 中看到一个“实验性 QUIC 协议”，它或许会在以后实现真正的零延迟通信，而且是用在 HTTP 上。

QUIC 是 Quick UDP Internet Connections 的简称，旨在消除网页应用的延迟。由于它本质上是 UDP，所以不需要握手也没有慢启动过程，技术上的确有优势。目前只有 Google 的网站支持 QUIC，因为某些原因，中国技术人员还没有条件抓包来学习（用 VPN 也不行）。我委托一位印度同行抓了一个很简单的包，从图 6 的 Seq 号大致可以看到它是并发传输的。

No.	Time	Source	Destination	Protocol	Info
18	5.062888000	Client	Server	QUIC	CID: 11989733321912874687, Seq: 1
19	5.068569000	Client	Server	QUIC	CID: 11989733321912874687, Seq: 2
20	5.070567000	Server	Client	QUIC	CID: 11989733321912874687, Seq: 1
21	5.079090000	Client	Server	QUIC	CID: 11989733321912874687, Seq: 3
22	5.083972000	Server	Client	QUIC	CID: 11989733321912874687, Seq: 2
23	5.103229000	Server	Client	QUIC	CID: 11989733321912874687, Seq: 3
24	5.109300000	Client	Server	QUIC	CID: 11989733321912874687, Seq: 4
25	5.140611000	Server	Client	QUIC	CID: 11989733321912874687, Seq: 4
26	5.211370000	Client	Server	QUIC	CID: 11989733321912874687, Seq: 5
32	5.460549000	Client	Server	QUIC	CID: 11989733321912874687, Seq: 6
33	5.496031000	Server	Client	QUIC	CID: 11989733321912874687, Seq: 5
34	5.555704000	Server	Client	QUIC	CID: 11989733321912874687, Seq: 6

图 6

目前 QUIC 还没有流行开来，但 Google 已经发布了不少文档。说来有趣，我下载该文档时，发现其推荐语是“如果你需要一些材料来帮助睡眠，可以看看这些文档。”让人哭笑不得。打开来的第一句话又是“我为这篇文章的长度而抱歉，如果我有足够多的时间，一定会把它写得短一点。”再次被作者逗乐了，浏览了一下发现篇幅果然很长。还是等 QUIC 哪天真正流行了，再单独为它写一篇吧。

假装产品经理

由于我最近经常评论手机 App 的设计细节，所以被一位新认识的网友问，“你是产品经理吧？连这个都知道。”

被误认为产品经理可不算好事，因为很多“程序猿”眼中的“产品狗”就是技术渣渣（虽然我不是这样认为的，各有所长嘛）。不过这一问倒是提醒了我，互联网行业的产品经理们也可以学学 Wireshark 的。如果需要研究对手的产品，用不着派间谍去偷文档，抓个包仔细分析就能得到不少信息，《寻找 HttpDNS》中提到的 IP 缓存便是极好的例子。如果只是想改进自己的产品，抓个包看看可能也有意外收获。就像 Windows 上自带的 FTP 客户端有个存在多年的 bug，测试时很难发现，但用 Wireshark 一打开就一目了然，详情可见我上一本书中的《一个古老的协议——FTP》。

今天我就假装一下产品经理，**用 Wireshark 分析一下微博 APP 是怎样上传和下载图片的，这对一个社交 App 来说至关重要**。实验过程很简单，启动抓包后执行以下步骤。

1．新建微博并选择一张 3.9MB 左右的图片，然后点“下一步”。

2．随便输入些字符后点击发送按钮。

3．点击这条已发微博的小图，从而打开大图。

4．在大图上点击“原图”，然后停止抓包。

每做完一个步骤都从电脑上 ping 一次手机的 IP 作为分隔标记，这是一个良好的习惯，有助于分析过程中区分每一步。接下来开始分析，先用“http||icmp”过滤一下抓到的网络包，实验过程的每个步骤就都显示出来了。从图 1 可见，四

次 ping 的标记都赫然在目（Protocol 栏显示为 ICMP），因此很容易判断哪些包对应着哪个步骤。我把上传和下载图片相关的 HTTP 请求都用方框标记出来，这样更加一目了然。

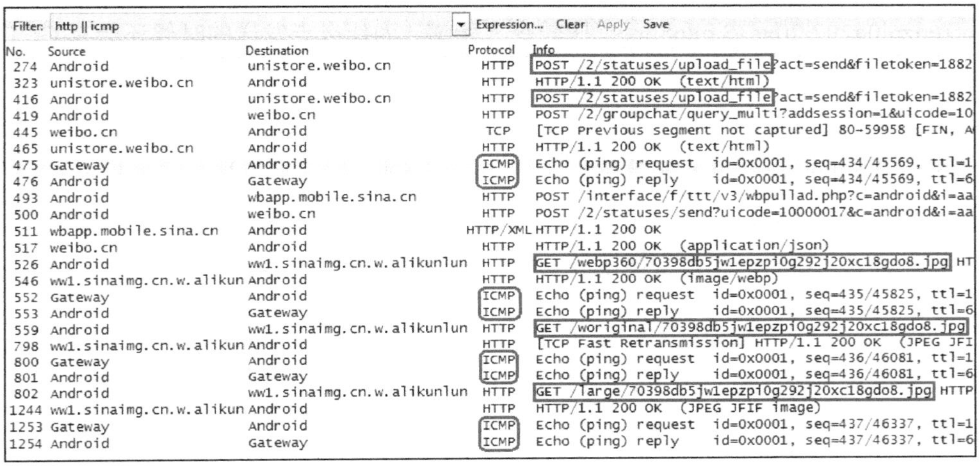
Filter: http || icmp   Expression... Clear Apply Save

No.	Source	Destination	Protocol	Info
274	Android	unistore.weibo.cn	HTTP	POST /2/statuses/upload_file?act=send&filetoken=1882
323	unistore.weibo.cn	Android	HTTP	HTTP/1.1 200 OK (text/html)
416	Android	unistore.weibo.cn	HTTP	POST /2/statuses/upload_file?act=send&filetoken=1882
419	Android	weibo.cn	HTTP	POST /2/groupchat/query_multi?addsession=1&uicode=10
445	weibo.cn	Android	TCP	[TCP Previous segment not captured] 80→59958 [FIN, A
465	unistore.weibo.cn	Android	HTTP	HTTP/1.1 200 OK (text/html)
475	Gateway	Android	ICMP	Echo (ping) request id=0x0001, seq=434/45569, ttl=1
476	Android	Gateway	ICMP	Echo (ping) reply id=0x0001, seq=434/45569, ttl=6
493	Android	wbapp.mobile.sina.cn	HTTP	POST /interface/f/ttt/v3/wbpullad.php?c=android&i=aa
500	Android	weibo.cn	HTTP	POST /2/statuses/send?uicode=10000017&c=android&i=aa
511	wbapp.mobile.sina.cn	Android	HTTP/XML	HTTP/1.1 200 OK
517	weibo.cn	Android	HTTP	HTTP/1.1 200 OK (application/json)
526	Android	ww1.sinaimg.cn.w.alikunlun	HTTP	GET /webp360/70398db5jw1epzpi0g292j20xc18gdo8.jpg HT
546	ww1.sinaimg.cn.w.alikun	Android	HTTP	HTTP/1.1 200 OK (image/webp)
552	Gateway	Android	ICMP	Echo (ping) request id=0x0001, seq=435/45825, ttl=1
553	Android	Gateway	ICMP	Echo (ping) reply id=0x0001, seq=435/45825, ttl=6
559	Android	ww1.sinaimg.cn.w.alikunlun	HTTP	GET /woriginal/70398db5jw1epzpi0g292j20xc18gdo8.jpg
798	ww1.sinaimg.cn.w.alikun	Android	HTTP	[TCP Fast Retransmission] HTTP/1.1 200 OK (JPEG JFI
800	Gateway	Android	ICMP	Echo (ping) request id=0x0001, seq=436/46081, ttl=1
801	Android	Gateway	ICMP	Echo (ping) reply id=0x0001, seq=436/46081, ttl=6
802	Android	ww1.sinaimg.cn.w.alikunlun	HTTP	GET /large/70398db5jw1epzpi0g292j20xc18gdo8.jpg HTTP
1244	ww1.sinaimg.cn.w.alikun	Android	HTTP	HTTP/1.1 200 OK (JPEG JFIF image)
1253	Gateway	Android	ICMP	Echo (ping) request id=0x0001, seq=437/46337, ttl=1
1254	Android	Gateway	ICMP	Echo (ping) reply id=0x0001, seq=437/46337, ttl=6

图 1

接下来再看看每一步都发生了什么。在第一次 ping 之前，我的操作是在微博上选择手机里一张 3.9MB 的图片，然后点击“下一步”。本以为这个操作只发生在手机本身，所以不会有网络流量产生。没想到微博 App 在这一步就已经上传图片了，从图 1 可见它用了两个 POST 来上传（274 和 416 两个包）。如果点开网络包的话，还可以从详情中看到总共传输了 320KB。这一步至少透露出微博的产品经理作了如下考量。

- **图片被选定之后就开始上传，而不是等到用户点击发送按钮之后。这样可以让用户感觉更流畅，好像点一下按钮就瞬间传完了。**当然提前上传也有负面作用：假如用户选定了多张图片并点击“下一步”，但是在发送前又改变主意了，于是点了“取消”，这样用户以为自己没有发过任何图片，但其实多张图片的流量都浪费了。

- 3.9MB 的图片只用了 320KB 的流量，**说明微博 APP 在上传图片之前会先大幅度压缩，**这就是为什么美女们好不容易 PS 完照片发出去，看到的效果却很糟糕。用网页版上传就不会压缩得这么严重，这也许是因为产品经理考虑到手机用户是按流量计费的，而网页版用户一般都用包月宽带。

接着往下看。在第二次 ping 之前，我的操作是点击发送按钮，所以看到两个 POST（包号 493 和 500）是情理之中的。只有 526 号包“GET /webp360/70398db5jw1epzpi0g292j20xc18 gdo8.jpg”比较令人疑惑，为什么点发送的时候还会有 GET 图片的操作？其实这时已经发送完毕，开始下载小图并显示出来了。如果你观察足够仔细，会发现图片被上传到了 unistore.weibo.cn（见 274、416 等包），而下载时却是走 alikunlun（见 526 等包）。放 Google 一搜，原来阿里昆仑是阿里云 CDN 的内部名字。好吧，本来只是想分析一下产品设计，没想到连商业上的信息也不小心看到了，**新浪一定是把微博的 CDN 委托给阿里云了。**

插播一个读者疑问，为什么在这本书的截图中，Wireshark 会把 IP 地址显示成域名呢？其实只要勾上 View→Name Resolution→Enable for Network Layer 就行了，步骤如图 2 所示。

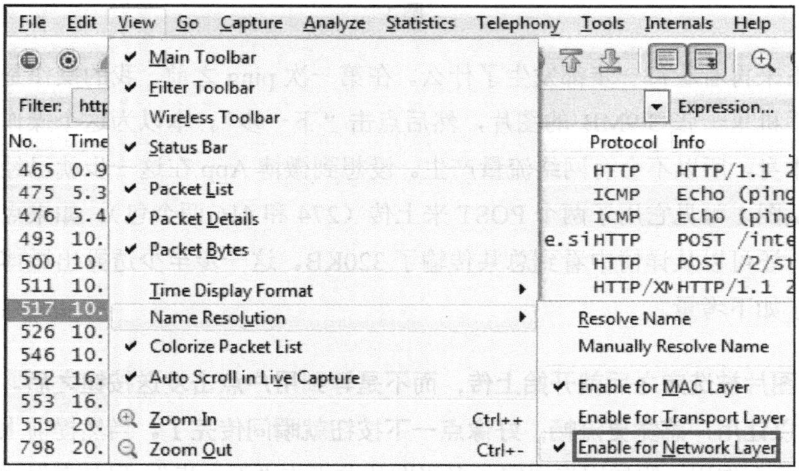
File Edit View Go Capture Analyze Statistics Telephony Tools Internals Help
Main Toolbar
Filter Toolbar
Wireless Toolbar
Status Bar
Packet List
Packet Details
Packet Bytes
Time Display Format
Name Resolution
Colorize Packet List
Auto Scroll in Live Capture
Zoom In Ctrl++
Zoom Out Ctrl+-
Filter:
Expression...
No. Time
Protocol Info
Resolve Name
Manually Resolve Name
Enable for MAC Layer
Enable for Transport Layer
Enable for Network Layer
图 2

接下来再看看第三次 ping 之前的那个操作，即点开微博大图时的包。如图 3 所示，客户端通过 GET 下载了一张图片，“Content-Length: 155971”说明下载的所谓大图比上传时的还小，只剩下 156KB 左右了，又压缩掉一半。这 APP 真会给用户省流量。

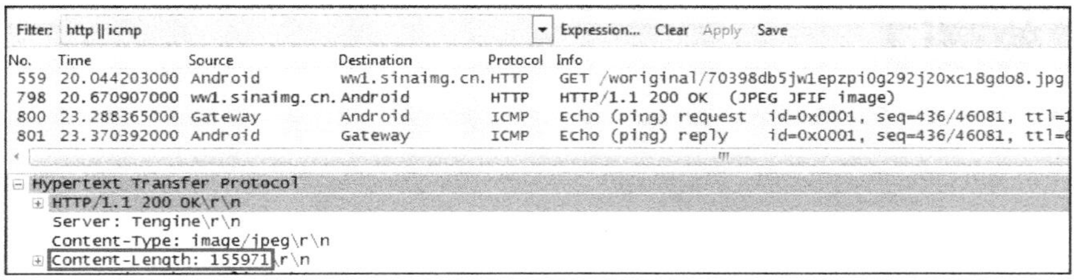
Filter: http || icmp
Expression... Clear Apply Save
No. Time Source Destination Protocol Info
559 20.044203000 Android ww1.sinaimg.cn. HTTP GET /woriginal/70398db5jw1epzpi0g292j20xc18gdo8.jpg
798 20.670907000 ww1.sinaimg.cn. Android HTTP HTTP/1.1 200 OK (JPEG JFIF image)
800 23.288365000 Gateway Android ICMP Echo (ping) request id=0x0001, seq=436/46081, ttl=
801 23.370392000 Android Gateway ICMP Echo (ping) reply id=0x0001, seq=436/46081, ttl=
Hypertext Transfer Protocol
HTTP/1.1 200 OK\r\n
Server: Tengine\r\n
Content-Type: image/jpeg\r\n
Content-Length: 155971\r\n

图 3

微博大图上还有个“原图”按钮，我一点击又产生了图 4 的流量，这次下载的图是 320KB 左右。可见微博认为的原图是 APP 上传前压缩过的那个，比起真正的原图（3.9 MB）还是小很多。

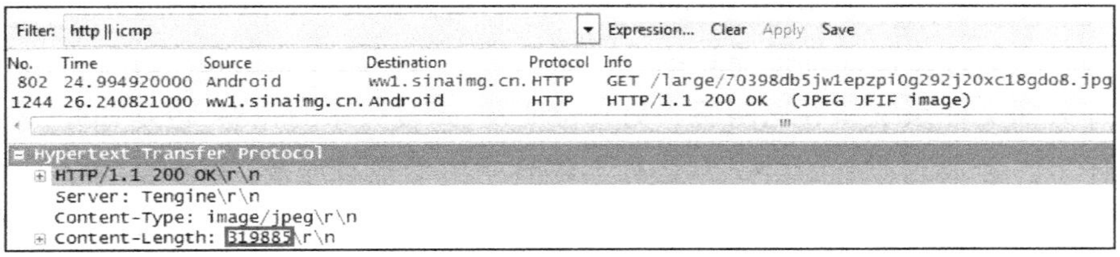
Filter: http || icmp
Expression... Clear Apply Save
No. Time Source Destination Protocol Info
802 24.994920000 Android ww1.sinaimg.cn. HTTP GET /large/70398db5jw1epzpi0g292j20xc18gdo8.jpg
1244 26.240821000 ww1.sinaimg.cn. Android HTTP HTTP/1.1 200 OK (JPEG JFIF image)
Hypertext Transfer Protocol
HTTP/1.1 200 OK\r\n
Server: Tengine\r\n
Content-Type: image/jpeg\r\n
Content-Length: 319885\r\n

图 4

在图片处理这一点上，本山寨产品狗只能看出这么多了。正牌的产品经理如果有心去钻研，相信还能找出更多来。要是想知道微博的其他底层细节，比如负载均衡或者文本加密等，也完全可以设计一些实验，然后抓包来研究。我个人的下一个研究对象则是某款流行的手机游戏，相信和社交应用会大有不同。

自学的窍门

有家公司找我分析了几个网络包，事后很感激地说，“林工在网络行业做了很多年吧？”我只好如实相告，“其实我是存储行业的，看包只是业余爱好。”这回答听上去像是老林爱吹牛的毛病又犯了，但的确是实话。我身边还有很多“不务正业”的朋友，比如读化学出身的冬瓜头，年纪轻轻便写了本书叫《大话存储》，把存储技术的方方面面都覆盖到位了，而我这个在存储行业摸爬滚打了十来年的老人却只懂文件系统和卷这两层。另一位朋友 @馒头家的花卷 也是如此，这几年翻译了好多本 IT 方面的书，从操作系统到密码学都有涉及，更神奇的是他还是果壳科普达人，还有个三产是做音响服务的。可见**在这个信息爆炸的时代，很多行业的门槛已经被网络填平了，有志者皆可跨界入门，经过努力甚至能达到专业水平**。本文要分享的，就是我的一些自学窍门。

第一步，从浏览权威的百科网站开始。

当我们下定决心学习某项技术时，到维基百科阅读相关词条是极好的开始。几乎所有的技术都可以在上面找到，如果真的找不到，就要考虑如此冷门的东西是否值得投入时间学习了。大多数词条里讲到的概念都能链接到相应的新词条，比如 TCP 词条里会说到 handshake 这个概念，想多了解它就可以点进去看看。用这种方式认真地阅读完一个词条，实际上已经把相关的概念也弄懂了，相当于读完一本简略的入门书。不光技术方面，历史、政治等学科也可以用这个方式来入门，因为**词条之间的关联性非常有助于形成初步的知识体系，而不是没有关联的孤立知识点**。每次使用维基百科，我都会不知不觉地打开很多相关页面。比如本来只是想了解一下曹操的生平，一不小心就把曹操的子孙、对手和谋臣的词条也读了，一下子觉得人物关系清楚了很多。

百科网站那么多，我为什么推荐维基而不是其他？这是因为它比较权威而且全面，引用和注释也很规范。对一个初学者来说，信息的准确性是最重要的，否则误解了一个入门知识点就可能毁了学习热情。维基百科唯一的不足是中文词条的数量和质量都远不如英文的，不过也不用担心，都是很好懂的 Plain English。技术研究到一定深度都是要读英文资料的，连中国学者写的顶级论文也是用英文的，我们何不从入门时就开始适应呢？

第二步，善用搜索引擎。

如果你求知若渴，一定不会满足于百科网站，因为脑子里产生的无数疑问会驱使你四处寻找答案。这时候身边有个大牛来指点是最好的，但是大牛回答三个以上的小白问题就会失去耐心，除非他一直在暗恋你。怎么办呢？自己搜索呗。几乎所有技术问题的答案都在网上，就算没有正面答案也会有侧面的，就看你的搜索技能了。我个人的技巧有以下三点。

- 技术方面的搜索要用 Google，因为它返回的头几条结果往往就是我想要的。一个典型的例子就是在 Google 和某国内著名网站搜“三点透视”，出来的结果完全属于两个不同的领域。假如你的研究已经到了领域尖端，需要读学术论文，那 Google 的优势就更加明显了。

- 把关键词翻译成英文再搜。世界上的技术高手很多，其中一些人也乐意回答网友的提问，而这些回答大多是用英文的。这就导致了英文资料比其他语种的资料丰富得多，假如你只用中文搜索就会错过这些答案了。不要怕英语不够用，开头也许是有点难，但是慢慢就能适应了。以我为例，至今美国同事讲的笑话我还是完全不知道笑点在哪，英文算很弱吧？但是技术方面的交流则毫无障碍，因为英文的技术文档看得太多了。

- 不要忽视图片搜索的价值。网络技术讲解得好的文章，往往是有图片的，而不是纯文本。所以当网页搜索得不到满意的结果时，尝试图片搜索，然后再从喜欢的图片链接到原网页。我就用这个方法找到过不少优秀的技术博客。

第三步，啃一本大部头。

有些人买书很大方，比如网络教程就买了很多本相似的，看到快递员扛来的一大叠书把自己都吓到了，完全符合叶公好龙的定义。其实没有必要买那么多，**大部头的买一本足矣，关键是要真的去读**。像我这种铁公鸡类型的就不会犯这种错误，买书的时候精挑细选，买来之后读不完还觉得亏了。我现在还很怀念当年啃网络书的时光，每天都觉得很赚。现在还有很多书是可以免费在线阅读的，比如《The TCP/IP Guide》，觉得对胃口的话再点击 Donate 按钮给作者付点钱表示感谢，我惊奇地发现**付钱之后会读得更加认真，付得越多效果越好**。

第四步，动手操作。

"纸上得来终觉浅，绝知此事要躬行。"陆放翁诚不我欺。只有自己动手操作过了，才能理解得深刻，甚至纠正阅读时产生的误解。比如你可能已经把教材上的 TCP 流控理论都背得滚瓜烂熟了，但是遇到网络性能问题还是会手足无措，完全应用不上书里学过的知识。这就需要在读书的同时辅以动手训练，如果你在 Wireshark 里看过了拥塞重传，看过了 TCP zero window，甚至动手解决了它，从此流控技术就会像游泳、骑车一样成为你的自带属性，经年不忘。

也许有人会问，我到哪里找网络包来训练呢？其实机会就在身边，比如妹子寝室的网络不好啦，下载小电影变慢啦，都是抓包分析的好机会。实在没有机会也可以自己创造。十八岁以后学钢琴已经太晚了（因为你妈已经打不过你），但学网络却正是时候，自己在家搭个网络实验室都没人管。用虚拟的网络设备练习路由器命令，或者在个人电脑上搭建 Windows Domain 等，都非常有用。

能做好以上几点，我觉得已经很不容易了，进步也应该会很快。还有几点是我已经意识到了但自己也没有做好的，也列出来分享一下。

- 不要收藏了文章而不去读它，那样是在浪费时间。很多人看到技术分享就说句 mark，但**实际上从来不会回头去读**（中枪了没？）。我最近采取的措施就是强迫自己不去收藏，改成当场读完，能记得多少比例都比纯收藏强。

- 多给新人做培训。在准备培训的过程中相当于把知识点梳理了一遍。为了确保内容无误，你可能还需要做实验验证，这也是很好的练习。最重要的是，**能把一个技术讲到新手能听懂，比起自己懂就高了一层境界**。有的时候觉得自己很懂了，但是想把它讲出来或者写出来却很别扭，那就说明不是真的懂。也不要怕分享了之后被别人抢饭碗，实际上无论你讲得多精彩，大多数听众过几天就忘了。

- 兴趣主导。很多领域牛人都是完全由兴趣主导的，一心钻研自己喜欢的技术，连领导交代的工作都放在第二位。越痴迷，越专注，水平也就越高。

- 多参加技术圈的交流。有些极客很宅，拒绝任何社交，并以此为荣。我觉得这是把缺点当作优点了，其实技术交流是非常有利于进步的，很多同行也是相当有趣的人。比如我曾经被一个难题困住了好久，没想到跟淘宝技术保障的朋友一聊，他立即就指了一条明路。虽然他也不是业内的大人物，但是技术背景互补，合作起来相当高效。当然了，交友从来都不只是为了互助，聊得投机才是最重要的。

以上都是我的个人经验，不一定会适合你，但希望有些参考价值。

两个项目

177

这一部分只有两篇文章，但是篇幅都比较长。第一篇介绍了我主导开发的一个网络性能分析网站，也许它的功能不是你需要的，但是开发过程可以参考。比如说，你也可以利用 tshark 命令开发一个监控上网记录的工具，用“tshark -r(file_name) -Y “http.request.full_uri” -T fields –e http.request.full_uri”一句命令就可以生成原始数据，然后再编程做二次分析。第二篇介绍了网络加速器，现在才创业做这个显然太晚了，不过 Wireshark 很适合用来分析加速器的很多知识点，在实际中也大有用武之地。

打造自己的分析工具

Wireshark 好不好？当然好，几乎称得上业界最好，否则我也不会为它写了两本书。不过话说回来，再好的工具也有改进的空间，比如我能看到的不足之处就有两点。

- 对于特定职业的人群来说，Wireshark 的很多功能是完全用不到的。比如同一个公司的开发团队和运维团队，说起来都在用 Wireshark，但实际上使用的是完全不同的功能。初学者上手时根本不知道哪些功能适合自己的工作，不得不在探索上浪费很多时间。

- 每个人常用的功能就那么几个，却分布在不同的菜单里，有些还藏得很深。比如要查看 NFS 的读写响应时间，需要点五次鼠标才能找到，初学者根本记不住。

有没有办法**"定制"一个分析工具，只提供我感兴趣的功能，而且简单到一键就能完成分析呢？**也许在工业 4.0 时代会有这个服务，不过在此之前，我们只能自己开发了。今年我就和同事做了一个，本文会详细地加以介绍，希望对你有些参考价值。

我们的项目需求是这样的。

- 我司有很多团队需要和网络打交道，比如虚拟化、云计算、网络存储、镜像和备份等。大多数网络问题都很好解决，但性能问题却是公认的难点。

- 我司的这些团队成员都具备网络基础知识，比如熟读《TCP/IP 详解 卷 1：协议》，但是缺乏网络包分析技能，也没有时间学习 Wireshark。

假如有一个专门的工具来分析网络性能，生成的分析报告也简单易懂，肯定会大受欢迎的。我期望这个工具能好用到什么程度？**无需任何培训，只要丢个网络包进去，一份人人可以读懂的分析报告就出来了。**考虑到这些团队在地理上非常分散（住在不同国家），行政上也属于不同部门，我决定把这个工具做成 Web 的形式，以便推广和维护。接下来就通过一个真实的案例，演示一下它究竟有多好用。

案例症状

用户抱怨某系统运行起来非常慢，这个系统的功能是处理一些网络存储上的数据。

排查过程

1. 把一些要处理的数据复制到该系统所在的本地硬盘，运行速度就上去了，说明该系统本身没有问题。

2. 网络工程师经过一系列检查，在网络上没有发现任何问题。

3. 存储工程师看到存储的响应非常快，所以也没有发现问题。

每一方都号称自己没有问题，那用户该怎么办？最后只好抓了个包，上传到我们的工具上分析。图 1 就是该工具的首页，它的全称为 Network Performance Analyzer，简称 NPA。用户唯一需要做的就是把网络包拖进方框，然后点一下 Upload 按钮。

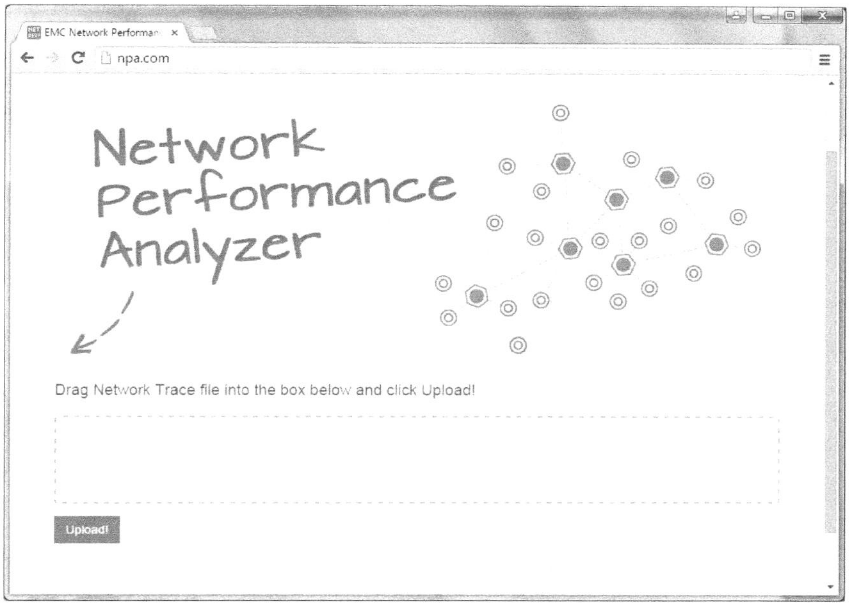
EMC Network Performan
npa.com
Network
Performance
Analyzer
Drag Network Trace file into the box below and click Upload!
Upload!

图 1

几秒钟后，分析报告就出来了。从上往下分别是“概况分析”、“应用层分析”、“传输层分析”等，下面我会逐项介绍。

图 2 显示的是“概况分析”，目的是给用户呈现一个直观的性能状况。比如“Data bytes rate：22 kBps”和“Capture duration: 900 seconds”，表明在抓包的 900 秒里，平均性能才 22 KB/s，实在是很差。流量图的柱体高度起伏不大，说明这段时间内传输均匀，没有爆发性的流量或者暂停。

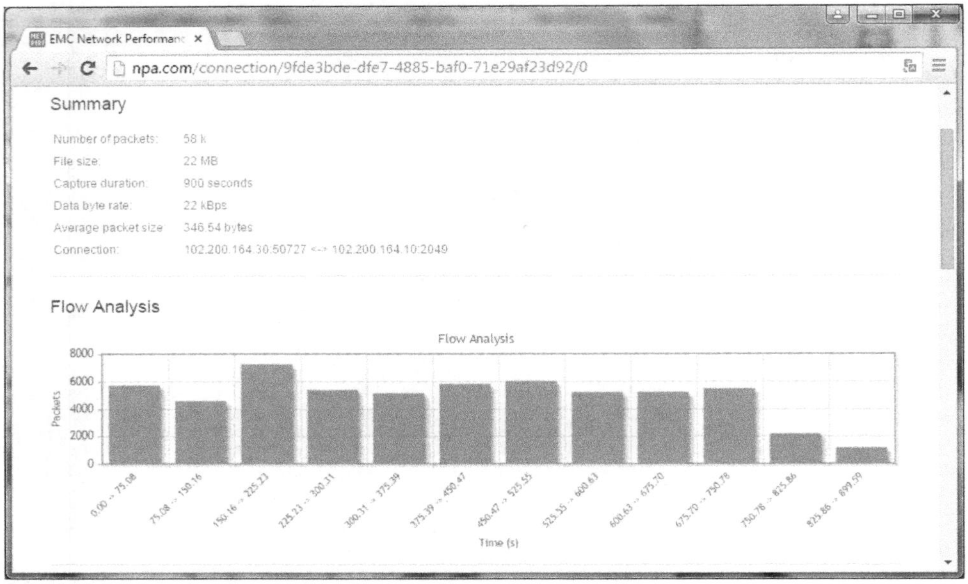
EMC Network Performanc
npa.com/connection/9fde3bde-dfe7-4885-baf0-71e29af23d92/0
Summary
Number of packets: 58 k
File size: 22 MB
Capture duration: 900 seconds
Data byte rate: 22 kBps
Average packet size: 346.54 bytes
Connection: 102.200.164.30:50727 <-> 102.200.164.10:2049
Flow Analysis
Flow Analysis
Packets
Time (s)

图 2

接下来是“应用层分析”，具体可见图 3。该工具自动判断出这个包的应用层协议是 NFSv3，因此把 NFS 响应时间（Service Response Time，SRT）和 IO Size 统计了出来。从图中的第一个方框可见 READ 的平均响应时间是 0.226 毫秒，算非常好了。可是从第二个方框却看到每次读的数据量只有 975 字节，还不到 1 KB，实在是太小了。这就像用货车从北京往上海运 1000 个包裹，假如每次能运 100 个，那 10 个来回时间就搞定了。而假如每次只能运 1 个，就得跑 1000 个来回，那浪费在路上的时间就非常可观了。**因此，这个案例的解决方式就是调整软件的 IO Size，增大到每次读 64K 字节，性能立即得到大幅度提升**。你可能会好奇，为什么同样的 IO Size，处理本地硬盘上的数据就没有性能问题呢？这就是网络的弱点了，TCP/IP 几层处理下来，总会增加一些延迟的。当来回次数特别多的时候，延迟的效应就被放大了。

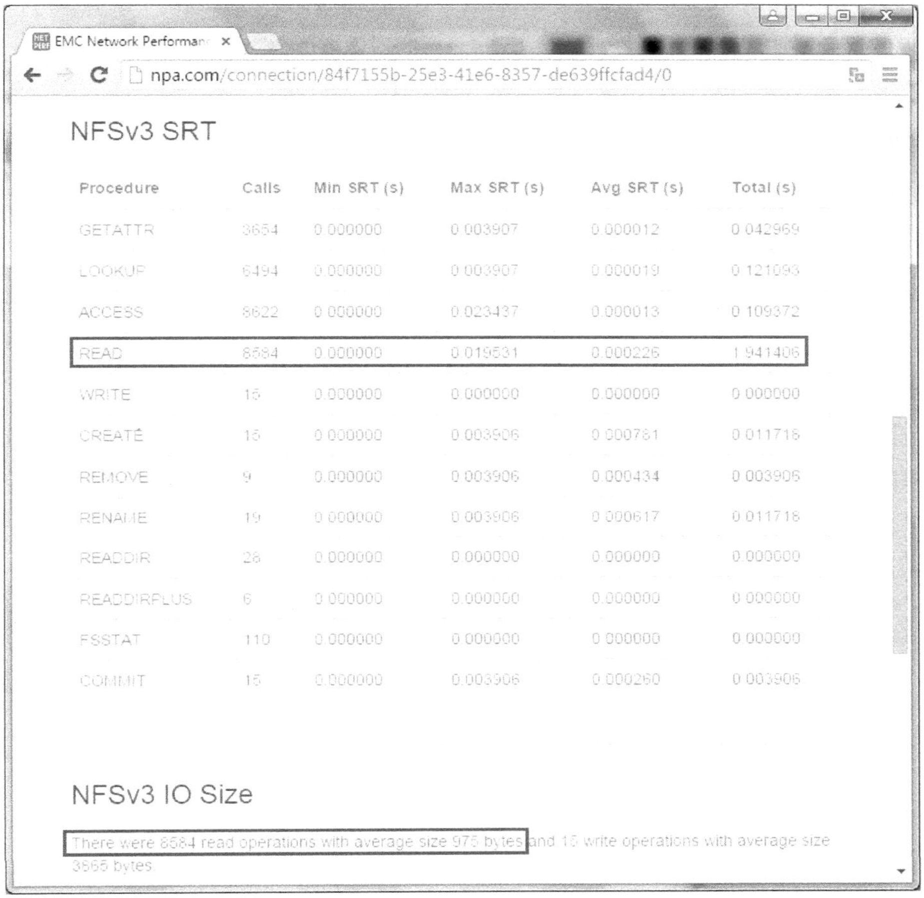
EMC Network Performan
npa.com/connection/84f7155b-25e3-41e6-8357-de639ffcfad4/0
NFSv3 SRT

Procedure	Calls	Min SRT (s)	Max SRT (s)	Avg SRT (s)	Total (s)
GETATTR	3654	0.000000	0.003907	0.000012	0.042969
LOOKUP	6494	0.000000	0.003907	0.000019	0.121093
ACCESS	8622	0.000000	0.023437	0.000013	0.109372
READ	8584	0.000000	0.019531	0.000226	1.941406
WRITE	15	0.000000	0.000000	0.000000	0.000000
CREATE	15	0.000000	0.003906	0.000781	0.011718
REMOVE	9	0.000000	0.003906	0.000434	0.003906
RENAME	19	0.000000	0.003906	0.000617	0.011718
READDIR	28	0.000000	0.000000	0.000000	0.000000
READDIRPLUS	6	0.000000	0.000000	0.000000	0.000000
FSSTAT	110	0.000000	0.000000	0.000000	0.000000
COMMIT	15	0.000000	0.003906	0.000260	0.003906

NFSv3 IO Size
There were 8584 read operations with average size 975 bytes and 15 write operations with average size 3866 bytes.

图 3

既然在应用层就已经找到症结，我们也没必要再去看传输层了。不过传输层可是性能问题的高发区，也是这个工具的特长之处，所以我忍不住再给大家看两个案例。

图 4 是 VMware 性能差的案例。抓包分析后，发现总共 250 秒的抓包时间里，有 190.8 秒被浪费在延迟确认上了，用上这工具之后简直就是秒杀。由于本书是黑白印刷的，所以看不出该工具已经把出问题的提示文本设置成红色背景，实际上是非常醒目的。

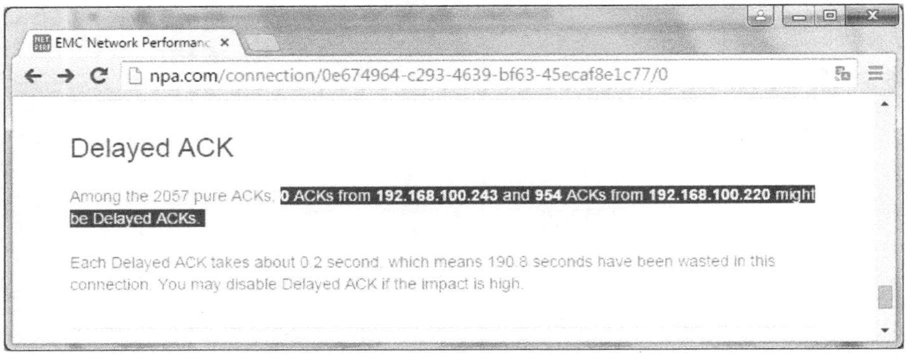
EMC Network Performanc
npa.com/connection/0e674964-c293-4639-bf63-45ecaf8e1c77/0
Delayed ACK
Among the 2057 pure ACKs, 0 ACKs from 192.168.100.243 and 954 ACKs from 192.168.100.220 might be Delayed ACKs.
Each Delayed ACK takes about 0.2 second, which means 190.8 seconds have been wasted in this connection. You may disable Delayed ACK if the impact is high.

图 4

图 5 则是我上一本书的《深藏功与名》文章中提到过的某银行案例，根本原因是网络拥塞导致的丢包，而且 SACK 也没有启用，两个根源都被这工具分析出来了。当时要是用上这工具，也是很快就能解决的。

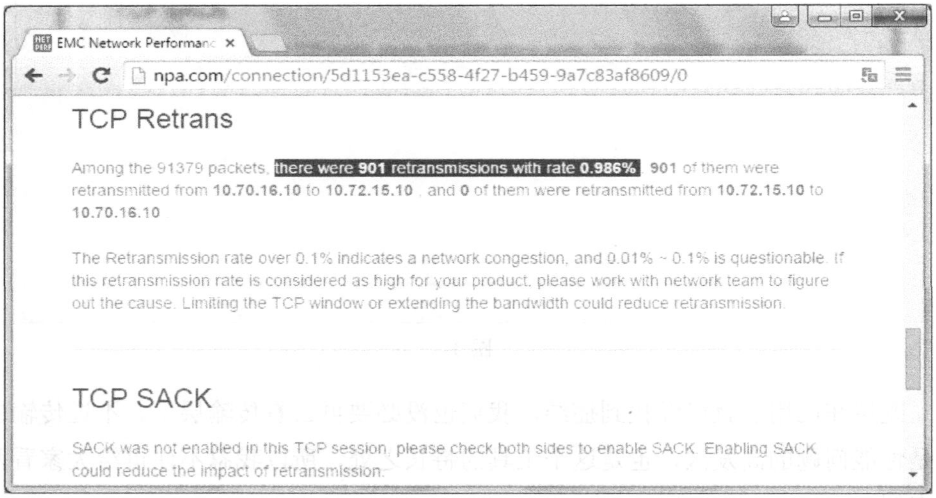
EMC Network Performanc
npa.com/connection/5d1153ea-c558-4f27-b459-9a7c83af8609/0
TCP Retrans
Among the 91379 packets, there were 901 retransmissions with rate 0.986%. 901 of them were retransmitted from 10.70.16.10 to 10.72.15.10 , and 0 of them were retransmitted from 10.72.15.10 to 10.70.16.10
The Retransmission rate over 0.1% indicates a network congestion, and 0.01% ~ 0.1% is questionable. If this retransmission rate is considered as high for your product, please work with network team to figure out the cause. Limiting the TCP window or extending the bandwidth could reduce retransmission.
TCP SACK
SACK was not enabled in this TCP session, please check both sides to enable SACK. Enabling SACK could reduce the impact of retransmission.

图 5

我手头的案例还有很多很多，篇幅所限就不一一列举了。可以说，我司的大多数网络性能问题都可以用这个工具找到症结。有很多团队已经从中受益，因为他们不用再请林沛满吃饭看包了，自助就能完成。我当然也很高兴，因为得以摆脱耗时的重复性劳动，有了更多的时间可以带娃。看到这里，不知道你是否也想打造一个适合自己职业的分析工具呢？有兴趣的话可以参考我的开发过程，大致可以分为三步。

第一步：收集旧问题。

我们不可能开发一套具有人工智能的程序来分析网络包。换句话说，自己打造的工具本质上不会比 Wireshark 更聪明。不过我们可以把自己的工作经验“传授”给这个程序，使它看上去比 Wireshark 智能很多。要如何做到呢？世界上绝大多数故障都不是第一次发生的，有经验的工程师可以**把处理过的旧问题收集起来，归纳出每个问题在网络包中各有什么特征。以后抓到新的包，就可以用这些已知特征逐个去套，一旦发现匹配得上的就提示用户**。比如我已知有 20 个原因会影响网络性能，每个原因在网络包中都会有一些特征，就可以在新抓的网络包里用这 20 个特征去逐个匹配。一旦发现有符合的就提醒用户，就像图 4 和图 5 那样。

Wireshark 需要用户点击多个按钮才会去分析，但我们的工具会主动分析并生成报告，这对用户来说就是智能化的体验。不只是网络性能问题，任何网络相关的技术领域都可以采用这个方法，比如从事 Windows Domain 相关工作的技术人员，可能保存着上百个常用的微软 KB，其中包括 DNS 解析出错、Authenticator 过大、UDP 包被切分丢弃，等等。这些问题都可以在网络包中以某个特征体现出来，因此也可以写成程序去匹配。网管员做监控也是如此，很多场景都是固定的。

把这些旧问题收集好了，就已经向成功迈出一大步。不过实际做起来可没那么轻松，你也许需要召集团队中最有经验的工程师，收集他们的需求和抓过的网络包，然后再筛选和测试。在这一步收集到的旧问题有多全面，就决定了你做出来的工具有多强大。

第二步：用 tshark 来做匹配。

tshark 是 Wireshark 的命令行形式，适合被其它程序调用来分析网络包；再加上其分析结果是文本输出的，所以作二次加工也很方便。基于这两点，选用 tshark 来匹配已知的特征是最合适的，如果你已经在上一步整理出了 20 个特征，那么再编辑 20 条 tshark 命令就基本可以搞定了。tshark 命令的使用方法在上一本书中已经介绍过，这里就不重复了。简单举个的例子，已知性能问题的特征之一是 TCP 重传，那执行下面的命令就可以匹配了：

```
tshark -n -q -r <file_name> -z io,stat,0,tcp.analysis.retransmission,"tcp.analysis.retransmission and ip.src==<IP_A>","tcp.analysis.retransmission and ip.src==<IP_B>"
```

输出示例如下：

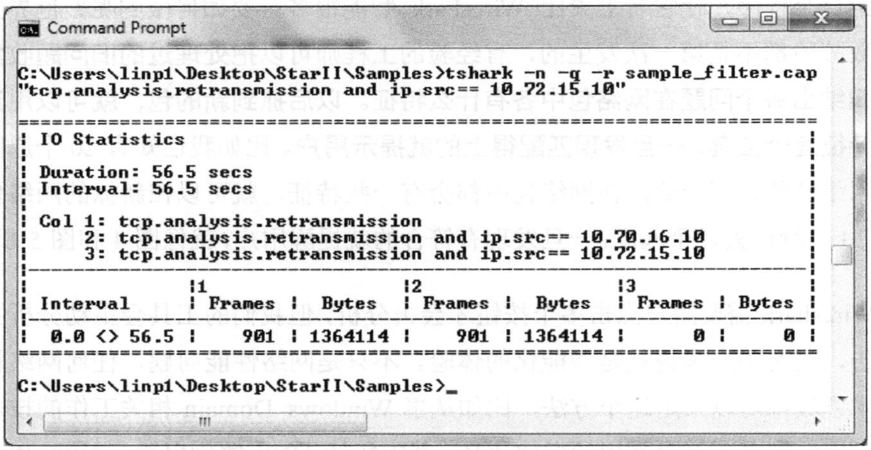

```
C:\Users\linp1\Desktop\StarII\Samples>tshark -n -q -r sample_filter.cap
"tcp.analysis.retransmission and ip.src== 10.72.15.10"
===================================================================================
| IO Statistics                                                                   |
|                                                                                 |
| Duration: 56.5 secs                                                             |
| Interval: 56.5 secs                                                             |
|                                                                                 |
| Col 1: tcp.analysis.retransmission                                              |
|     2: tcp.analysis.retransmission and ip.src== 10.70.16.10                     |
|     3: tcp.analysis.retransmission and ip.src== 10.72.15.10                     |
|---------------------------------------------------------------------------------|
|              |1                 |2                 |3                 |
| Interval     | Frames | Bytes   | Frames | Bytes   | Frames | Bytes   |
|---------------------------------------------------------------------------------|
|  0.0 <> 56.5 |    901 | 1364114 |    901 | 1364114 |      0 |       0 |
===================================================================================

C:\Users\linp1\Desktop\StarII\Samples>_
```

图 6

在图 6 的输出中，列 1 的 Frames 表示所有重传包数，列 2 表示从 IP_A 到 IP_B 的重传包数，列 3 表示从 IP_B 到 IP_A 的重传包数。有了这些值就很容易统计重传率和重传方向。

当你不知道某个特征所对应的 tshark 命令是什么的时候，可以尝试从 Wireshark 中把它找出来，然后右键点击该特征，选择“Prepare a filter”→“Selected”，就可以在过滤栏生成表达式了，如图 7 所示。有了这个表达式就很容易应用到 tshark 命令中。

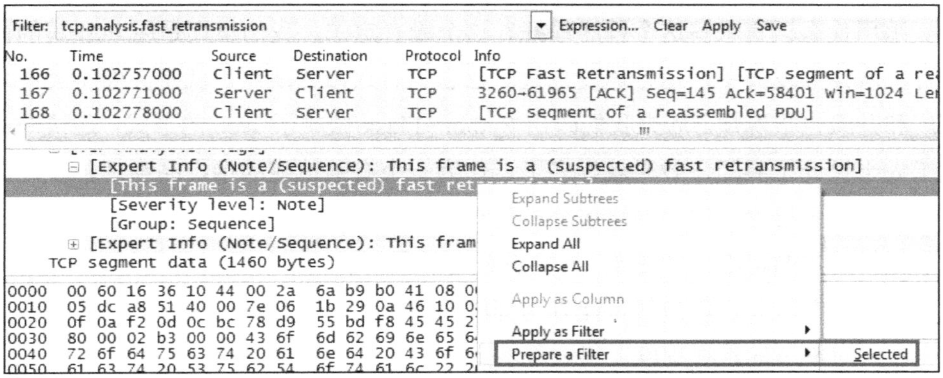
Filter: tcp.analysis.fast_retransmission
Expression... Clear Apply Save
No. Time Source Destination Protocol Info
166 0.102757000 client server TCP [TCP Fast Retransmission] [TCP segment of a re
167 0.102771000 server client TCP 3260→61965 [ACK] Seq=145 Ack=58401 Win=1024 Le
168 0.102778000 client server TCP [TCP segment of a reassembled PDU]
[Expert Info (Note/Sequence): This frame is a (suspected) fast retransmission]
[This frame is a (suspected) fast ret
[Severity level: Note]
[Group: Sequence]
[Expert Info (Note/Sequence): This fram
TCP segment data (1460 bytes)
Expand Subtrees
Collapse Subtrees
Expand All
Collapse All
Apply as Column
Apply as Filter
Prepare a Filter
Selected
图 7

还有些命令是不能用这个方法找到的，只能自己查 tshark 的官方文档了，链接为 http://www.wireshark.org/docs/man-pages/tshark.html。tshark 命令真的非常强大，如果用得好，可以实现很多专业软件特有的功能。

这一步的 tshark 命令写得有多精确，就决定了你开发出来的工具有多可靠。

第三步：程序化。

到这一步，你已经整理了很多常见的问题，并知道如何用 tshark 命令来匹配它们，是时候写个程序来完成整项工作了。比如说，上一步从 tshark 输出中得到了重传的包数，那就可以用程序来计算重传率，并决定是否应该通知用户。这个程序可得好好设计，因为它关系到运行效率（当你抓到的网络包非常大时，就会发现运行效率是极其重要的，否则等半个小时都没有结果）。举个例子，应用层上有 HTTP、FTP、iSCSI、NFS、CIFS 等协议，每一个协议都有不同的问题，每个问题又对应着不同的 tshark 命令。我们总不能拿到一个网络包，就把所有 tshark 命令都运行一次吧？那样效率太低了。正确的方法是让程序先判断包里的应用层协议是什么，然后再调用其相关的命令。那怎样知道抓到的包是什么协议的呢？我们可以根据端口号来判断，比如端口号为 80 时，就调用 HTTP 相关的命令；端口号为 445 时，就调用 CIFS 相关命令……还有些实在无法用程序自动判断的，可以由用户来辅助完成。比如在页面上提供多个按钮，对应着不同的协议，让用户自己选择。总而言之，产品经理必须非常熟悉业务流程，才能把这个程序写得高效、科学、友好。

那用什么语言来写这个程序最好？这个没有定法。我们早期是用 Perl 写的命令行脚本，开发简单，运行速度也快。但它也有致命的缺点，就是界面不美观，推广和升级也很麻烦。后来我们改用 Python+Flask 做成了 Web 的形式，还请专业美工人士设计了界面，效果就好多了。作为一个有强迫症的伪产品经理，我还想强调细节的重要性，比如网络包分析过程中，一定要在页面上显示一个转动的菊花来延长用户的耐心，见图 8。不要小看这种小细节，如果分析时间超过三分钟，又没有菊花在转动，用户很可能以为程序已经死了，然后就点刷新，又得从头再来一次。对细节的重视程度，很大程度上决定了这个工具的用户体验。

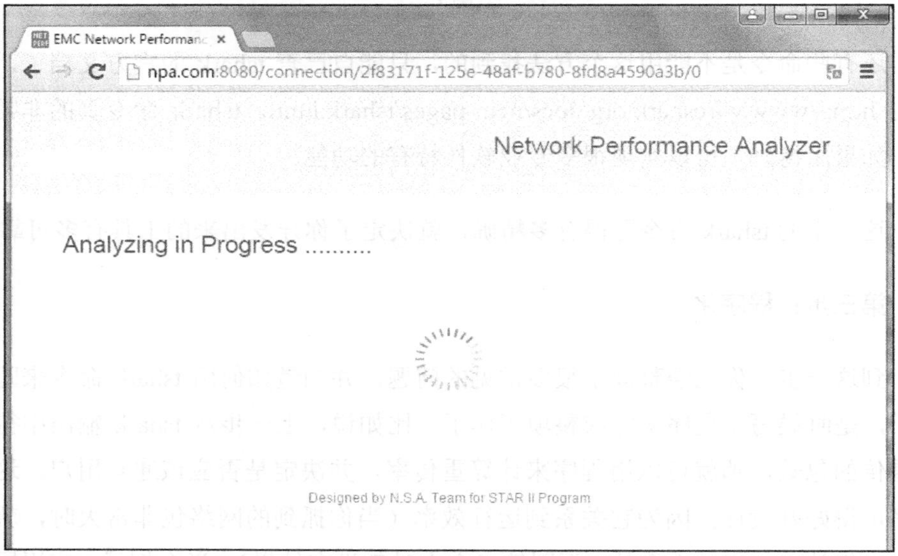
EMC Network Performanc
npa.com:8080/connection/2f83171f-125e-48af-b780-8fd8a4590a3b/0
Network Performance Analyzer
Analyzing in Progress ....
Designed by N.S.A. Team for STAR II Program

图 8

这个工具就介绍这么多，希望对你有参考价值。如果你在开发过程中遇到什么问题，也欢迎进一步交流。困难肯定会有的，但只要肯动手去做，你就成功了一半。

一个创业点子

现在是2015年初秋，一个收获的季节，这本书也写到了尾声。此刻我正在小区附近的咖啡馆里，斟酌最后一篇应该写些什么。此书的很多章节就是在这家店里完成的，但接下来应该有很长时间不会再来了，因为最近兴起的创业大军实在太吵。邻桌正在激情澎湃地讨论"盈利模式"、"估值"、"收购"、"A轮B轮C轮"……上周还听到一位从阿里离职的工程师在怂恿同伴出来一起开发手机APP，展望前景的语气让我想起了安利的培训。

其实我六七年前也产生过一个稍纵即逝的创业念头。与现在流行的P2P、O2O等概念不同，那时的IT创业主要集中在传统的技术领域，比如我老板做的数据迁移设备就卖了一个很好的价钱。有趣的是那产品两年后就被淘汰了，命运跟现在的初创公司很像。而我当时想做的是一个网络加速器，它究竟是个什么东西呢？细想起来，它跟我之前讲过的很多技术都有关联，不如最后一篇就写写它吧，就当作知识总结。

那几年我接触了世界上很多知名公司的数据中心，**发现他们都有一样的痛点，即跨站点（site）的网络存在性能瓶颈**。比如图1这样的环境中，纽约的用户访问伦敦的文件服务器，或者两边的数据库做同步，都会慢得出奇。

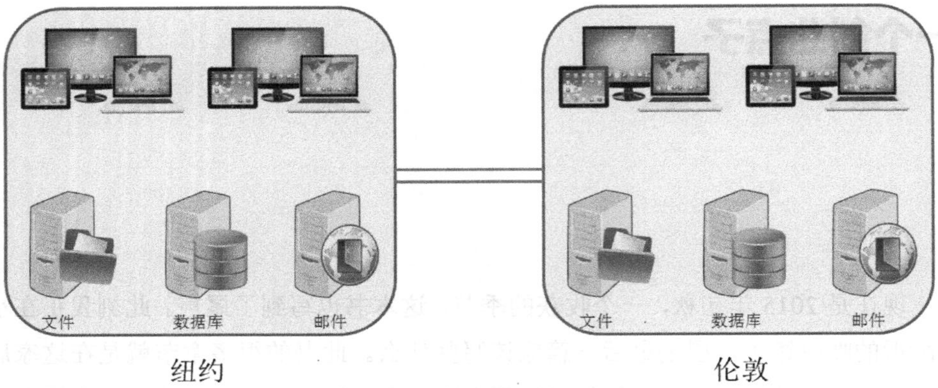
文件
数据库
邮件
纽约
文件
数据库
邮件
伦敦

图 1

这类问题排查下去，一般会归根于带宽不足，解决方式就是花钱购买更大的带宽。然而很少人知道还有一个不花钱的办法，就是**通过传输层（基本都是 TCP）的调优来提高带宽利用率**，从而提升性能体验。那时候我已经学会了分析网络包，知道传统的 TCP 协议栈不能很好地应对跨站点的场景，所以带宽利用率偏低。有些严重的甚至在 50%以下，因此存在很大的提升空间。比如客户从我司购买的文件服务器在跨站点时访问不快，但经过专业调优之后，性能可以提升两倍以上。**这就是商机所在：既然可以通过调优的方式来达到和购买带宽一样的效果，我们就有了盈利的空间**。接下来的问题就是怎样做成一个产品了。

人工调优能做到的事情，理论上程序也可以做到。因此我最早想做的产品是改进型的 TCP 协议栈，装在服务器上，使它在跨站点场景中能够更智能地工作，达到人工调优后的效果。不过很快就发现这个路子走不通，原因有三。

- 有很多操作系统不允许修改原有的 TCP 协议栈。比如我司的服务器就是完全封闭的，第三方厂商根本不知道怎么修改。有些服务器虽然就是普通的 Linux 或者 Windows，技术上能够修改，但是厂商声明一旦动了协议栈就不再提供技术支持。

- 即使服务器都用上了改进过的协议栈，也会受到客户端配置的约束，难以充分发挥。比如在客户端关闭了 TCP Timestamps（RFC 1323），那在服务器上计算 RTT（往返时间）时就会受到影响；或者客户端关闭了 SACK，那在服务器上启用 SACK 也没有意义。

- 没有用户愿意为了改善跨数据中心的访问，而大动干戈地对服务器的 TCP 层作出改动。万一改动之后影响了本地访问性能怎么办？

注意：这三点只说明该产品不适合本文所针对的场景，而不是说它没有价值。事实上它在有些场景下可以工作得很好，现在也已经有商业化的产品了，比如硅谷有家叫 AppEx Networks 的公司推出的单边加速器 ZetaTCP 就不错。我后来才发现其 CEO 是位华人，在北京也有分公司。市面上还有一些很滑稽的加速器，比如通过每个包发两次来避免丢包的，在我看来就是浪费流量的七伤拳，不建议采用。

既然这个路子完全走不通，我们只能设计一个不同的产品了，它至少要满足以下需求才行。

- 它不需要对服务器或客户端的 TCP 协议栈作任何改动，所以实施的障碍会小很多。
- 它完全独立工作，所以不受客户端和服务器上的 TCP 设置所影响。比如客户端上没有启用 SACK 时，它也能处理好连续丢包的问题。
- 它只用于改善跨数据中心的的网络性能，对本地访问毫无影响。

需求一旦明确，解决方案便呼之欲出了。如图 2 所示，**只要在两个站点的出口各自架设一台加速器，代理两个站点之间的所有 TCP 连接，就可以满足以上所有需求**。由于每台加速器与同站点设备之间的网络状况良好，所以瓶颈只会落在两台加速器之间的网络上，我们只需花心思提升这段网络的性能即可。也许有些读者看到这里会觉得好笑，现在这种加速器在国内外至少有十个牌子，连开源项目都有了，你还创什么业啊？现在的确是成熟的市场了，但是当年可完全不是这样，尤其没有听说过国内的公司。我也只是因为分析了足够多的网络包，便自然而然地萌生了引入加速器的念头。技术之外的话题就不多说了。

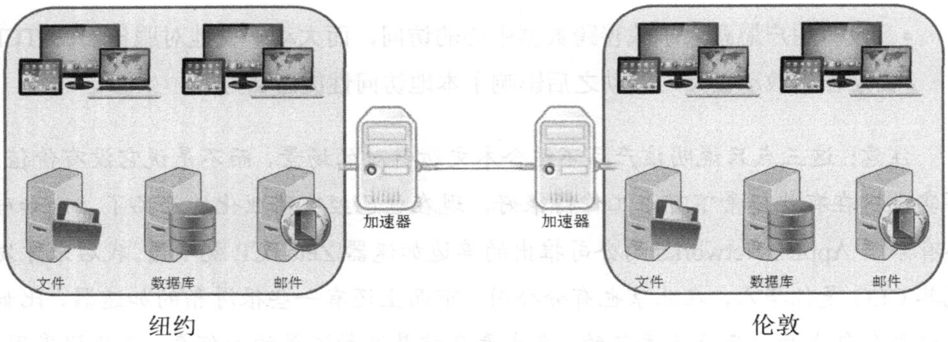
加速器
加速器
文件
数据库
邮件
文件
数据库
邮件
纽约
伦敦

图 2

我们先来分析一下这段网络存在什么问题，才能对症下药，总结下来主要有两个大问题。

问题一：延迟高。

位于同一站点的两台设备之间往返时间一般也就几毫秒，而跨城网络的往返时间可能达到几十毫秒，跨国网络甚至可达上百毫秒。高延迟为什么会影响性能呢？因为它会造成长时间的空等：**发完一个窗口的数据量后，发送方就不得不停下来等待接收方的确认。延迟越高，发送方需要等待的时间就越长。**一图胜千言，图 3 演示了发送窗口都是 2 个 MSS，延迟时间分别为 10 毫秒和 20 毫秒时的传输过程，可见后者效率只有前者的 1/2。这好比用同一辆货车运货，从上海运到江苏肯定比从上海运到北京快得多。

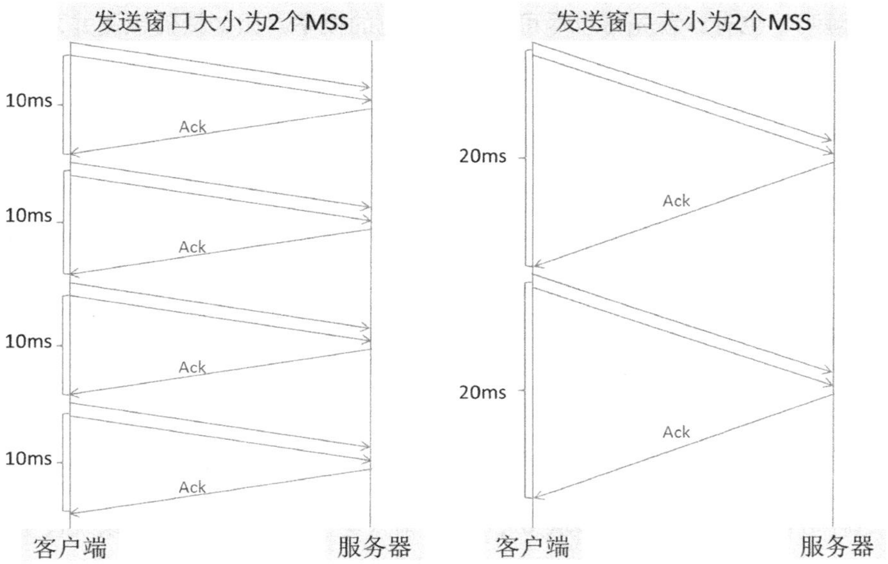
发送窗口大小为2个MSS
10ms
Ack
10ms
Ack
10ms
Ack
10ms
Ack
客户端
服务器
发送窗口大小为2个MSS
20ms
Ack
20ms
Ack
客户端
服务器

图 3

有时候我们会在 Wireshark 中看到［TCP window Full］的提示，就表明发送方进入了等待状态。这种症状在跨站点通信时是很常见的，具体可见本书《Wireshark 的提示》一文中的图 9。那么这个问题要怎么解决呢？在延迟时间无法减少的情况下，发送窗口越大，性能就越好，所以要尽可能增大窗口。

问题二：丢包率高。

丢包一般分两种情况：一种是网络质量差导致的零星丢包；另一种是拥塞导致的大量丢包。跨站点通信时这两种丢包概率都会增大，尤其是后者。这是因为链路上的情况比较复杂，而且不同的 TCP 连接会“恶意”地争夺本来就有限的带宽。比如图 2 中的文件服务器、数据库和邮件服务器等建立的 TCP 连接会各自为政，互相争夺带宽，直至发生丢包才停下来。这种情况很像上海马路上的车辆，为了加速而变道的车多了，就容易诱发交通事故。

丢包对性能的影响极大，可以说是网络传输的第一大忌，具体原因我都在上一本书中阐述了，这里再简单解释一下：传统 TCP 的流控机制是一旦丢包就认为发生了拥塞，所以发送方会急剧地减小发送窗口，甚至进入短暂的等待状态（即超时重传）。1%的丢包率不只是降低 1%的性能，而可能是 50%以上。这个问题有办法缓解吗？也有。首先可以尽可能降低丢包的概率，比如提前预测并采取措施避免拥塞的发生；其次是更精细地处理丢包后的流控，避免过度限流。

一番分析下来，发现这两个问题还是很棘手的，但是不用担心，我们还手握王牌呢——在加速器上可以大做文章，大幅度缓解这两个问题所带来的影响。作为一个创业奸商，其实我们应该希望影响尽可能严重，带宽利用率最好在 50%以下。因为这意味着留给加速器的提升空间就大了，客户购买之后能看到明显的效果，才会觉得物有所值。接下来要介绍的就是缓解这两个问题的措施，也是我们这个加速器的技术含量所在。

措施 1：启用 TCP window scale。

这样可以使最大接收窗口从 65,535 字节（老的 Windows 操作系统甚至只有 17520 字节）增加到 1,073,725,440 字节。发送窗口是受接收窗口和拥塞窗口共同限制的，启用 TCP window scale 之后，接收窗口就几乎限制不到了，当然内存也要跟得上才行。关于 TCP window scale 的更多信息，可参考本书的另一片文章《技术与工龄》。

措施 2：监测延迟来避免拥塞。

网络包是以队列的方式通过网络设备的。当拥塞即将发生时，队列变长，延迟就会显著提高。我做了一个从台湾机房往上海机房传数据的实验，一般情况下的往返时间为 74 毫秒（见图 4 方框中的 RTT），而拥塞丢包发生前会逐渐增加到 1.69 秒以上。根据这一特点，**我们可以让加速器在延迟明显增加时，自动放慢发送速度，从而避免拥塞的发生。**

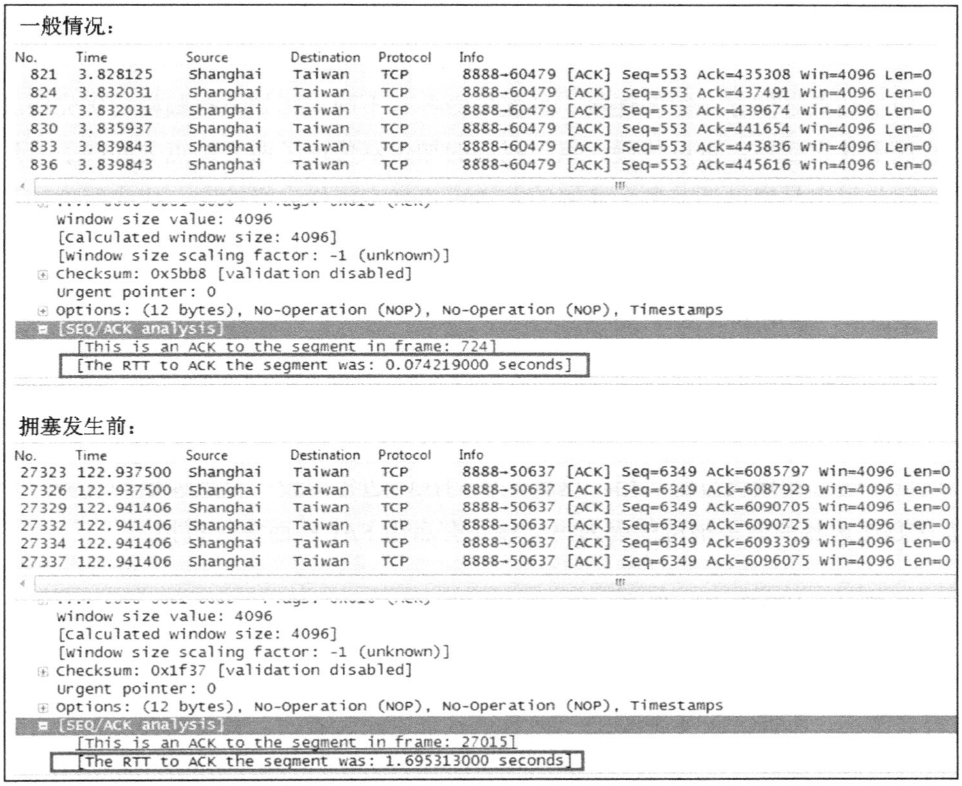
一般情况：
No. Time Source Destination Protocol Info
821 3.828125 Shanghai Taiwan TCP 8888→60479 [ACK] Seq=553 Ack=435308 Win=4096 Len=0
824 3.832031 Shanghai Taiwan TCP 8888→60479 [ACK] Seq=553 Ack=437491 Win=4096 Len=0
827 3.832031 Shanghai Taiwan TCP 8888→60479 [ACK] Seq=553 Ack=439674 Win=4096 Len=0
830 3.835937 Shanghai Taiwan TCP 8888→60479 [ACK] Seq=553 Ack=441654 Win=4096 Len=0
833 3.839843 Shanghai Taiwan TCP 8888→60479 [ACK] Seq=553 Ack=443836 Win=4096 Len=0
836 3.839843 Shanghai Taiwan TCP 8888→60479 [ACK] Seq=553 Ack=445616 Win=4096 Len=0
Window size value: 4096
[Calculated window size: 4096]
[Window size scaling factor: -1 (unknown)]
Checksum: 0x5bb8 [validation disabled]
Urgent pointer: 0
Options: (12 bytes), No-Operation (NOP), No-Operation (NOP), Timestamps
[SEQ/ACK analysis]
[This is an ACK to the segment in frame: 724]
[The RTT to ACK the segment was: 0.074219000 seconds]
拥塞发生前：
No. Time Source Destination Protocol Info
27323 122.937500 Shanghai Taiwan TCP 8888→50637 [ACK] Seq=6349 Ack=6085797 Win=4096 Len=0
27326 122.937500 Shanghai Taiwan TCP 8888→50637 [ACK] Seq=6349 Ack=6087929 Win=4096 Len=0
27329 122.941406 Shanghai Taiwan TCP 8888→50637 [ACK] Seq=6349 Ack=6090705 Win=4096 Len=0
27332 122.941406 Shanghai Taiwan TCP 8888→50637 [ACK] Seq=6349 Ack=6090725 Win=4096 Len=0
27334 122.941406 Shanghai Taiwan TCP 8888→50637 [ACK] Seq=6349 Ack=6093309 Win=4096 Len=0
27337 122.941406 Shanghai Taiwan TCP 8888→50637 [ACK] Seq=6349 Ack=6096075 Win=4096 Len=0
Window size value: 4096
[Calculated window size: 4096]
[Window size scaling factor: -1 (unknown)]
Checksum: 0x1f37 [validation disabled]
Urgent pointer: 0
Options: (12 bytes), No-Operation (NOP), No-Operation (NOP), Timestamps
[SEQ/ACK analysis]
[This is an ACK to the segment in frame: 27015]
[The RTT to ACK the segment was: 1.695313000 seconds]

图 4

这其实就是 TCP Vegas 的理念。它用在服务器上时不见得很好，甚至有负作用。想象一台启用了传统 TCP 协议栈的服务器和一台启用了 Vegas 的服务器抢带宽，当拥塞即将出现时，用 Vegas 的那台监测到了延迟并主动放慢速度，从而缓解了拥塞，但传统的那台却得寸进尺，一直激进地抢带宽。最终结果可能是传统的那台反而赢了——劣币淘汰良币。**而在加速器上引入 Vegas 理念就不一样了，由于每个 TCP 连接都是一样的算法，所以预测到拥塞时大家可以集体放缓，从而保证了公平性。**这就像马路上每位司机都礼貌谦让，就不会发生事故，整条马路的通行效率也提高了。

除了能预测拥塞，监测延迟时间还有助于区分零星丢包和拥塞丢包，因为发生零星丢包时的延迟一般不变。区分它们有什么意义呢？传统 TCP 协议栈遇到丢包都一律当作拥塞处理，立即放慢速度甚至暂停。这样一刀切并不科学，零星丢包时重传一下就行了，没必要放慢速度。

措施 3：利用发送窗口实现优先级。

两个站点之间存在很多连接，且优先级各有不同，比如数据归档的优先级就可能低于其它应用，可以传慢一点。我们的加速器代理了两个站点之间的所有连接，因此很容易通过调节各个连接的发送窗口来实现优先级控制。优先级低的连接变慢了，就可以把带宽让给优先级高的连接，用户体验就会更好。

措施 4：启用 SACK。

SACK 即 Selective Acknowledgment，它是处理拥塞丢包时的法宝，尤其是在高延迟的跨站点环境中，详情可参考本书的另一片文章《来点有深度的》。SACK 必须在发送方和接收方都启用，这就是我们在两边各架设一台加速器的优势。单边 TCP 加速器的效果很可能因为另一端没有启用 SACK 而大打折扣。

措施 5：改进慢启动算法。

传统的 TCP 协议栈采用了非常保守的慢启动算法，即把拥塞窗口的初始值定义得非常小，不能大于 4 个 MSS。而且一旦发生超时重传，又要从头进入慢启动阶段，如图 5 所示。

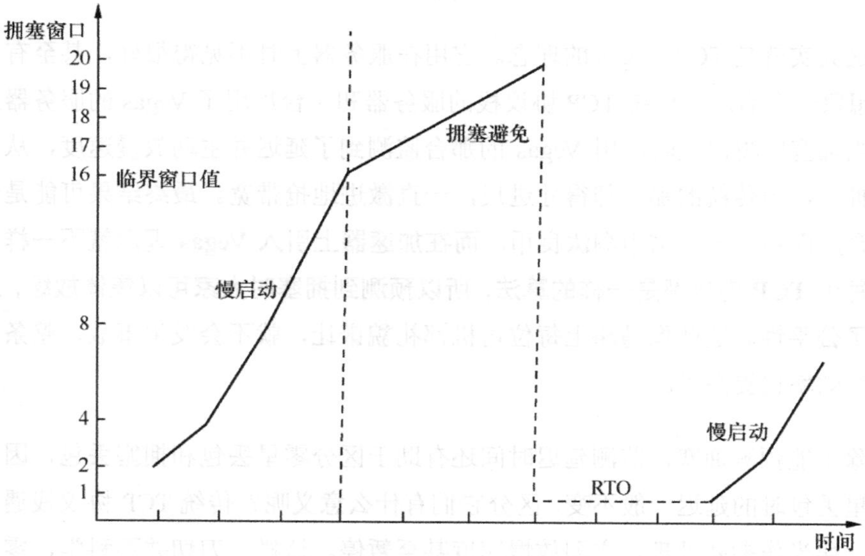
拥塞窗口
20
19
18
17
16
8
4
2
1
临界窗口值
慢启动
拥塞避免
RTO
慢启动
时间

图 5

这就意味着传输过程中至少有一段时间的窗口极小，效率非常低。随着硬件的更新换代，现在的网络带宽已经今非昔比了，完全没必要如此保守。作为一个专业的 TCP 加速器，我们有必要在这一点作出改进。比如赋予发送方一定的“智能”，使用大一点但仍然安全的初始值。根据我的经验，在这一块是很有提升空间的，因为传统的 TCP 协议栈的初始值在现代网络中显得实在太小了。

措施 6：启用 TCP Timestamps。

在本书的《一篇关于 VMware 的文章》一文中，已经介绍过延迟确认是如何影响性能的。不难理解，它也会严重影响 RTT 的统计。我们需要精确地监测延迟时间来预防拥塞，就必须在两边都启用 TCP Timestamps（见 RFC 1323 的 RTTM 一节）来排除延迟确认等因素的干扰。这也是双边加速的好处之一，在服务器上单边加速时很难排除客户端的干扰。

总结下来，这些措施合力实现了这样的效果：在起步的时候，它传输得更快；在抢夺带宽的时候，它更懂得谦让；在出现拥塞时，它恢复得更迅速。此外它还能在一定程度上避免拥塞，识别零星丢包等等，因此流量可以稳定在高位。加速前后的某个 TCP 连接，流量变化大致可以用图 6 来表示。

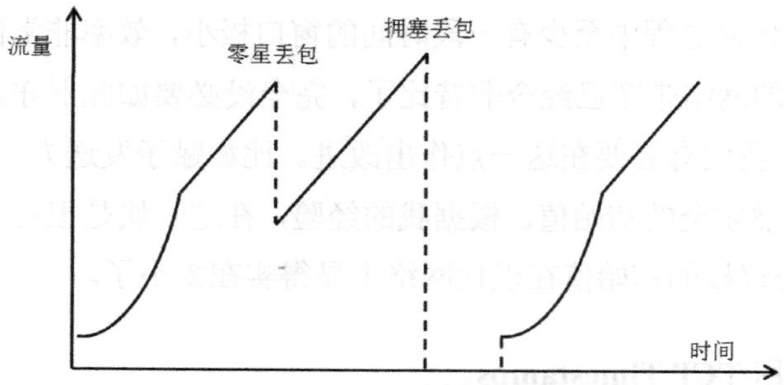
流量
拥塞丢包
零星丢包
时间

加速前流量图

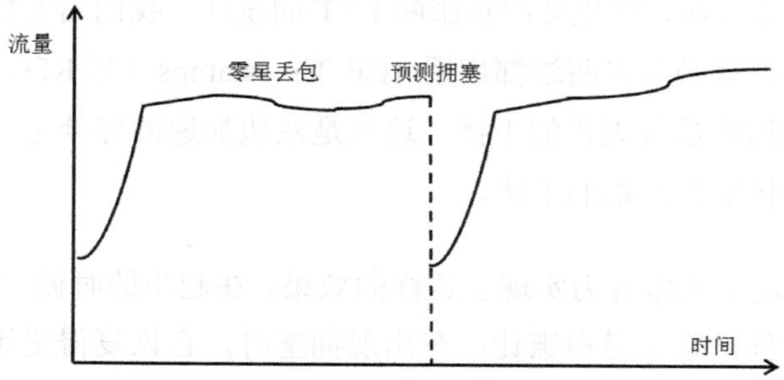
流量
零星丢包
预测拥塞
时间

加速后流量图

图 6

本文提到的这些措施我大多验证过，由于实验室中不存在高延迟，我还搭了一台专门制造延迟和丢包的路由设备来仿真。其中部分措施更是在用户环境中验证过多次。因此可以信心满满地说，这个加速器在技术上是完全可行的。那现在市面上的加速器采用的也是这些技术吗？从部分公司所公布的文档上，我的确看到了一些交集，当然它们还用到了压缩和消重等 TCP 之外的技术。Wireshark 在加速器领域也是大有可为，这就是为什么它的主要捐助者是加速器的领头羊 Riverbed。